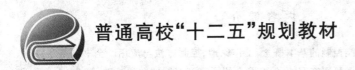 普通高校"十二五"规划教材

智能控制技术

郭广颂　主编

石庆升　副主编

崔建锋　刘顺新　宋　辉　编

李秀娟　主审

U0245526

北京航空航天大学出版社

内容简介

本书深入浅出地阐述了智能控制的基本概念、工作原理、控制方法与应用。全书共 7 章：第 1 章概述智能控制的发展历史及主要研究问题；第 2 章介绍了模糊控制的数学基础；第 3～4 章介绍了模糊控制的基本工作原理、模糊控制系统设计方法和设计实例；第 5 章介绍了神经网络结构与神经网络控制类型；第 6 章介绍了专家系统的工作原理与专家控制系统结构；第 7 章介绍了遗传算法原理及其在控制中的应用。

本书可作为高等院校自动化、机电工程、电子信息类等专业高年级本科生及研究生的教材，也可供从事智能控制与智能系统研究、设计和应用的工程技术人员参考使用。

图书在版编目(CIP)数据

智能控制技术 / 郭广颂主编. -- 北京：北京航空
航天大学出版社，2014.6
  ISBN 978 - 7 - 5124 - 1349 - 8

Ⅰ. ①智… Ⅱ. ①郭… Ⅲ. ①智能控制 Ⅳ.
①TP273

中国版本图书馆 CIP 数据核字(2014)第 061474 号

智能控制技术

郭广颂　主编　　石庆升　副主编

崔建锋　刘顺新　宋　辉　编

李秀娟　主审

责任编辑　金友泉

*

北京航空航天大学出版社出版发行

北京市海淀区学院路 37 号(邮编 100191)　http://www.buaapress.com.cn
发行部电话：(010)82317024　传真：(010)82328026
读者信箱：goodtextbook@126.com　　邮购电话：(010)82316524
涿州市新华印刷有限公司印装　　各地书店经销

*

开本：710×1 000　1/16　印张：13.5　字数：288 千字
2014 年 6 月第 1 版　2014 年 6 月第 1 次印刷　印数：3 000 册
ISBN 978 - 7 - 5124 - 1349 - 8　定价：28.00 元

前　言

控制理论发展至今已有 100 多年的历史,经历了"经典控制理论"和"现代控制理论"到"大系统理论"和"智能控制理论"阶段。自从 20 世纪 70 年代傅京逊教授首先提出智能控制概念以来,智能控制的研究受到了广泛的关注。研究领域已经从原来的二元论(人工智能和控制论)发展为四元论,即人工智能(符号主义和联接主义)、模糊集理论、运筹学和控制论。因此,"智能控制"已成为一门综合性很强的多学科交叉的新学科。目前,智能控制技术已进入工程化、实用化阶段,随着科学技术的发展,智能控制的应用领域将不断拓展,理论和技术也必将得到不断的发展和完善。

经过 40 余年的发展,智能控制已成为控制工程学科研究的一个前沿学术方向,作为一门独立课程在工科院校也已普遍开设。为了能让学生更容易地了解和掌握智能控制的基本理论与方法,作者在多年教学讲义的基础上,参考国内外代表性的教材和相关研究成果,编写了这本适合普通本科院校的《智能控制技术》。

由于智能控制的理论体系还没有经典控制理论成熟,所以智能控制课程的现行教材内容并不统一,而智能控制发展至今所积累的成果更不是一本教材可以容纳了的。结合普通本科院校的教学任务与特点,本书重点阐述智能控制中的基础内容,对于某些适用于学术研究的交叉内容则不做介绍,即将代表智能控制的基本控制方法作为主要内容,通过理论描述、基本算例演示、典型案例应用的思路完成原理演示和系统设计过程。在具体内容安排上,将模糊控制技术、神经网络控制、遗传算法和专家控制作为基本内容介绍。这样做的目的并非是要减少课程的内容,而是要缩小框架,使学生在尽可能少的课时里能有重点地掌握尽可能全面的基础知识。在编写过程中,遵循启发式思想,通过大量例证说明理论与方法的应用过程,力求深入浅出、层次分明,突出"简明"的编写特点,便于理解和自学。

全书共 7 章:第 1 章概述智能控制的发展历史以及主要研究问题;第 2 章介绍模糊控制的数学基础;第 3~4 章介绍模糊控制的基本工作原理、模糊控制系统设计方法和设计实例;第 5 章介绍神经网络结构与神经网络控制类型;第 6 章介绍专家系统的工作原理与专家控制系统结构;第 7 章介绍遗传算法原理及其在控制中的应用。各章均辅以基于MATLAB 的实例程序,但限于篇幅,本书并未介绍 MATLAB 中的智能控制工具箱及指令。若想深刻理解这些程序,读者需参考相关的 MATLAB 软件文献。

本书由郑州航空工业管理学院郭广颂副教授统稿,崔建锋副教授编写第 1 章和第 3 章,郭广颂编写第 2 章和第 4 章,河南工业大学石庆升副教授编写第 5 章,第 6 章由宋辉老师编写,第 7 章由刘顺新老师编写。借此衷心感谢主审河南工业大学李秀娟教授对本书的审阅。

我们切身体会到编写一本让初学者容易学习和理解的教材并不是容易的事,由于学识水平所限,书中缺点和错误不可避免,恳请同行专家和读者批评指正。

作　者

目　　录

第1章　绪　论…………………………………………………………………………… 1

1.1　智能控制的起源与发展 ………………………………………………… 1
1.1.1　控制理论应用面临新的挑战 …………………………………… 1
1.1.2　智能控制的提出与发展概况 ………………………………… 2
1.1.3　智能控制的特点 ………………………………………………… 4
1.1.4　智能控制的应用 ………………………………………………… 4

1.2　智能控制的基本概念 …………………………………………………… 6
1.2.1　智能控制的定义 ………………………………………………… 6
1.2.2　智能控制的结构 ………………………………………………… 6

1.3　智能控制的几种形式 …………………………………………………… 7
1.3.1　模糊逻辑控制 …………………………………………………… 7
1.3.2　分级递阶智能控制 ……………………………………………… 8
1.3.3　人工神经网络控制 ……………………………………………… 8
1.3.4　专家控制 ………………………………………………………… 9
1.3.5　仿人智能控制 …………………………………………………… 10
1.3.6　学习控制 ………………………………………………………… 10

1.4　智能控制系统的研究方向和趋势……………………………………… 11
1.4.1　研究方向 ………………………………………………………… 11
1.4.2　发展趋势 ………………………………………………………… 11

第2章　模糊控制的数学基础 ………………………………………………… 13

2.1　模糊控制概述……………………………………………………………… 13
2.1.1　模糊理论的创立………………………………………………… 13
2.1.2　模糊控制的应用………………………………………………… 14
2.1.3　模糊控制技术的特点…………………………………………… 15
2.1.4　模糊控制技术的发展…………………………………………… 15

2.2　模糊集合及其表示方法………………………………………………… 17
2.2.1　模糊集合的基本概念…………………………………………… 17
2.2.2　模糊集合的表示方法…………………………………………… 19
2.2.3　模糊集合的运算………………………………………………… 21
2.2.4　确定隶属函数的原则…………………………………………… 24

2.3　模糊关系和模糊矩阵 …………………………………………… 30
　2.3.1　普通关系 ………………………………………………… 30
　2.3.2　模糊关系 ………………………………………………… 32
2.4　模糊逻辑 ………………………………………………………… 38
　2.4.1　模糊语言逻辑 …………………………………………… 38
　2.4.2　语言算子 ………………………………………………… 40
　2.4.3　模糊逻辑与多值逻辑的区别和联系 …………………… 41
2.5　模糊逻辑推理 …………………………………………………… 42
　2.5.1　似然推理 ………………………………………………… 42
　2.5.2　模糊条件推理 …………………………………………… 48
　2.5.3　多输入模糊推理 ………………………………………… 49
　2.5.4　多输入多规则推理 ……………………………………… 51

第3章　模糊控制的基本原理 ………………………………………… 54

3.1　模糊控制的基本思想 …………………………………………… 54
　3.1.1　模糊控制思想 …………………………………………… 54
　3.1.2　模糊控制系统的基本组成 ……………………………… 55
　3.1.3　模糊控制器的组成 ……………………………………… 56
3.2　模糊控制基本原理 ……………………………………………… 57
　3.2.1　单输入单输出模糊控制原理 …………………………… 57
　3.2.2　电热炉炉温模糊控制设计例证 ………………………… 57

第4章　模糊逻辑控制器及模糊控制系统设计 ……………………… 64

4.1　模糊控制器设计的内容 ………………………………………… 64
4.2　模糊控制器结构设计 …………………………………………… 64
　4.2.1　输入输出变量的确定 …………………………………… 64
　4.2.2　模糊控制器结构的选择 ………………………………… 65
4.3　模糊控制规则设计 ……………………………………………… 66
　4.3.1　输入输出变量词集的选择 ……………………………… 66
　4.3.2　各模糊变量的模糊子集隶属函数的选择 ……………… 66
　4.3.3　模糊控制规则的建立 …………………………………… 69
　4.3.4　模糊化和解模糊化方法 ………………………………… 71
　4.3.5　论域、量化因子和比例因子 …………………………… 75
　4.3.6　模糊控制在线推理示例 ………………………………… 77
　4.3.7　模糊控制器的硬、软件实现 …………………………… 79

4.4　模糊控制与 PID 控制的结合 ················· 80
　　4.4.1　模糊控制器与 PID 控制器的关系 ················ 80
　　4.4.2　模糊 PID 控制器的几种形式 ················ 82
4.5　模糊控制系统设计实例 ················· 89
　　4.5.1　温度控制系统 ················· 89
　　4.5.2　控制系统性能分析 ················· 97
　　4.5.3　模糊控制器的实现 ················· 106

第 5 章　神经网络与神经网络控制 ················· 108

5.1　神经网络基础 ················· 108
　　5.1.1　生物神经元与人工神经元 ················· 108
　　5.1.2　神经网络的发展历史 ················· 112
　　5.1.3　神经网络的分类 ················· 114
　　5.1.4　神经网络的特点及应用领域 ················· 116
5.2　典型神经网络模型 ················· 118
　　5.2.1　感知机神经网络 ················· 119
　　5.2.2　BP 神经网络 ················· 122
　　5.2.3　RBF 神经网络 ················· 132
　　5.2.4　Hopfield 神经网络 ················· 138
5.3　神经网络控制 ················· 141
　　5.3.1　神经网络监督控制 ················· 142
　　5.3.2　神经网络直接逆控制 ················· 142
　　5.3.3　神经网络自适应控制 ················· 143
　　5.3.4　神经网络内模控制 ················· 144
　　5.3.5　神经网络 PID 控制 ················· 145
　　5.3.6　神经网络预测控制 ················· 146
　　5.3.7　神经网络混合控制 ················· 147

第 6 章　专家控制技术 ················· 149

6.1　专家系统 ················· 149
　　6.1.1　专家系统发展历史 ················· 149
　　6.1.2　专家系统的结构与类型 ················· 152
　　6.1.3　知识的表示 ················· 158
　　6.1.4　知识的获取 ················· 164
　　6.1.5　专家系统的推理机制 ················· 166

6.2　专家控制系统 ……………………………………………………… 168

6.2.1　专家控制系统原理 …………………………………………… 168

6.2.2　专家控制系统的类型 ………………………………………… 169

6.2.3　专家控制系统的设计 ………………………………………… 174

第7章　遗传算法与应用………………………………………………… 184

7.1　遗传算法的基本原理 ………………………………………………… 184

7.1.1　遗传算法的基本操作 ………………………………………… 184

7.1.2　遗传算法的优化设计 ………………………………………… 188

7.1.3　遗传算法优化函数实例 ……………………………………… 191

7.1.4　遗传算法的特点 ……………………………………………… 198

7.2　基于遗传算法的参数辨识 …………………………………………… 199

7.2.1　基于遗传算法的参数辨识方法 ……………………………… 199

7.2.2　遗传算法用于控制系统建模与设计 ………………………… 200

7.3　基于遗传算法的 PID 控制参数优化 ……………………………… 201

7.3.1　基于遗传算法的控制参数优化方法 ………………………… 201

7.3.2　遗传算法 PID 参数整定实例 ………………………………… 204

参考文献……………………………………………………………………… 207

第1章 绪 论

1.1 智能控制的起源与发展

1.1.1 控制理论应用面临新的挑战

从 1932 年奈奎斯特（H. Nyquist）发表反馈放大器稳定性的论文以来,控制理论学科的发展已经走过 80 余年的历程,其中前 30 年是经典控制理论的成熟和发展阶段,后 50 年至今是现代控制理论的形成和发展阶段。

经典控制理论是一种单回路线性控制理论,只适用于单输入单输出控制系统。主要研究对象是单变量常系数线性系统,系统数学模型简单,基本分析和综合方法是基于频率法和图解法。20 世纪 60 年代前后,由于计算机技术的成熟和普及,促使控制理论由经典控制理论向现代控制理论过渡。现代控制理论的形成使控制理论从深度和广度上进入一个崭新的发展时期,特点如下:

① 控制对象结构的转变　控制对象结构由简单的单回路模式向多回路模式转变,即从单输入单输出向多输入多输出转变。

② 研究工具的转变:

● 积分变换法向矩阵理论、几何方法转变,由频率法转向状态空间的研究;

● 计算机技术的发展使手工计算转向计算机计算。

③ 建模手段的转变　由机理建模向统计建模转变,开始采用参数估计和系统辨识的统计建模方法。

在工程应用方面,航天技术、信息技术和制造工业技术的革命,要求控制理论能处理更加复杂的系统控制问题,提供更加有效的控制策略。这些大型复杂的系统包括大型工业生产过程、计算机集成制造系统、柔性机器人系统和空间飞行的各类复杂设施等。这些系统既有系统运行行为和特征上的复杂性,也有不确定性导致的复杂性,同时也有系统多模式集成和控制策略方面的复杂性。对这类系统的研究设计以及到非线性、鲁棒性、具有柔性结构的系统和离散事件动态系统等,既需要对其进行相对独立研究,也必须按照具体工程问题对其中几个方面集成加以研究。因此,对上述复杂系统的控制理论虽已进行了不同程度的研究,但总体来看,其研究十分有限,特别是那些难以用数学模型描述的问题,单纯的数学工具有时显得无能为力,这对控制理论应用无疑是一个新的挑战。

1.1.2　智能控制的提出与发展概况

人们在生产实践中发现,一个复杂的传统控制理论似乎难以实现的控制系统,却可以由一个操作工凭着丰富的实践经验得到满意的控制结果。如果这些熟练的操作工、技术人员或专家的经验知识能和控制理论结合,把它作为解决复杂生产过程的控制理论的一个补充手段,那将使控制理论解决复杂生产过程有一个突破性进展。客观上,计算机控制技术的发展为这种突破提供了有效的工具。计算机在处理图像、符号逻辑、模糊信息、知识和经验等方面的功能,完全可以承担起熟练的操作工、技术人员和专家的知识经验、操作方法等付诸对生产过程的操作和控制,使之达到或超过人的操作水平。这相当于人的知识经验直接参与生产过程的控制,这样的自动控制系统称为智能控制系统。

从 20 世纪 60 年代至今,智能控制的发展过程通常被化分为 3 个阶段:萌芽期、形成期和发展期。

1.　萌芽期(约 20 世纪 60 年代)

20 世纪 60 年代初,史密斯(F. W. Smiths)首先采用性能模式识别器来学习最优控制方法,试图用模式识别技术来解决复杂系统的控制问题。

1965 年,美国加利福尼亚大学伯克利分校的扎德(L. A. Zadeh)教授提出模糊集合理论,为模糊控制奠定数学基础。同年,美国的费根鲍姆(Feigenbaum)着手研制世界上第一个专家系统;美籍华裔模式识别与机器智能专家、普渡大学傅京逊(K. S. Fu)教授提出将人工智能中的直觉推理方法用于学习控制系统。

1966 年门德尔(Mendel)在空间飞行器学习系统中应用了人工智能技术,并提出了"人工智能控制"的概念。

1967 年,利昂兹(Leondes)等人首先正式使用"智能控制"一词,并把记忆、目标分解等一些简单的人工智能技术用于学习控制系统,提高了系统处理不确定问题的能力。

2.　形成期(约 20 世纪 70 年代)

20 世纪 70 年代初,傅京逊等人从控制论的角度进一步总结了人工智能技术与自适应、自组织、自学习控制的关系。正式提出智能控制是人工智能技术与控制理论的交叉,并在核反应堆、城市交通的控制中成功地应用了智能控制技术。

20 世纪 70 年代中期,智能控制在模糊控制的应用上取得了重要的进展。1974 年,英国伦敦大学玛丽皇后分校的玛达尼(E. H. Mamdani)教授把模糊理论用于蒸汽机控制,通过实验取得了良好的结果。

1977—1979 年,萨里迪斯(G. N. Saridis)出版了专著《随机系统的自组织控制》,并发表了综述论文"朝向智能控制的实现",全面地论述了从反馈控制到最优控制、随机控制及至自适应控制、自组织控制、学习控制,最终向智能控制发展的过程,提出了智能控制的三元交集结构以及分层递阶的智能控制系统框架。

1979 年,玛达尼成功地研制出自组织模糊控制器,使得模糊控制具有了较高智能。

3. 发展期(约 20 世纪 80 年代以后)

20 世纪 80 年代以来,微型计算机的迅速发展以及专家系统技术的逐渐成熟,使得智能控制和决策的研究及应用领域逐步扩大,并取得了一批应用成果。

1982 年,Fox 等人完成了一个称为智能调度信息系统(ISIS)的加工车间调度专家系统,该系统采用启发式搜索技术和约束传播方法,以减少搜索空间,确定最佳调度方法。

1983 年,萨里迪斯把智能控制用于机器人系统;同年,美国西海岸人工智能风险企业发表了名为 Reveal 的模糊决策支持系统,在计算机运行管理和饭店经营管理方面取得了很好的应用效果。

1984 年,LISP Machine 公司设计了用于过程控制系统的实时专家系统 PICON。

1986 年,M. Lattimer 和 Wright 等人开发的混合专家系统控制器 Hexscon 是一个实验型的基于知识的实时控制专家系统,用来处理军事和现代化工业中出现的控制问题;同年,鲁梅哈特(D. E. Rumelhart)和麦克莱郎德(J. L. McClelland)提出了多层前向神经网络的偏差反向传播算法,即 BP 算法,实现了有导师指导下的网络学习,从而为神经网络的应用开辟了广阔的前景。

1987 年,美国 Foxboro 公司公布了新一代 IA 智能控制系统。这种系统的出现体现了传感器技术、自动控制技术、计算机技术在生产自动化应用方面的综合先进水平,能够为用户提供安全可靠的最合适的过程控制系统,这标志着智能控制系统已由研制、开发阶段转向应用阶段。

20 世纪 90 年代以后,智能控制的研究势头异常迅猛,智能控制进入应用阶段,应用领域由工业过程控制扩展到军事、航天等高科技领域以及日用家电领域,如模糊洗衣机、模糊空调机等。专家系统的研究方兴未艾,各种专家系统陆续在许多行业得到应用,如石油价格预测专家系统、地震预报专家系统、水质勘测专家系统以及各种故障诊断专家系统等。与此同时,美国的 Hecht - Nielsen 神经计算机公司已经开发了两代神经网络软硬件产品,IBM 公司推出的神经网络工作站也已进入市场,神经网络的发展也日新月异。

伴随着智能控制新学科形成条件的逐渐成熟,1985 年 8 月,IEEE 在纽约召开了第一届智能控制学术讨论会。之后,在 IEEE 控制系统学会内成立了 IEEE 智能控制专业委员会。

1987 年 1 月,在美国费城由 IEEE 控制系统学会与计算机学会联合召开了智能控制国际会议。这是有关智能控制的第一次国际会议。这次会议表明,智能控制作为一门独立学科正式在国际上建立起来。此后,IEEE 智能控制国际学术研讨会每年举行一次,促进了智能控制系统的研究。

1.1.3　智能控制的特点

智能控制不同于经典控制理论和现代控制理论的处理方法,控制器不再是单一的数学解析模型,而是数学解析模型和知识系统相结合的广义模型。概括地说,智能控制具有以下基本特点:

① 智能控制系统一般具有以知识表示的非数学广义模型和以数学模型表示的混合控制过程。它适用于含复杂性、不完全性、模糊性、不确定和不存在已知算法的生产过程。它根据被控过程动态辨识,采用开闭环控制和定性与定量控制结合的多模态控制方式。

② 智能控制器具有分层信息处理和决策机构。该机构是对人的神经系统结构或专家决策机构的一种模仿。在复杂的大系统中,通常采用任务分块、控制分散方式实现系统控制。智能控制核心在高层控制时,对环境或过程进行组织、决策和规划,以实现广义求解。而底层控制也属智能控制系统不可缺少的一部分,一般采用常规控制。

③ 智能控制器具有非线性。因为人的思维具有非线性,作为模仿人的思维进行决策的智能控制也应具有非线性特点。

④ 智能控制器具有变结构特点。在控制过程中,根据当前的偏差和偏差变化率的大小和方向,在调整参数得不到满足时,以跃变方式改变控制器的结构,以改善系统的性能。

⑤ 智能控制器具有总体自寻优特点。由于智能控制器具有在线特征辨识、特征记忆和拟人特点,在整个控制过程中计算机在线获取信息和实时处理并给出控制决策,通过不断优化参数和寻找控制器的最佳结构形式,以获取整体最优控制性能。

⑥ 智能控制是自动控制、人工智能、运筹学等多学科交叉的边缘学科,因此这些学科的发展将为智能控制的深入研究提供理论指导和技术支持。同时,在智能控制的研究过程中,也会提出新的问题,这也为上述学科的发展提供了新的机遇。

1.1.4　智能控制的应用

智能控制主要解决那些用传统控制方法难以解决的复杂系统的控制问题,其中包括智能机器人控制、计算机集成制造系统(CIMS)、工业过程控制、航空航天控制、社会经济管理系统、交通运输系统、环保及能源系统等。

1. 在机器人控制中的应用

智能机器人是目前机器人研究中的热门课题。E. H. Mamdan 于 20 世纪 80 年代初首次将模糊控制应用于一台实际机器人的操作臂控制。J. S. Albus 于 1975 年提出小脑模型关节控制器(Cerebellar Model Arculation Controller,CMAC),它是仿照小脑如何控制肢体运动的原理而建立的神经网络模型。采用 CMAC,可实现机器人的关节控制,这是神经网络在机器人控制的一个典型应用。

目前工业上用的 90％以上的机器人都不具有智能,随着机器人技术的迅速发展,需要各种具有不同程度智能的机器人。

2. 在现代制造系统中的应用

现代先进制造系统需要依赖不够完备和不够精确的数据来解决难以或无法预测的情况,人工智能技术为解决这一难题提供了有效的解决方案。制造系统的控制主要分为系统控制和故障诊断两大类。对于系统控制,采用专家系统的"Then - If"逆向推理作为反馈机构,可以修改控制机构或者选择较好的控制模式与参数。利用模糊集合和模糊关系的鲁棒性,将模糊信息集成到闭环控制外环的决策选取机构来选择控制动作。利用人工神经网络的学习功能和并行处理信息的能力,可以诊断 CNC 的机械故障。

现代制造系统向智能化发展的趋势,是智能制造的要求。

3. 在过程控制中的应用

过程控制是指石油、化工、冶金、轻工、纺织、制药、建材等工业生产过程的自动控制,是自动化技术的一个极其重要的方面。智能控制在过程控制上有着广泛的应用。在石油化工方面,1994 年美国的 Gensym 公司和 Neuralware 公司联合将神经网络用于炼油厂的非线性工艺过程。在冶金方面,日本的新日铁公司于 1990 年将专家控制系统应用于轧钢生产过程。在化工方面,日本的三菱化学合成公司研制出用于乙烯工程模糊控制系统。

将智能控制应用于过程控制领域,是过程控制发展的方向。

4. 在航空航天控制中的应用

1977—1986 年,美国 NASA 喷气推进研究所在"旅行者"号探测器上采用人工智能技术完成了精密导航和科学观测等任务,其上搭载的计算机收集和处理了木星和土星等多种不同数据。为探测器设计的由 140 个规则组成的知识库,可生成对行星摄影所需应用程序的专家系统,大幅度缩短了执行应用计划所需时间,减少了差错,降低了成本。此外,在航天飞机的检测、发射和应用等过程中也大量地采用了智能控制系统,包括加注液氧用的专家系统;执行飞行任务和程序修订用的专家系统;发射及着陆时的飞行控制系统;推理决策用的信息管理系统等。

航空航天控制领域的特殊性,使得智能控制发挥了巨大作用。

5. 在广义控制领域中的应用

从广义上理解自动控制,可以把它看作不通过人工干预而对控制对象进行自动操作或控制的过程,如股市行情、气象信息、城市交通、地震火灾预报数据等。这类对象的特点是以知识表示的非数学广义模型,或者含有不完全性、模糊性、不确定性的数学过程。对它们进行控制是无法用常规控制器完成的,而需要采用符号信息知识表示和建模,应用智能算法程序进行推理和决策。

智能控制在广义控制领域中的应用是智能控制优越性的突出体现。

1.2　智能控制的基本概念

1.2.1　智能控制的定义

智能控制是一门新兴学科,从"智能控制"这个术语于 1967 年由利昂兹等人提出后,现在还没有统一的定义,IEEE 控制系统协会将其总结为"智能控制必须具有模拟人类学习(Learning)和自适应(Adaptation)的能力"。以下两点是对智能控制和智能控制系统的粗略概括。

① 智能控制是智能机自动地完成其目标的控制过程。其中智能机可在熟悉或不熟悉的环境中自动地或人机交互地完成拟人任务。

② 由智能机参与生产过程自动控制的系统称为智能控制系统。

定性地讲,智能控制应具有学习、记忆和大范围的自适应和自组织能力;能够及时地适应不断变化的环境;能够有效地处理各种信息,以减小不确定性;能够以安全和可靠的方式进行规划、生产和执行控制动作,从而达到预定的目标和良好的性能指标。

1.2.2　智能控制的结构

1. 智能控制的二元交集结构

1971 年傅京逊教授对几个与自学习控制有关领域进行研究后,提出了"智能控制"是自动控制和人工智能的交集的结构,称为智能控制的二元交集结构。它可以表示如下:

$$IC = AI \bigcap AC$$

式中:IC—Intelligent Control(智能控制);

AI—Aritificial Intelligence(人工智能);

AC—Automatic Control(自动控制)。

可以看出,智能控制系统的设计就是要尽可能地把设计者和操作者所具有的与指定任务有关的智能转移到机器控制器上。由于二元交集结构简单,它是目前应用得最多最普遍的智能控制结构。

2. 智能控制的三元交集结构

1977 年,萨里迪斯对傅京逊的二元交集结构进行了扩展,将运筹学概念引入智能控制,使之成为三元交集中的一个子集,即

$$IC = AI \bigcap AC \bigcap OR$$

式中:OR—Operation Research(运筹学),是一种定量化优化方法。它包括数学规划、图论、网络流、决策分析、排队论、存储论、对策论等内容。

三元交集结构强调了更高层次控制中调度、规划与管理的作用,为其递阶智能控制的提出奠定了基础。

3. 智能控制的四元交集结构

1987 年,我国中南大学蔡自兴教授把信息论融合到三元交集结构中,提出了智能控制的四元交集结构,即

$$IC = AI \cap AC \cap OR \cap IT$$

式中,*IT*—Information Theory(信息论)。

这种结构突出了智能控制系统是以知识和经验为基础的拟人控制系统。知识是对收集来的信息进行分析处理和优化形成结构信息的一种形式,智能控制系统的知识和经验来自信息,又可以被加工为新的信息,因此智能控制系统离不开信息论的参与作用。

1.3　智能控制的几种形式

常规的智能控制方法有模糊逻辑控制(Fuzzy Logic Control)、分级递阶智能控制(Hierarchical Intelligent Control)、神经网络控制(Neural Network Control)、专家控制(Expert Control)、仿人智能控制(Human - Simulated Control)和学习控制(Learning Control)等。

1.3.1　模糊逻辑控制

模糊逻辑在控制领域的应用称为模糊控制。它的基本思想是把人类专家对特定的被控对象或过程的控制策略总结成一系列以"IF(条件)THEN(作用)"形式表示的控制规则,通过模糊推理得到控制作用集,作用于被控对象或过程。模糊控制有三个基本组成部分:模糊化、模糊决策、精确化计算。它的工作过程简单地描述为:首先将信息模糊化,然后经模糊推理规则得到模糊控制输出,再将模糊指令进行精确化计算最终输出控制值。模糊控制系统的一般结构如图 1-1 所示。

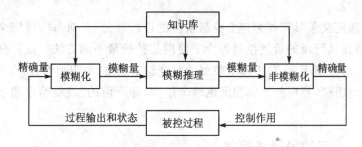

图 1-1　模糊控制系统的一般结构

模糊控制的有效性可以从以下两个方面来考虑:

① 模糊控制提供了一种实现基于知识描述的控制规律的新机理。

② 模糊控制提供了一种改进非线性控制器的替代方法,这些非线性控制器一般用于控制含不确定性和难以用传统非线性控制理论处理的过程。

到目前为止,模糊控制已经得到了十分广泛的应用。

1.3.2　分级递阶智能控制

分级递阶智能控制是从工程控制论角度,总结人工智能、自适应、自学习和自组织的关系后逐渐形成的。分级递阶智能控制可以分为基于知识/解析混合多层智能控制理论和基于精度随智能提高而降低的分级递阶智能控制理论两类。前者由意大利学者 A. Villa 提出,可用于解决复杂离散时间系统的控制设计;后者由萨里迪斯于 1977 年提出,它由组织级、协调级和执行级组成,如图 1-2 所示。

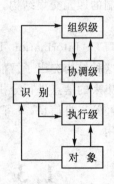

图 1-2　分级递阶智能控制结构

1. 执行级

执行级一般需要被控对象的准确模型,以实现具有一定精度要求的控制任务,因此多采用常规控制器实现。

2. 协调级

它是高层和低层控制级之间的转换接口,主要解决执行级控制模态或控制模态参数自校正。它不需要精确的模型,但需要具备学习功能,并能接受上一级的模糊指令和符号语言。该级通常采用人工智能和运筹学的方法实现。

3. 组织级

组织级在整个系统中起主导作用,涉及知识的表示与处理,主要应用人工智能方法。在分级递阶结构中,下一级可以看成上一级的广义被控对象,而上一级可以看成下一级的智能控制器,如协调级既可以看成组织级的广义被控对象,又可以看成执行级的智能控制器。

萨里迪斯定义了“熵”作为整个控制系统的性能度量,并对每一级定义了熵的计算方法,证明在执行级的最优控制等价于使用某种熵最小的方法。这种分层递阶结构的特点是:对控制而言,自上而下控制的精度越来越高;对识别而言,自下而上信息的反馈越来越粗糙,相应的智能程度也越来越高,即所谓的“控制精度递增伴随智能递减”。

1.3.3　人工神经网络控制

人工神经网络采用仿生学的观点与方法研究人脑和智能系统中的高级信息处理。由很多人工神经元按照并行结构经过可调的连接权构成的人工神经网络具有某些智能和仿人控制功能。典型的神经网络结构包含多层前馈神经网络、径向基函数网络、Hopfield 网络等。

人工神经网络具有可以逼近任意非线性函数的能力,因此既可以用来建立非线性系统的动态模型也可以用于构建控制器。神经网络控制系统结构如图 1-3 所示,其工作原理是:

若图中输入输出满足下列关系

$$y = g(u)$$

则设计的目标是寻找控制量 u,使系统输出 y 与期望值 y_d 相等,因此系统控制量必须满足

$$u_d = g^{-1}(y_d)$$

若 $g(u)$ 是简单的函数,求解 u_d 并不难,但在多数情况下,$g(u)$ 形式未知,或难以找到 $g(u)$ 的反函数 $g^{-1}(u)$,这也是传统控制的局限性。若用神经网络模拟 $g^{-1}(u)$,则无论 $g(u)$ 是否已知,通过神经网络自学习能力,总可以找到 u_d(神经网络输出)作为被控对象的控制量。若用被控对象的实际输出与期望值输出的误差来控制神经网络学习,则可以通过调整神经网络加权系数,直至 $e = y_d - y = 0$。

神经网络的特点是:有很强的鲁棒性和容错性、采用并行分布处理方法,可学习和适应不确定系统、能同时处理定量和定性知识。从控制角度看,神经网络控制特别适用于复杂系统、大系统以及多变量系统。

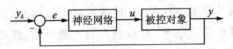

图 1-3　神经网络控制系统结构

1.3.4　专家控制

专家系统是一种模拟人类专家解决问题的计算机软件系统。专家系统内部含有大量的某个领域的专家水平的知识与经验,能够运用人类专家的知识和解决问题的方法进行推理和判断,模拟人类专家的决策过程,来解决该领域的复杂问题。

基于知识工程的专家控制,是应用专家系统的概念和技术,模拟人类专家的控制知识和经验,实现对被控对象的控制,是人工智能与自动控制相结合的典型产物。专家控制系统具有全面的专家系统结构、完善的知识处理功能和实时控制的可靠性能。这种系统采用黑板等结构,知识库庞大,推理机制复杂。它包括知识获取子系统和学习子系统,人—机接口要求较高。专家式控制器多为工业专家控制器,是专家控制系统的简化形式,针对具体的控制对象或过程,着重于启发式控制知识的开发,具有实时算法和逻辑功能。它具有设计较小的知识库、简单的推理机制,可以省去复杂的人—机接口。由于其结构较为简单,又能满足工业过程控制的要求,因而应用日益广泛。图 1-4 是专家控制系统原理图。

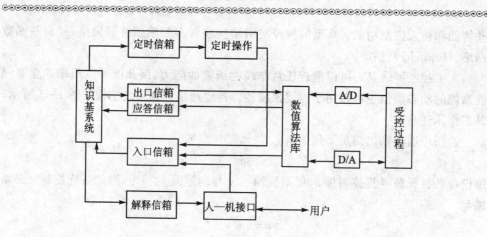

图 1-4 专家控制系统原理图

专家控制实现了领域专家的经验知识与控制算法的结合,知识模型与数学模型的结合,符号推理与数值运算的结合以及知识处理技术与控制技术的结合。

1.3.5 仿人智能控制

仿人控制的基本思想就是在模拟人的控制结构的基础上,进一步研究和模拟人的控制行为与功能,并把它用于控制系统。仿人控制研究的目标不是被控对象,而是控制器本身如何对控制专家结构和行为的模拟。

仿人控制理论的具体研究方法是:从递阶控制系统的最底层入手,充分应用已有的各种控制理论和计算机仿真结果,直接对人的控制经验、技巧和各种直觉推理能力进行总结,编制成各种实用、精度高,能实时运行的控制算法(策略),并把它们直接应用于实际控制系统,进而建立其系统的仿人控制理论体系,最后发展成智能控制理论。仿人控制的结构如图 1-5 所示。

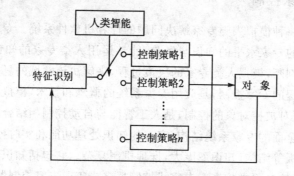

图 1-5 仿人控制的结构图

1.3.6 学习控制

学习是人类的主要智能之一。在人类的进化过程中,学习起着非常重要的作用。

学习作为一种过程,通过重复各种输入信号,并从外部校正该系统,从而使系统对特定的输入具有特定的响应。

学习控制的机理可以概括如下:

① 寻找并求得动态控制系统输入与输出间的比较简单的关系;

② 执行每个由前一步控制过程的学习结果更新了的控制过程;

③ 改善每个控制过程,使其性能优于前一个过程。

通过重复执行这种学习过程并记录全过程的结果,希望稳步改善受控系统的性能。

1.4 智能控制系统的研究方向和趋势

1.4.1 研究方向

智能控制是自动化科学的崭新分支,在自动控制理论体系中具有重要的地位。目前,智能控制科学的研究十分活跃,研究方向主要有以下几个方面。

1. 智能控制的基础理论和方法研究

鉴于智能控制是多学科交叉边缘学科,结合相关学科的研究成果,研究新的智能控制方法论,对智能控制的进一步发展具有重要的作用,可以为设计新型的智能控制系统提供支持。

2. 智能控制系统结构研究

研究包括基于结构的智能系统分类方式和新型的智能控制系统结构的探寻。

3. 智能控制系统的性能分析

分析包括不同类型智能控制系统的稳定性、鲁棒性和可控性分析等。

4. 高性能智能控制器的设计

近年来,由于人工生命研究不断深入,进化算法、免疫算法等高性能优化方法开始涉及控制器的设计中,推动了高性能智能控制器的研究。

5. 智能控制与其他控制方法结合的研究

包括模糊神经网络控制、模糊专家控制、神经网络学习控制、模糊 PID 控制、神经网络鲁棒控制、神经网络自适应控制等,成为智能控制理论及应用的热点方向之一。

1.4.2 发展趋势

智能控制作为一门新兴学科,还没有形成一个统一完整的理论体系。智能控制研究所面临的最迫切的问题是:对于一个给定的系统如何进行系统的分析和设计。所以,将复杂环境建模的严格数学方法研究同人工智能中"计算智能"的理论方法研

究紧密结合起来,有望使智能控制系统的研究出现崭新局面。具体可以有以下几个方面:

① 对智能控制理论的进一步研究,尤其是智能控制系统稳定性分析的理论研究。

② 结合神经生理学、心理学、认识科学、人工智能等学科的知识,深入研究人类解决问题时的经验、策略,建立更多的智能控制体系结构。

③ 研究适合现有计算机资源条件的智能控制方法。

④ 研究人机交互式的智能控制系统和学习系统,以不断提高智能控制系统的智能水平。

⑤ 研究适合智能控制系统的软、硬件处理机,信号处理器、智能传感器和智能开发工具软件,以解决智能控制在实际应用中存在的问题。

第 2 章 模糊控制的数学基础

2.1 模糊控制概述

2.1.1 模糊理论的创立

早在 20 世纪 20 年代,英国著名哲学家和数学家罗素(B. Russell)就在《The Australasian Journal of Psychology and Philosophy》(1923)杂志上发表的《论模糊性》(Vagueness)一文中论述了模糊性的深刻哲学意义。他认为所有的自然语言均是模糊性的,比如"红的"和"老的"都不是清晰的或明确的,它们没有明确的内涵和外延,这些概念实际上是模糊的。可是,在特定的环境中,人们用这些概念来描述某个具体对象时却又能心领神会,很少引起误解和歧义。

1920 年,与罗素同时代的波兰逻辑学家和哲学家卢卡斯维兹(J. Lukasievicz)创立了多值逻辑。他发现经典的二值逻辑只是理想世界模型,而不是现实世界模型,因为用二值逻辑对待诸如"某人个子比较高"这一客观命题时不知所措。多值逻辑的建立为建立正式的模糊模型走出了关键的一步。但是,多值逻辑本质上仍是精确逻辑,它只是二值逻辑的简单推广。

1937 年,英国学者布莱克(M. Black)也对"含糊性"问题进行了深入研究,并提出了"轮廓一致"的新概念,这完全可以看做是后来的"隶属函数"这一重要概念的思想萌芽。可惜,他在描述某一概念的"真实接近程度"时,错用了"用法的接近程度",最终与真理擦肩而过。

1965 年,出生于阿塞拜疆巴库的伊朗裔学者美国加州大学伯克利分校电气工程系扎德(L. A. Zadeh,1921—)教授在《Information Control》杂志上发表论文《模糊集合》(Fuzzy Sets),首次提出了表达事物模糊性的重要概念——隶属函数,从而突破了 19 世纪末德国数学家康托(George Contor)创立的经典集合理论的局限性。借助于隶属函数可以表达一个模糊概念从"完全不属于"到"完全隶属于"的过渡,并对所有的模糊概念进行定量表达,隶属函数的提出奠定了模糊理论的数学基础。

1966 年,美国贝尔实验室的玛瑞诺斯(P. N. Marinos)发表了关于模糊逻辑的研究报告。研究指出模糊逻辑是一种连续逻辑,一个模糊命题是一个可以确定隶属度的句子,它的真值可取 $[0,1]$ 区间中的任何数。很明显,模糊逻辑是二值逻辑的扩展,二值逻辑只是模糊逻辑的特殊情况。模糊逻辑有着更加普遍的实际意义,它允许一个命题亦此亦彼,存在着部分肯定和部分否定,只不过隶属程度不同而已,这就为计算机模仿人的思维方式处理语言信息提供了可能。这一报告真正标志着模糊逻辑的诞生。

1972—1974 年,扎德在模糊逻辑基础上提出模糊限定词、语言变量、语言真值、模糊推理等关键概念,制定了模糊推理的复合规则。他指出模糊推理是一种近似推理,可以在获得的模糊信息前提下进行有效判断和决策,而二值逻辑的演绎推理和归纳推理此时是无能为力的。这为模糊逻辑系统奠定了基础。

1974 年,英国伦敦 Queen Mary 学院的玛达尼(E. H. Mamdani)首次用模糊逻辑和模糊推理实现了世界上第一个实验性的蒸汽机控制,取得了比传统直接数字控制(DDC)算法更好的结果。它的成功标志着模糊逻辑开始用于工业控制。

1992 年 2 月,首届 IEEE 模糊系统国际会议在圣地亚哥召开,这次大会标志着模糊理论已被世界上最大的工程师协会 IEEE 所接受。1993 年 IEEE 创办了模糊系统会刊。

2.1.2 模糊控制的应用

模糊控制在实践中的成功应用为模糊理论提供了强有力的说服力,代表性应用成果如下。

1978 年,丹麦工程师霍尔布拉德(L. P. Holmblad)和奥斯特伽德(Ostergard)对水泥窑炉实现模糊控制,这个成果引起了学者的极大关注。

1980 年,托格(Tong)等实现了污水处理过程的模糊控制。

1983 年,Takagi 等给出了模糊控制规则的获取方法;Yasunobu 等设计了预测模糊控制系统;日本 Fuji Electric 公司实现了饮水处理装置的模糊控制。

1984 年,Sugeno 等实现了汽车停车的模糊控制。

1985 年,Kiszka 等给出了模糊控制系统的稳定性定理;户贝(Togai)等研制了第一个模糊推理芯片。

1986 年,Yamakawa 等设计了模糊控制硬件系统。

1987 年,日本日立(Hitachi)公司开通了基于模糊控制的仙台市地铁,引起轰动效应。

1989 年,美国 Torres 最早将模糊控制应用于电力系统的负荷管理和配电负荷建模。

1991 年,德国亚琛工业大学开发出第三代模糊微处理器,并用于汽车自动驾驶。

总体说来,模糊控制的工程应用以日本和美国最为突出,日本将模糊控制更多地用于民用电器、汽车工业、经济管理决测等领域;美国多倾向于飞行器控制、潜艇探测信号分析、电信行业等领域。欧洲的模糊技术研究主要集中在德国,亚琛工业大学崔默曼(Hans J. Zimmermann)教授团队开发的 fuzzyTECH 模糊开发系统具有重要意义。另外,苏联和俄罗斯对模糊控制研究起步很早,研究成果无论在理论还是应用上都很有特色,但由于与外界交流不多,所以多数不为人所了解。

2.1.3　模糊控制技术的特点

1. 无须知道被控对象的数学模型

模糊控制可以不需要被控对象的数学模型即可实现较好的控制,这是因为被控对象的动态特性已隐含在模糊控制器的输入、输出模糊集及模糊规则中。这扩大了模糊控制的适用范围,对被控对象已知定量信息的要求越低,所产生的模糊控制理论应用价值越高,与传统控制相比的优越性越大,但与此同时,研究的技术难度亦越大,反之亦然。

2. 控制行为反映人类智慧

模糊逻辑把更多的实际情况包括在控制环内来考虑,整个控制过程的模型是时变的,这种模型的描述采用具有模糊性的控制规则来描述。该规则的制定通常来自于人对被控对象的控制经验,因而模糊控制行为反映了人类智慧。

3. 易被人们接受

模糊控制系统的人机界面具有一定程度的友好性,它对于有一定操作经验而对控制理论并不熟悉的人员来说,很容易掌握和学会。模糊控制在许多应用中可以有效且便捷地实现人的控制策略和经验。这些控制策略是以人类语言表示的控制规则,出发点是操作人员的经验或知识。很明显,这些规则容易被一般人所接受和理解。

4. 构造容易

模糊控制器结构简单,可由离线计算得到控制查询表,软件实现难度不大。

5. 鲁棒性好

模糊控制系统对于同一个系统的偏差等级,可以有两个或多个模糊推理输出的控制变量模糊化等级,这是系统鲁棒性和适应性的一种体现。对于非线性、时变、时滞的被控对象,模糊控制都能取得有效的控制效果,所以模糊控制具有良好的鲁棒性和适应性。

2.1.4　模糊控制技术的发展

1989 年,扎德在接受本田奖授奖仪式上发表讲话指出,模糊理论是对"彻底排除不明确事物只以明确事物为对象"的科学界传统所作的挑战。对于模糊理论这样一个新生事物,学术界曾有两种不同的观点,其中持否定态度的观点在一段时间内还曾占据上风。当时反对模糊理论主要有两个理由:

① 在不依赖精确数学模型前提下,模糊隶属函数的确定具有主观臆断性和人为经验技巧,没有严格的系统方法,因而是不可靠的。

② 模糊逻辑实际上是改头换面的概率理论,"任何模糊理论能做的事情,概率论都能做,甚至会做得更好"。正确的观点是:

其一,模糊控制可以不依赖被控对象的精确数学模型,但也不应该拒绝有效的数学模型。模糊控制理论在特定条件下可以达到经典控制理论难以达到的"满意控制",而不是最佳控制。

其二,模糊理论着重论述人的推理和看法,它研究的对象是人的因素起重要作用的工业过程控制、模式识别和群决策等领域中的问题。而概率论的应用主要集中在人的推理和看法不起主要作用的统计技术、数据分析和通信系统等领域。尽管概率论支持者声称概率论可以用来描述人的知识,但这方面的研究发展始终没有达到模糊理论所达到的规模。在人工智能模型中,使用概率论会出现很多问题,其根源在于相乘的两个概率非独立,而若使用模糊理论,则根本不需要这个独立性信息。模糊理论与概率论应该是互补的,它们可以处理的不确定性类型是不同的。概率是事件发生可能性大小的度量,表示的是事件结果的不确定性;模糊逻辑则是事件本身多大程度属于某个分类的度量,它表示的是事物本身性质的内在不确定性。另外,模糊理论的确还有许多不完善之处,比如它对人的主观认识描述的不够有力与不够深入,以及比较敏感的稳定性问题至今仍未得到完善解决等。尽管如此,也不应否定模糊理论的科学性和有效性,事实上它已经成为智能控制的一个重要分支。

模糊控制理论经过几十年的发展,已经取得长足进步,目前国内外学者正在以下几个方面展开深入研究。

1. 模糊理论基础研究

基础研究包括模糊控制与非模糊控制的结合研究,模糊系统结构特性与逼近精度的分析,适用于模糊系统的不同学习算法的提出及算法收敛性分析与模糊系统性能分析;针对高维情况的模糊系统方法;模糊控制系统的稳定性与鲁棒性研究;模糊推理中的多值理论、统一性理论、推理算法、多变量分析、模糊量化理论;对思维功能与模糊系统的关系、模糊系统评价方法、模糊系统与其他系统结合的理论问题研究等。

2. 模糊计算机研究

包括模糊计算机结构、模糊逻辑器件、模糊逻辑存储器、模糊编程语言以及模糊计算机操作系统软件等。这种硬件系统由目前的"检测—比较—计算—执行"结构发展为"识别—推理—决策—执行"结构。控制系统的输入/输出除了数据信息外,还可以包括文字、图像、语言等符号信息。

3. 机器智能化研究

这类研究的目的是实现对模糊信息的理解,对具有渐变性特征模糊系统的控制以及对模式识别和决策智能化的研究。主要内容包括传感器、信息意义理解、评价系统,具有柔性思维和动作性能的机器人,具有语言理解能力的智能通信,具有实时理解能力的图像识别等。

4. 人机工程研究

扎德认为模糊理论会在两个领域取得较大进展,一是熟练技术者替代系统,二是替代专家的专家系统。这两个目标的具体实现是开发能高速模糊检索并能对未来预测的专家系统,以及尽量接近人与人交流的人机界面。主要包括模糊数据库、模糊专家系统、智能接口和对人的自然语言的研究。

2.2　模糊集合及其表示方法

2.2.1　模糊集合的基本概念

19 世纪末,德国数学家康托创立了集合论,成为现代数学的基础。他提出的经典集合的概念,即任给一个性质 P,把所有满足性质 P 的对象,也仅有具有性质 P 的对象,汇集起来构成一个集合,用符号来表示,即

$$A = \{a \mid P(a)\}$$

式中:A 表示集合;a 表示 A 中的一个对象;$P(a)$ 表示 a 具有性质 P;{}表示把所有具有性质 P 的元素汇集起来形成一个集合。

当讨论某个概念的外延或考虑某个问题的议题时,总会圈定一个讨论的范围,这个范围称为论域,常用大写字母 U、E 表示。例如要讨论"汽车"这一概念,可以将论域限制在"车"这个范围内,而不必考虑其他不相干的事情。论域中的每个对象称为元素,常用小写字母 a, b, x, y 等符号表示。

论域、集合、元素这三个概念之间的关系是:论域是元素的全体;集合是论域中部分元素的全体;元素要么属于某一集合,用符号 $\in$ 表示,要么不属于该集合,用符号 $\notin$ 表示,两者必居其一,不可兼得。$\forall a \in A$,表示集合 A 中的所有元素;$\exists a \in A$,表示集合 A 中存在元素 a。集合可以进行交、并、补、差、对称差等运算。

在现实世界中,有很多事物的分类边界是不分明的,或者说是难以明确划分的。比如,将一群人的身高划分为"高"和"不高"两类,就不好硬性规定一个划分的标准。如果硬性规定 1.80 m 以上的人算"高个子",否则不算,那么两个本来身高"基本一样"的人,例如一个身高 1.80 m,另一个身高 1.79 m,按照上述划分个子的规定,却被认为一个"高",一个"不高",这就有悖于常理,因为这两个人在任何人看来都是"差不多高"。这种概念外延的不确定性称为模糊性。

由此可见,普通集合在表达概念方面有它的局限性。普通集合只能表达"非此即彼"的概念,而不能表达"亦此亦彼"的现象。为此,美国加州大学扎德教授创立了模糊集合论,提出用模糊集合来刻画模糊概念。

定义 2.1　模糊集合　给定论域 U,对 U 中的任意元素 $u \in U$,都指定了 $[0,1]$ 闭区间中的某个数 $\mu_F(u)$ 与之对应,那么 μ_F 确定了 U 的一个模糊子集 F,这就定义了一个映射 μ_F 为

$$\mu_F : U \to [0, 1]$$
$$u \to \mu_F(u)$$

$$(2.1)$$

式(2.1)中,称 $\mu_F(u)$ 为模糊集合 F 的隶属函数,称 μ_F 为 u 对 F 的隶属度。本书在不混

淆的情况下，将模糊集合F简记为F，将$\mu_F(u)$简记为$\mu_F(u)$，其余类似。

上述定义表明，论域U上的模糊集合F由隶属函数$\mu_F(u)$来表征，$\mu_F(u)$的取值范围为闭区间$[0,1]$，$\mu_F(u)$的大小反映了u对于集合F的从属程度。即$\mu_F(u)$的值接近于1，表示u从属于F的程度很高；$\mu_F(u)$的值接近于0，表示u从属于F的程度很低。可见，一个模糊集合完全由其隶属函数描述。

当$\mu_F(u)$的值域为$\{0,1\}$时，$\mu_F(u)$锐化成一个经典集合的特征函数，模糊集合F便锐化成一个经典集合。由此不难看出，经典集合是模糊集合的特殊形式，模糊集合是经典集合概念的推广。

现在以人的年龄为论域，讨论"年轻"、"中年"、"老年"三个模糊集合的划分情况，分别用模糊集合A、B、C来表示。它们的论域都是$[1,100]$，论域中的元素是u，规定模糊集合A、B、C的隶属函数$\mu_A(u)$、$\mu_B(u)$、$\mu_C(u)$如图2-1所示。

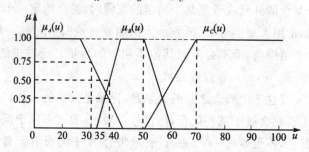

图2-1　"年轻"、"中年"、"老年"的隶属函数

如果$u_1=30$，u_1对A的隶属度$\mu_A(u_1)=0.75$，这意味着30岁的人属于"年轻"的程度是0.75。如果$u_2=40$，u_2既属于A集合又属于B集合，$\mu_A(u_2)=0.25$，$\mu_B(u_2)=0.50$，这说明40岁的人已不太年轻，比较接近中年，但属于中年的程度还不太大，只有0.50。再比如$u_3=50$，$\mu_B(u_3)=1.00$，这说明50岁正值中年，但即将走向"老年"。对比普通集合，用阈值来划分三个年龄段的方法，显然模糊集合能够比较准确、更加真实地描述人们头脑中的原有概念，而用普通集合来描述模糊性概念反而不准确、不真实，也可以说是粗糙的。

定义2.2　支集　设S是论域U中满足模糊集合F的隶属函数$\mu_F(u)>0$的所有元素组成的集合，则称S是模糊集合F的支集，即

$$S=\{u\in U\mid\mu_F(u)>0\}$$

例如，在图2-1中，模糊集合B（"中年"）的支集是开区间$(35,60)$。

定义2.3　模糊单点　设A为论域U上的一个模糊集合，若A中只有一点u_0的隶属函数大于零，且$\mu_A(u_0)=1$，则A称为模糊单点。模糊单点也可以看成是一个普通的集合，它只包含一个点u_0。

定义2.1下的模糊集合是通过精确的隶属函数刻画的，即隶属度是精确值，这种模

糊集合称为一型模糊集(Type－1 Fuxxy Set)。完全采用一型模糊集合的模糊系统称为一型模糊系统(Type－1 Fuxxy Logic System)。为了更好地表达不确定性,1975 年扎德将模糊集合的隶属度由精确值扩展为模糊集合来进一步增强模糊性,这种模糊集合称为二型模糊集(Type－2 Fuxxy Set),部分成全部用二型模糊集的模糊系统称为二型模糊系统(Type－2 Fuxxy Logic System)。本节只讨论一型模糊集及系统。

2.2.2 模糊集合的表示方法

1. 模糊集合 F 的三种表示方法

当 U 为离散有限域 $U=\{u_1,u_2,\cdots,u_n\}$ 时,模糊集合 F 通常有以下三种表示方法。

(1) 扎德(Zadeh)表示法

$$F = \frac{\mu_F(u_1)}{u_1}+\frac{\mu_F(u_2)}{u_2}+\cdots+\frac{\mu_F(u_i)}{u_i} \tag{2.2}$$

式中的 $\frac{\mu_F(u_i)}{u_i}$ 不代表分式,表示论域 U 中元素 u_i 及其隶属函数 $\mu_F(u_i)$ 之间的对应关系。符号"＋"也不表示"加法"运算,而是表示模糊集合在论域 U 上的整体。这是一种列举表示方法。

(2) 向量表示法

当模糊集合 F 的论域由有限个元素构成时,模糊集合 F 可表示成向量形式

$$F = [\mu_F(u_1),\mu_F(u_2),\cdots,\mu_F(u_n)] \tag{2.3}$$

一般地,若一向量的每个坐标都在[0,1]之中,则称其为模糊向量。需要注意的是:应用向量表示时,隶属度等于零的项不能舍弃,必须依次列入。

(3) 序偶表示法

将论域中元素 u_i 与其隶属度 $\mu_F(u_i)$ 构成序偶$(u_i,\mu_F(u_i))$来表示 F,即

$$F = \{(u_1,\mu_F(u_1)),(u_2,\mu_F(u_2)),\cdots,(u_n,\mu_F(u_n))\} \tag{2.4}$$

例 2.1 在论域 $U=\{1,2,3,4,5,6,7,8,9,10\}$ 中讨论"小的数"F 这一模糊概念,分别写出上述三种模糊集合的表达式。

解 根据经验,可以定量地给出"小的数"这一模糊概念的隶属函数。

Zadeh 表示法

$$F = \frac{1}{1}+\frac{0.9}{2}+\frac{0.7}{3}+\frac{0.5}{4}+\frac{0.3}{5}+\frac{0.1}{6}+\frac{0}{7}+\frac{0}{8}+\frac{0}{9}+\frac{0}{10}$$

向量表示法

$$F=[1,0.9,0.7,0.5,0.3,0.1,0,0,0,0]$$

序偶表示法

$$F=\{(1,1),(2,0.9),(3,0.7),(4,0.5),(5,0.3),$$
$$(6,0.1),(7,0),(8,0),(9,0),(10,0)\}$$

2. 论域 U 为离散无限域时的两种表示法

（1）可数情况

扎德表示法

$$F = \sum_{i=1}^{\infty} \frac{\mu_F(u_i)}{u_i} = \int_1^{\infty} \frac{\mu_F(u_i)}{u_i} \tag{2.5}$$

式中的 $\sum$ 和 $\int$ 仅仅是符号，不是表示求"和"或"积分"记号，而是表示论域 U 上的元素 u 与隶属度 $\mu_F(u)$ 之间的对应关系的总括；$\dfrac{\mu_F(u_i)}{u_i}$ 也不表示"分数"，而表示论域 U 上元素 u 与隶属度 $\mu_F(u)$ 之间的对应关系。

（2）不可数情况

扎德表示法

$$F = \int_U \frac{\mu_F(u_i)}{u_i} \tag{2.6}$$

同理，式中的符号"$\int$"不代表普通积分，而是表示无限多个元素与其隶属度对应关系的一个总括。

3. U 为连续无限论域时的模糊集合 F 表示法

扎德表示法

$$F = \int_U \frac{\mu_F(u)}{u} \tag{2.7}$$

例 2.2　以年龄为论域，设 $U = [0, 200]$，扎德给出了"年轻"Y 与"年老"O 两个模糊集合的隶属度函数

$$Y = \begin{cases} 1 & 0 \leqslant u \leqslant 25 \\ \left[1 + \left(\dfrac{u-25}{5} \right)^2 \right]^{-1} & 25 < u \leqslant 200 \end{cases}$$

$$O = \begin{cases} 0 & 0 \leqslant u \leqslant 50 \\ \left[1 + \left(\dfrac{u-50}{5} \right)^{-2} \right]^{-1} & 50 < u \leqslant 200 \end{cases}$$

采用扎德表示法，"年轻"Y 与"年老"O 两个模糊集合可写为

$$Y = \int_{0 \leqslant u \leqslant 25} \frac{1}{u} + \int_{25 < u \leqslant 200} \frac{\left[1 + \left(\dfrac{u-25}{5} \right)^2 \right]^{-1}}{u}$$

$$O = \int_{0 \leqslant u \leqslant 50} \frac{0}{u} + \int_{50 < u \leqslant 200} \frac{\left[1 + \left(\dfrac{u-50}{5} \right)^{-2} \right]^{-1}}{u} = \int_{50 < u \leqslant 200} \frac{\left[1 + \left(\dfrac{u-50}{5} \right)^{-2} \right]^{-1}}{u}$$

其隶属函数曲线如图 2-2 所示。

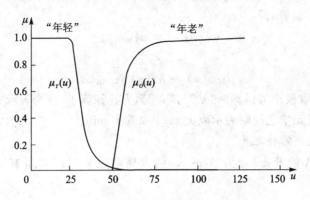

图 2 - 2　"年轻"与"年老"隶属函数曲线

2.2.3　模糊集合的运算

1. 模糊集合的逻辑运算

（1）模糊幂集

论域 U 上所有模糊集合的全体称为模糊幂集，记为 $F(U)$，即
$$F(U) = \{A \mid A : U \rightarrow [0,1]\}$$

（2）模糊集合的相等

若有两个模糊集合 A 和 B，对所有的 $u \in U$，均有 $\mu_A(u) = \mu_B(u)$，则称模糊集合 A 与模糊集合 B 相等，记作 $A = B$。

（3）模糊集合的包含

若有两个模糊集合 A 和 B，对所有的 $u \in U$，均有 $\mu_A(u) \leqslant \mu_B(u)$，则称模糊集合 A 包含于模糊集合 B，或称 A 是 B 的子集，记作 $A \subseteq B$。

（4）模糊空集

对所有的 $u \in U$，均有 $\mu_A(u) = 0$，则称 A 为模糊空集。

（5）模糊全集

对所有的 $u \in U$，均有 $\mu_A(u) = 1$，则称 A 为模糊全集。

（6）模糊集合的并集

模糊集合 A 与 B 的模糊并集 C（记为 $C = A \cup B$）的隶属函数 μ_C 对所有 $u \in U$ 被逐点定义为取大运算，即
$$\mu_C(u) = \max\{\mu_A, \mu_B\} \tag{2.8}$$

还可以表示为
$$\mu_{A \cup B}(u) = \mu_A(u) \vee \mu_B(u) \tag{2.9}$$

式中，"$\vee$"表示取极大值运算。

（7）模糊集合的交集

模糊集合 A 与 B 的模糊交集 C（记为 $C = A \cap B$）的隶属函数 μ_C 对所有 $u \in U$ 被

逐点定义为取小运算,即

$$\mu_C(u) = \min\{\mu_A, \mu_B\} \tag{2.10}$$

还可以表示为

$$\mu_{A \cap B}(u) = \mu_A(u) \wedge \mu_B(u) \tag{2.11}$$

式中:"$\wedge$"表示取极小值运算。"$\vee$"与"$\wedge$"称为扎德算子,分别表示上确界 sup 和下确界 inf,在有限元素之间则表示取大 max 和取小 min。

(8) 模糊集合的补运算

模糊集合 A 的补集(记为 A^c 或 $\overline{A}$)的隶属函数 $\mu_{A^c}(u)$ 对所有 $u \in U$ 被逐点定义为

$$\mu_{A^c}(u) = 1 - \mu_A(u) \tag{2.12}$$

例 2.3 在水的温度论域 $U = \{0, 10, 20, 30, 40, 50, 60, 70, 80, 90, 100\}$ 中,有两个模糊集合,"水温中等"M 及"水温高"H 分别为

$$M = \frac{0.0}{0} + \frac{0.25}{10} + \frac{0.5}{20} + \frac{0.75}{30} + \frac{1.0}{40} + \frac{0.75}{50} + \frac{0.5}{60} + \frac{0.25}{70} + \frac{0.0}{80} + \frac{0.0}{90} + \frac{0.0}{100}$$

$$H = \frac{0.0}{0} + \frac{0.0}{10} + \frac{0.0}{20} + \frac{0.0}{30} + \frac{0.0}{40} + \frac{0.25}{50} + \frac{0.5}{60} + \frac{0.75}{70} + \frac{1.0}{80} + \frac{1.0}{90} + \frac{1.0}{100}$$

计算 $M \cup H$、$M \cap H$ 及 M^c。

解 模糊集合的运算即为模糊集合逐点隶属度的运算,根据模糊集合"并"、"交"及"补"的运算规则,利用式(2.9)、(2.11)和式(2.12)计算如下:

$$M \cup H = \frac{0.0 \vee 0.0}{0} + \frac{0.25 \vee 0.0}{10} + \frac{0.5 \vee 0.0}{20} + \frac{0.75 \vee 0.0}{30} + \frac{1.0 \vee 0.0}{40} + \frac{0.75 \vee 0.25}{50} +$$
$$\frac{0.5 \vee 0.5}{60} + \frac{0.25 \vee 0.75}{70} + \frac{0.0 \vee 1.0}{80} + \frac{0.0 \vee 1.0}{90} + \frac{0.0 \vee 1.0}{100} =$$
$$\frac{0.0}{0} + \frac{0.25}{10} + \frac{0.5}{20} + \frac{0.75}{30} + \frac{1.0}{40} + \frac{0.75}{50} + \frac{0.5}{60} + \frac{0.75}{70} + \frac{1.0}{80} + \frac{1.0}{90} + \frac{1.0}{100}$$

$$M \cap H = \frac{0.0 \wedge 0.0}{0} + \frac{0.25 \wedge 0.0}{10} + \frac{0.5 \wedge 0.0}{20} + \frac{0.75 \wedge 0.0}{30} + \frac{1.0 \wedge 0.0}{40} + \frac{0.75 \wedge 0.25}{50} +$$
$$\frac{0.5 \wedge 0.5}{60} + \frac{0.25 \wedge 0.75}{70} + \frac{0.0 \wedge 1.0}{80} + \frac{0.0 \wedge 1.0}{90} + \frac{0.0 \wedge 1.0}{100} =$$
$$\frac{0.0}{0} + \frac{0.0}{10} + \frac{0.0}{20} + \frac{0.0}{30} + \frac{0.0}{40} + \frac{0.25}{50} + \frac{0.5}{60} + \frac{0.25}{70} + \frac{0.0}{80} + \frac{0.0}{90} + \frac{0.0}{100}$$

$$M^c = \frac{1.0 - 0.0}{0} + \frac{1.0 - 0.25}{10} + \frac{1.0 - 0.5}{20} + \frac{1.0 - 0.75}{30} + \frac{1.0 - 1.0}{40} + \frac{1.0 - 0.75}{50} +$$
$$\frac{1.0 - 0.5}{60} + \frac{1.0 - 0.25}{70} + \frac{1.0 - 0.0}{80} + \frac{1.0 - 0.0}{90} + \frac{1.0 - 0.0}{100} =$$
$$\frac{1.0}{0} + \frac{0.75}{10} + \frac{0.5}{20} + \frac{0.25}{30} + \frac{0.0}{40} + \frac{0.25}{50} + \frac{0.5}{60} + \frac{0.75}{70} + \frac{1.0}{80} + \frac{1.0}{90} + \frac{1.0}{100}$$

2. 模糊集合的代数运算

扎德算子的优点是计算简单,但它的缺点是利用最小算子"$\wedge$"进行交集运算时,

其结果只保留了模糊集合隶属度值小的这个信息,而舍弃了其余信息;利用取大算子
"∨"进行并集运算时,其结果只保留了模糊集合隶属度值大的信息,而舍弃了其余信
息。这样计算的结果往往会与实际情况不完全符合,不能满足实际的需要。为了适
应不同的描述对象,人们根据具体情况又定义了多种不同的算子,并以这些算子定义
模糊集合的运算,构成了模糊集合的代数运算法则。设 A,B 为论域 U 中的两个模
糊集合,隶属函数分别为 μ_A,μ_B,则可以将隶属函数按以下的定义进行模糊集合的代
数运算。

(1) 代数积($A \cdot B$)

$$A \cdot B \leftrightarrow \mu_{A \cdot B}(u) = \mu_A(u) \cdot \mu_B(u) \tag{2.13}$$

(2) 代数和($A+B$)

$$A + B \leftrightarrow \mu_{A+B}(u) = \mu_A(u) + \mu_B(u) - \mu_A(u) \cdot \mu_B(u) \tag{2.14}$$

(3) 有界和($A \oplus B$)

$$A \oplus B \leftrightarrow \mu_{A \oplus B}(u) = [\mu_A(u) + \mu_B(u)] \wedge 1 \tag{2.15}$$

(4) 有界积($A \otimes B$)

$$A \otimes B \leftrightarrow \mu_{A \otimes B}(u) = [\mu_A(u) + \mu_B(u) - 1] \vee 0 \tag{2.16}$$

式中符号"↔"表示等价。

3. 模糊集合的运算性质

除了模糊集合的基本逻辑运算和代数运算之外,这里再列出一些模糊集合的运
算性质供参考,运算性质证明从略。设 U 为论域,A、B、C 为 U 中的任意模糊子集,
则有下列等式成立:

① 幂等律　$A \cap A = A$

$A \cup A = A$

② 交换律　$A \cup B = B \cup A$

$A \cap B = B \cap A$

③ 结合律　$(A \cup B) \cup C = A \cup (B \cup C)$

$(A \cap B) \cap C = A \cap (B \cap C)$

④ 分配律　$(A \cup B) \cap C = (A \cap C) \cup (B \cap C)$

$(A \cap B) \cup C = (A \cup C) \cap (B \cup C)$

⑤ 吸收律　$(A \cup B) \cap A = A$

$(A \cap B) \cup A = A$

⑥ 统一律　$A \cup U = U$　$A \cap U = A$

$A \cup \varnothing = A$　$A \cap \varnothing = \varnothing$

⑦ 复原律(或称双补律)　$(A^c)^c = A$

⑧ 德·摩根律(De Morgan)　$(A \cup B)^c = A^c \cap B^c$

$(A \cap B)^c = A^c \cup B^c$

需要注意的是,与普通集合不同,模糊集合不满足互补律(或称排中律、补余

律），即
$$A^c \bigcap A \neq \varnothing, \ A^c \bigcup A \neq U$$

例如，$A(u) = 0.6$，则 $A^c(u) = 0.4$，且
$$A(u) \bigcap A^c(u) = 0.6 \wedge 0.4 = 0.4 \neq 0$$
$$A(u) \bigcup A^c(u) = 0.6 \vee 0.4 = 0.6 \neq 1$$

这是因为模糊集合 A 没有明确的外延，因而其补集 A^c 也没有明确的外延，从而 A 与 A^c 存在重叠的区域，则其交集不为空集，并集也不为全集。

模糊集合不满足互补律，给模糊集合的研究带来了许多困难，但也正是它不满足互补律，使模糊集合比经典集合更能够客观地反映模糊信息，这也是模糊理论与建立在普通集合理论基础上的概率论的理论基础差异。事实上，在许多实际问题中，大量存在着这种模棱两可的情况，人们人为地把它限定为界限清楚的集合必然使问题过于简化，有时甚至失去意义。

2.2.4　确定隶属函数的原则

1. 确定隶属函数的原则

隶属函数的确定实质上是人们对客观事物中介过渡的定量描述，这种描述本质上是客观的。由于模糊理论研究的对象具有模糊性和经验性，每个人对同一模糊概念的认识和理解存在差异，因此，隶属函数的确定又含有一定的主观因素。

尽管确定隶属函数的方法带有主观因素，但主观的反映和客观的存在是有一定联系的，是受到客观制约的。因此，隶属函数的确定应遵守一些基本原则。

定义 2.4　凸模糊集合　设实数论域中模糊集合 A 在任意区间 $[x_1, x_2]$ 上，对所有的实数 $x \in [x_1, x_2]$ 都满足
$$\mu_A(x) \geqslant \min\{\mu_A(x_1), \mu_A(x_2)\} \tag{2.17}$$
则称 A 为凸模糊集合，否则即为非凸模糊集合，如图 2-3 所示。由此可见，凸模糊集合的隶属函数是一个单峰凸函数。

① 隶属函数所表示的模糊集合必须是凸模糊集合，否则会产生明显不合逻辑的状态。

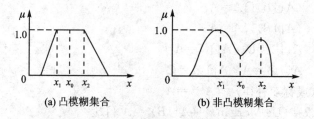

(a) 凸模糊集合　　　　　　　(b) 非凸模糊集合

图 2-3　凸模糊集合与非凸模糊集合

② 隶属函数要遵从语意顺序,避免不恰当的重叠。在相同论域上使用的具有语意顺序关系的若干模糊集合,例如"冷"、"凉"、"适中"、"暖"、"热"等模糊子集其中心值位置必须按这一次序排列,不能违背常识和经验。隶属函数由中心值向两边模糊延伸的范围也有一定的限制,间隔的两个模糊集合的隶属函数尽量不重叠。如图 2 - 4 中,"凉"和"热"由"适中"被间隔,但"凉"和"热"存在着严重的重叠现象,这在制定控制规则时往往会有相互矛盾的规则出现,这是不允许的。

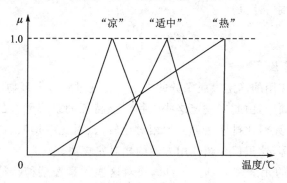

图 2 - 4　交叉越界的隶属函数

③ 论域中的每个点应该至少属于一个隶属函数的区域,同时,它一般应该属于至多两个隶属函数的区域。

④ 对同一输入没有两个隶属函数会同时有一最大隶属度。

⑤ 当两个隶属函数重叠时,重叠部分对两个隶属函数的最大隶属度不应该有交叉。

2. 确定隶属函数的方法

经典集合的特征函数只能取 0 和 1 两个值;而模糊集合的隶属函数从两个值扩大到 $[0,1]$ 区间连续取值,因此确定模糊集的隶属函数的难度增大了。

隶属函数的确立过程,本质上应该是客观的。但是,每个人对于同一个模糊概念的认识理解又有差异,因此隶属函数的确定又具有主观性。

隶属函数是对模糊概念的定量描述,虽然遇到的模糊概念很多,但准确地反映模糊概念的模糊集合的隶属函数却无法找到统一的模式。

一般可根据经验或统计方法进行确定,也可由专家给出,并没有统一方法。这里介绍两种常用的方法。

(1) 模糊统计法

模糊统计是指对模糊性事物的可能性程度进行统计,其统计结果即为隶属度。其基本思想是:对论域 U 上的一个确定元素 u_0,考虑论域 U 上运动着的边界可变集合 A^*,以及 n 次实验中元素 u_0 属于 A^* 的次数,记为 m。当 n 足够大时,$\dfrac{m}{n}$ 趋于一个稳定值,u_0 属于模糊集合 A 的隶属度为

$$\mu_A(u_0) = \lim_{n \to \infty} \frac{m}{n} \qquad (2.18)$$

式中：A 是一个在概念上与 A^* 完全一致但又没有明确边界的模糊集合；m 表示 $u_0 \in A^*$ 的次数；n 为总的实验次数。

例如，对于"青年人"这一模糊集合，27 岁属于"青年人"的隶属度是多少呢？对 $n=129$ 人进行调查，其中 101 人认为 27 岁完全属于青年人，因此，27 岁属于"青年人"Y 模糊集合的隶属度是

$$\mu_Y(27) = \frac{101}{129} = 0.78$$

（2）二元排序法

这是一种较实用的确定隶属函数的方法。它通过对多个事物之间两两对比来确定某种特征下的顺序，由此来决定这些事物对该特征的隶属函数的大致形状。根据对比尺度不同，二元对比排序法可分为相对比较法、对比平均法、优先关系排序法和相似优先比较法等，这里仅介绍使用方便的相对比较法。

设论域 U 中的元素为 $u_1, u_2, \cdots, u_n$，要对这些元素按某种特征进行排序。首先要在二元对比中建立比较等级，然后再用一定方法进行总体排序，以获得诸元素对于这个特性的隶属度函数。用该方法确定隶属度函数的具体步骤如下：

设论域 U 中一对元素 (u_1, u_2)，其具有某特征的等级分别为 $g_{u_2}(u_1)$ 和 $g_{u_1}(u_2)$，意思就是，在 u_1 和 u_2 的二元对比中，如果 u_1 具有某特征的程度用 $g_{u_2}(u_1)$ 来表示，则 u_2 具有该特征的程度表示为 $g_{u_1}(u_2)$。并且该二元比较级的数对 $(g_{u_2}(u_1), g_{u_1}(u_2))$ 必须满足

$$0 \leqslant g_{u_2}(u_1) \leqslant 1, \quad 0 \leqslant g_{u_1}(u_2) \leqslant 1$$

令

$$g\left(\frac{u_1}{u_2}\right) = \frac{g_{u_2}(u_1)}{\max(g_{u_2}(u_1), g_{u_1}(u_2))} \qquad (2.19)$$

即有

$$g\left(\frac{u_1}{u_2}\right) = \begin{cases} \dfrac{g_{u_2}(u_1)}{g_{u_1}(u_2)} & g_{u_2}(u_1) < g_{u_1}(u_2) \\ 1 & g_{u_2}(u_1) \geqslant g_{u_1}(u_2) \end{cases} \qquad (2.20)$$

这里 $u_1, u_2 \in U$。若由 $g(u_i/u_j)$ 为元素构成矩阵，设 $i=j$ 时，$g(u_i/u_i)=1$，则得到矩阵 G，称为"相及矩阵"，即

$$G = \begin{bmatrix} 1 & g(u_1/u_2) \\ g(u_2/u_1) & 1 \end{bmatrix} \qquad (2.21)$$

对于 n 个元素 $u_1, u_2, \cdots, u_n$ 的两两比较可以得到 G 矩阵为

$$G = \begin{bmatrix} 1 & g(u_2/u_1) & g(u_1/u_3) & \cdots & g(u_1/u_n) \\ g(u_2/u_1) & 1 & g(u_2/u_3) & \cdots & g(u_2/u_n) \\ g(u_3/u_1) & g(u_3/u_2) & 1 & \cdots & g(u_3/u_n) \\ \vdots & \vdots & \vdots & & \vdots \\ g(u_n/u_1) & g(u_n/u_2) & g(u_n/u_3) & \cdots & 1 \end{bmatrix} \quad (2.22)$$

若对相及矩阵 G 的每一行取最小值，如第 i 行取值，得

$$g_i = \min[g(u_i/u_1), g(u_i/u_2), \cdots, g(u_i/u_{i-1}), 1, g(u_i/u_{i-1}), \cdots, g(u_i/u_n)]$$

然后按其值 $g_i(i=1,2,\cdots,n)$ 大小排序，即可得到元素 $u_1, u_2, \cdots, u_n$ 对某特征的隶属函数。

例2.4　设论域 $U=(c_1,c_2,c_3,c_0)$，其元素 c_0 代表某名牌产品，而 c_1,c_2,c_3 则代表同类产品，若考虑这些同类产品与名牌产品相似这一模糊概念，可以用对比排序法来确定 c_1,c_2,c_3 相似于 c_0 的隶属度函数。

解　首先对每两个元素建立比较等级。c_1 和 c_2 相比较，对 c_0 的相似度分别为 0.8 和 0.5；c_2 和 c_3 相比较，对 c_0 的相似度分别为 0.6 和 0.9；c_1 和 c_3 相比较，对 c_0 的相似度分别为 0.7 和 0.3。这样 c_1,c_2 和 c_3 两两对比的相似度为

$$g_{c1}(c_1)=1 \quad g_{c2}(c_1)=0.8 \quad g_{c3}(c_1)=0.7$$
$$g_{c1}(c_2)=0.5 \quad g_{c2}(c_2)=1 \quad g_{c3}(c_2)=0.6$$
$$g_{c1}(c_3)=0.3 \quad g_{c2}(c_3)=0.9 \quad g_{c3}(c_3)=1$$

将上述数据列入表 2-1 得

表 2-1　元素之间的比较关系

i	j		
	c_1	c_2	c_3
c_1	1	0.8	0.7
c_2	0.5	1	0.6
c_3	0.3	0.9	1

按照式(2.19)和式(2.20)计算相及矩阵 G 的元素 $g(c_i/c_j)$，则有

当 $i=j=1,2,3$ 时

$$g(c_i/c_j)=1$$

当 $i=1,j=2,3$ 时

$$g(c_1/c_2)=0.8/\max(0.8,0.5)=1, \quad g(c_1/c_3)=0.7/\max(0.7,0.3)=1$$

当 $i=2,j=1,3$ 时

$$g(c_2/c_1)=0.5/\max(0.8,0.5)=0.625, \quad g(c_2/c_3)=0.6/\max(0.6,0.9)=0.667$$

当 $i=3,j=1,2$ 时

$$g(c_3/c_1)=0.3/\max(0.3,0.7)=0.429, \quad g(c_3/c_2)=0.9/\max(0.6,0.9)=1$$

构成相及矩阵 G，对每行元素取最小值，得到

$$G=\begin{bmatrix} 1 & 1 & 1 \\ 0.625 & 1 & 0.667 \\ 0.429 & 1 & 1 \end{bmatrix}$$

$$g=(g_1,g_2,g_3)=[1,0.625,0.429]$$

按大小排序 $1>0.625>0.429$,得到结果是 c_1 最相似于 c_0(隶属度为 1), c_2 次之(隶属度为 0.625), c_3 差别最大(隶属度为 0.429)。

由上例可知,要求人们同时比较论域中所有元素,并直接给出每个元素对某一模糊概念的隶属函数往往是相当困难的,因为这要考虑到诸多因素。如果对论域中所有元素两两进行比较,则能较容易而又客观地比较出两者中究竟哪一个对于同一模糊概念的隶属度高。因此,对比排序法亦称为"二元对比法"。

3. 常用隶属函数的曲线

如果按定义,模糊集合的隶属函数可取无穷多个值,这在实际使用中是难以确定的,所以一般可进行如下简化:把最大适合区间的隶属度定为 1.0,中等适合区间的隶属度定为 0.5,较小适合区间的隶属度定为 0.25,最小隶属度(即不隶属)为 0.0,然后用某些函数表达。模糊控制中应用较多的隶属函数有以下 5 种。

(1) 广义钟形隶属函数

广义钟形隶属函数由三个参数 a,b,c 确定,表达式为

$$\mu(u)=\frac{1}{1+\left|\dfrac{u-c}{a}\right|^{2b}} \qquad a,b>0$$

式中,参数 c 用于确定曲线的中心,图形如图 2-5 所示。

(2) 高斯形隶属函数

高斯形隶属函数由两个参数 σ 和 c 确定,表达式为

$$\mu(u)=e^{-\frac{(u-c)^2}{2\sigma^2}} \qquad \sigma>0$$

式中,参数 c 用于确定曲线的中心,图形如图 2-6 所示。

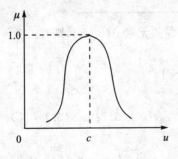

图 2-5　广义钟形隶属函数

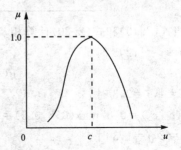

图 2-6　高斯形隶属函数

(3) 梯形隶属函数

梯形曲线可由四个参数 a,b,c,d 确定,表达式为

$$\mu(u) = \begin{cases} 0 & u \leqslant a \\ \dfrac{u-a}{b-a} & a \leqslant u \leqslant b \\ 1 & b \leqslant u \leqslant c \\ \dfrac{d-u}{d-c} & c \leqslant u \leqslant d \\ 0 & u \geqslant d \end{cases}$$

式中：参数 a 和 d 确定梯形的"脚"，而参数 b 和 c 确定梯形的"肩膀"，图形如图 2-7 所示。

（4）三角形隶属函数

三角形曲线的形状由三个参数 a, b, c 确定，表达式为

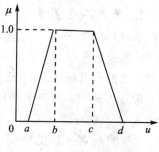

$$\mu(u) = \begin{cases} 0 & u \leqslant a \\ \dfrac{u-a}{b-a} & a \leqslant u \leqslant b \\ \dfrac{c-u}{c-b} & b \leqslant u \leqslant c \\ 0 & u \geqslant c \end{cases}$$

图 2-7 梯形隶属函数

式中：参数 a 和 c 确定三角形的"脚"，而参数 b 确定三角形的"峰"，其图形如图 2-8 所示。

在实际控制问题中，一般采用三角形或梯形隶属函数，因为它们的数学表达和运算简便，占有内存空间小，并且与采用其他形状复杂的隶属函数相比，在达到控制要求方面并无大的差别。

（5）S 形隶属函数

S 形函数由参数 a 和 c 确定，表达式为

$$\mu(u) = \frac{1}{1 + e^{-a(u-c)}}$$

式中，a 为正数时，隶属函数通常用来表示"正大"，图形如图 2-9 所示。

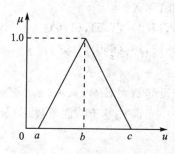

图 2-8 三角形隶属函数

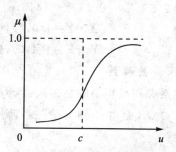

图 2-9 S 形隶属函数

2.3　模糊关系和模糊矩阵

2.3.1　普通关系

关系是客观世界存在的普遍现象,它描述了事物之间存在的某种联系。例如,人与人之间有父子、亲戚、同事关系;数与数之间有大于、等于、小于等关系;元素与集合之间有属于、不属于等关系。这种关系称为普通关系,两个客体之间的关系称为二元关系,三个以上客体之间的关系称为多元关系。普通关系只表示元素之间是否关联。

1. 普通二元关系

如果对集合 X,Y 的元素之间的搭配 $[(x,y),x \in X,y \in Y]$ 施加某种限制,这时构成的集合是直积 $X \times Y$ 的一个子集合。该子集具有某种特定性质,其性质的内容包含于搭配的限制之中,它反映 X,Y 元素之间的某种特定关系。

定义 2.5　设 X 和 Y 是两个非空集合。集合 X,Y 的直积 $X \times Y$ 的任一个子集称为 X 到 Y 的一个二元关系,简称关系,一般记作 R。

对于直积 $X \times Y$ 的序偶 (x,y),要么 (x,y) 具有关系 R,即 $(x,y) \in R$,可记作 xRy,要么 (x,y) 不具有关系 R,即 $(x,y) \notin R$,可记作 $x\overline{R}y$。在 $X=Y$ 时,直积 $X \times X$ 的任一子集称为 X 上的一个二元关系。因此,关系 R 的特征函数为

$$\mu_R(x,y) = \begin{cases} 1 & (x,y) \in R \\ 0 & (x,y) \notin R \end{cases}$$

从形式上说,二元关系是笛卡儿积的子集,换句话说,它是有序对的集合。从语义上说,二元关系是集合 X 和 Y 元素之间的联系。

2. 集合的直积

由两个集合 X 和 Y 的各自元素 x 与 y 组成的序偶 (x,y) 的全体,称为 X 和 Y 的直积(也称笛卡儿积、叉积),记为 $X \times Y$,即

$$X \times Y = \{(x,y) \mid x \in X, y \in Y\} \tag{2.23}$$

一般情况下, $X \times Y \neq Y \times X$。

例 2.5　$X=\{0,1\}$, $Y=\{4,5,6\}$,求 $X \times Y$ 和 $Y \times X$。

解　$X \times Y = \{(0,4),(0,5),(0,6),(1,4),(1,5),(1,6)\}$
　　　　$Y \times X = \{(4,0),(4,1),(5,0),(5,1),(6,0),(6,1)\}$

3. 关系矩阵

关系 R 可以用矩阵来表示,称为关系矩阵。设其 $X=\{x_1,x_2,\cdots,x_n\}$, $Y=\{y_1,y_2,\cdots,y_n\}$, R 是由 X 到 Y 的关系,则关系矩阵 R 中元素 r_{ij} 基于特征函数 $\mu_R(x,y)$ 的定义是

$$r_{ij} = \mu_R(x_i,y_j) = \begin{cases} 1 & (x_i,y_j) \in R \\ 0 & (x_i,y_j) \notin R \end{cases} \quad (i=1,2,\cdots,n,\ j=1,2,\cdots,m)$$

关系矩阵的每个元素 r_{ij} 反映了元素之间关系的强度,完全相关则其值为 1;无关则其值为 0。

例 2.6　设 $X=Y=\{1,2,3,4\}$,求 $X\times Y$。

解
$$X\times Y=\{(x,y)|x\in X,y\in Y\}=$$
$$\{(1,1),(1,2),(1,3),(1,4),(2,1),(2,2),(2,3),(2,4),$$
$$(3,1),(3,2),(3,3),(3,4),(4,1),(4,2),(4,3),(4,4)\}$$

若考虑 X 到 Y 的"小于或等于"的关系,则有

$$R_\leqslant=\{(1,1),(1,2),(1,3),(1,4),(2,2),(2,3),(2,4),(3,3),(3,4),(4,4)\}$$

写成关系矩阵形式,即

$$R_\leqslant=\begin{array}{c}\\x_1\\x_2\\x_3\\x_4\end{array}\begin{array}{cccc}y_1&y_2&y_3&y_4\\\left[\begin{array}{cccc}1&1&1&1\\0&1&1&1\\0&0&1&1\\0&0&0&1\end{array}\right]\end{array}$$

4. 映　射

映射是一种特殊的关系。设 X 和 Y 为两个不同的集合,对于 $\forall x\in X$,都存在唯一确定的 $y\in Y$,使之有 xRy,则称具有这种性质的关系 R 为从 X 到 Y 的一个映射。映射作为一种特殊的关系,其特点是:

首先,对于 $\forall x\in X$,均有对应的 $y\in Y$,而一般关系并不要求 X 中的所有 x 与 Y 中的 y 构成的序偶均满足 xRy。

第二,映射是两个集合 X 和 Y 的关系,而不是一个集合上的关系。

第三,对于每一个 $x\in X$,都存在唯一确定的 $y\in Y$ 与之对应,而在一般关系中并不要求这种唯一性。

通过映射形式可以将一个论域中的元素或集合映射成另一个论域内的元素或集合。

对于元素,映射记作

$$x\xrightarrow{f}y(\text{或 }y=f(x))$$

对于集合,映射记作

$$X\xrightarrow{f}Y(\text{或 }f:X\to Y)$$

以上两式中,f 表示从 X 到 Y(x 到 y)的映射,同时也表示映射法则。例如将 X 域中的元素 x 映射到 Y 域内的两个元素 0 或 1 上,可以表示为

$$\mu_A=\begin{cases}1,&x\in A\\0,&x\notin A\end{cases}$$

式中,μ_A 为 X 域内元素 x 在 A 集合中的"隶属度"。

2.3.2　模糊关系

1. 模糊关系的定义

普通关系 R 描述了事物之间"有"与"无"的肯定关系,但有些事物不能简单地用肯定或否定的词汇明确表达它们之间的关系。如"A 与 B 很相似"、"X 比 Y 大很多"、"他比她能干"等,这些语句是日常生活中人们常常会遇到的。它们表达了客观事物之间另一种不明确、不确定的关系,称为模糊关系。模糊关系是普通关系的拓广和发展,它比普通关系的含义更丰富、更符合客观实际的多数情况。

定义 2.6　设 X 和 Y 是两个论域,从 X 到 Y 的一个模糊关系是指定义的直积

$$X \times Y = \{(x,y) \mid x \in X, y \in Y\}$$

上面的一个模糊集合 R,其隶属函数由

$$\mu_R : X \times Y \to [0,1]$$

完全刻画,序偶 (x,y) 的隶属度为 $\mu_R(x,y)$,$\mu_R(x,y)$ 表达 x 对 y 有关系 R 的程度或 x 对 y 的关系 R 的相关程度。

上述定义由于涉及两个论域,因此该模糊关系为二元模糊关系,当论域为 n 个集合 $X_i (i=1,2,\cdots,n)$ 的子集 $X_1 \times X_2 \times \cdots \times X_n$ 时,它们所对应的模糊关系 R 称为 n 元模糊关系。

当隶属度 $\mu_R(x,y)$ 只取 0 和 1 时,模糊关系就退化为普通关系。可见,模糊关系是普通关系的推广;普通关系是模糊关系的特例。

例 2.7　令 U 和 V 为实数集,即 $U=V=R$,模糊关系"x 约等于 y",记作 AE,可用下面的隶属函数定义

$$\mu_{AE}(x,y) = e^{-(x-y)^2}$$

类似地,模糊关系"x 远大于 y",记作 ML,可用下面的隶属函数定义

$$\mu_{ML}(x,y) = \frac{1}{1+e^{-(x-y)}}$$

当然,也可以用其他隶属函数来表述这些模糊关系。

2. 模糊集合的直积

(1) 两个模糊集合的直积

设 A 是论域 U 上的模糊集合,对于 $u \in U$,属于 A 的程度为 $\mu_A(u)$;B 是论域 V 上的模糊集合,对于 $v \in V$,属于 B 的程度为 $\mu_B(u)$,则 A 和 B 的直积定义为

$$A \times B = \int_{U \times V} \frac{\mu_A(u) \wedge \mu_B(u)}{(u,v)} \tag{2.24}$$

根据模糊关系的定义,$A \times B$ 是 $U \times V$ 上的一个模糊关系;当 U,V 是有限论域时,$A \times B$ 可以采用矩阵形式表示。式中 $\wedge$ 代表"取小(min)"运算。

例 2.8　论域 $U=\{1,2,3\}$,$V=\{1,2,3,4\}$ 上的模糊集合 A 和 B 的隶属函数分别为 $\mu_A(u) = \frac{1}{1} + \frac{0.7}{2} + \frac{0.2}{3}$ 和 $\mu_B(v) = \frac{0.8}{1} + \frac{0.6}{2} + \frac{0.4}{3} + \frac{0.2}{4}$,则有

$$A \times B = \frac{0.8}{(1,1)} + \frac{0.6}{(1,2)} + \frac{0.4}{(1,3)} + \frac{0.2}{(1,4)} + \frac{0.7}{(2,1)} + \frac{0.6}{(2,2)} + \frac{0.4}{(2,3)} +$$

$$\frac{0.2}{(2,4)} + \frac{0.2}{(3,1)} + \frac{0.2}{(3,2)} + \frac{0.2}{(3,3)} + \frac{0.2}{(3,4)}$$

以上是用模糊集合的形式表示的,也可以通过如下方式得到矩阵形式

$$A \times B = \begin{bmatrix} 1 \\ 0.7 \\ 0.2 \end{bmatrix} \times \begin{bmatrix} 0.8 & 0.6 & 0.4 & 0.2 \end{bmatrix} = \begin{bmatrix} 0.8 & 0.6 & 0.4 & 0.2 \\ 0.7 & 0.6 & 0.4 & 0.2 \\ 0.2 & 0.2 & 0.2 & 0.2 \end{bmatrix}$$

（2）多个模糊集合的直积

设 A_i 是论域 U_i 上的模糊集合,对于 $u_i \in U_i$,属于 A_i 的程度为 $\mu_{A_i}(u)$, $i = 1$, $2, \cdots, n$,则 $A_1, A_2, \cdots, A_n$ 的直积是 $U_1 \times U_2 \times \cdots \times U_n$ 中的一个模糊集合。若采用极小算子,其隶属函数为

$$\mu_{A_1 \times A_2 \times \cdots \times A_n}(u_1, u_2, \cdots, u_n) = \mu_{A_1}(u) \wedge \mu_{A_2}(u) \wedge \cdots \wedge \mu_{A_n}(u)$$

记为 $\mu_\wedge$。

若采用代数积算子,其隶属函数为

$$\mu_{A_1 \times A_2 \times \cdots \times A_n}(u_1, u_2, \cdots, u_n) = \mu_{A_1}(u) \cdot \mu_{A_2}(u) \cdots \mu_{A_n}(u)$$

记为 $\mu_.$。

当模糊集合的个数多于 3 时,由不同论域得到元素的组合个数将会很多,因此表示起来将相当复杂。通常,我们仅考虑两个模糊集合的直积。

3. 模糊关系的表示

因为模糊关系也是模糊集合,所以模糊关系也可用模糊集合的表示方法。

（1）模糊集合表示法

用模糊集合表示模糊关系如下

$$R = \int_{X \times Y} \frac{\mu_R(x,y)}{(x,y)}$$

例 2.9　设集合 $X = \{1,2,3\}$, $Y = \{1,2,3,4,5\}$,从 X 到 Y 的一个模糊关系 R 可表示为

$$R = \frac{0.5}{(1,3)} + \frac{0.8}{(1,4)} + \frac{1}{(1,5)} + \frac{0.5}{(2,4)} + \frac{0.8}{(2,5)} + \frac{0.5}{(3,5)}$$

（2）模糊关系表表示法

模糊关系 R 可用模糊关系表来表示。

上例中模糊关系 R 可用表 2 - 2 表示。

表 2 - 2　R 与 X, Y 之间的关系

Y \ X	R				
	1	2	3	4	5
1	0	0	0.5	0.8	1
2	0	0	0	0.5	0.8
3	0	0	0	0	0.5

（3）模糊矩阵表示法

设 X 是 m 个元素构成的有限论域，Y 是 n 个元素构成的有限论域。对于 X 到 Y 的一个模糊关系 R，可以用一个 $m\times n$ 阶矩阵表示为

$$R=\begin{bmatrix} r_{11} & r_{12} & \cdots & r_{1n} \\ r_{21} & r_{22} & \cdots & r_{2n} \\ \cdots & \cdots & \cdots & \cdots \\ r_{m1} & r_{m2} & \cdots & r_{mn} \end{bmatrix} \tag{2.25}$$

或

$$R=[r_{ij}], \quad r_{ij}=\mu_R(x_i,y_j)$$

这个矩阵称为模糊矩阵，它的每个元素属于 $[0,1]$。令

$$F_{m\times n}=\{R=[r_{ij}]; \quad 0\leqslant r_{ij}\leqslant 1\}$$

则 $F_{m\times n}$ 表示 $m\times n$ 阶模糊矩阵的全体。

上例中模糊关系 R 的矩阵表示为

$$R=\begin{bmatrix} 0 & 0 & 0.5 & 0.8 & 1 \\ 0 & 0 & 0 & 0.5 & 0.8 \\ 0 & 0 & 0 & 0 & 0.5 \end{bmatrix}$$

用模糊矩阵表示模糊关系，比用模糊集合表示更简明，尤其是用于合成运算。在有限论域之间，普通关系与布尔矩阵建立了一一对应的关系，模糊关系与模糊矩阵建立了一一对应的关系，通常把模糊矩阵和模糊关系看做一回事，均以 R 表示。

4. 模糊矩阵的运算

由于模糊矩阵本身是表示一个模糊关系的子集 R，模糊矩阵的元素 r_{ij} 表示相应的模糊关系的隶属度 $\mu_R(x_i,y_j)$，因此根据模糊集合的并、交、补运算的定义，模糊矩阵也可作相应的运算。

设模糊矩阵 R 和 Q 是

$$R=(r_{ij})_{m\times n}, \quad Q=(q_{ij})_{m\times n} \quad (i=1,2,\cdots,m;j=1,2,\cdots,n)$$

则模糊矩阵的并、交、补运算为

模糊矩阵并：

$$R\bigcup Q=(r_{ij}\bigvee q_{ij}) \tag{2.26}$$

模糊矩阵交：

$$R\bigcap Q=(r_{ij}\bigwedge q_{ij}) \tag{2.27}$$

模糊矩阵补：

$$R^c=(1-r_{ij}) \tag{2.28}$$

例 2.10 设 $R=\begin{bmatrix} 0.3 & 0.2 & 1 \\ 0.8 & 1 & 0 \end{bmatrix}$，$Q=\begin{bmatrix} 0.3 & 0 & 0.7 \\ 0.1 & 0.8 & 1 \end{bmatrix}$。试求 $R\bigcup Q$，$R\bigcap Q$ 及 R^c。

解 根据式（2.26）、式（2.27）及式（2.28）有

$$RUQ=\begin{bmatrix} 0.3\vee 0.3 & 0.2\vee 0 & 1\vee 0.7 \\ 0.8\vee 0.1 & 1\vee 0.8 & 0\vee 1 \end{bmatrix}=\begin{bmatrix} 0.3 & 0.2 & 1 \\ 0.8 & 1 & 1 \end{bmatrix}$$

$$R\cap Q=\begin{bmatrix} 0.3\wedge 0.3 & 0.2\wedge 0 & 1\wedge 0.7 \\ 0.8\wedge 0.1 & 1\wedge 0.8 & 0\wedge 1 \end{bmatrix}=\begin{bmatrix} 0.3 & 0 & 0.7 \\ 0.1 & 0.8 & 0 \end{bmatrix}$$

$$R^{c}=\begin{bmatrix} 1-0.3 & 1-0.2 & 1-1 \\ 1-0.8 & 1-1 & 1-0 \end{bmatrix}=\begin{bmatrix} 0.7 & 0.8 & 0 \\ 0.2 & 0 & 1 \end{bmatrix}$$

5. 模糊矩阵的运算性质

设任意三个模糊矩阵 P,Q,R,且 $O\subseteq P,Q,R\subseteq E$,其中 O 为零矩阵,E 为全矩阵,则它们间的交、并、补运算有以下基本性质:

① 幂特律:$R\cap R=R,R\cup R=R$;

② 两极律:$R\cap O=O,R\cup O=R$;

③ 同一律:$R\cap E=R,R\cup E=E$;

④ 交换律:$R\cap Q=Q\cap R,R\cup Q=Q\cup R$;

⑤ 结合律:$(R\cap Q)\cap P=R\cap(Q\cap P),(R\cup Q)\cup P=R\cup(Q\cup P)$;

⑥ 分配律:$(R\cap Q)\cup P=(R\cup P)\cap(Q\cup P),(R\cup Q)\cap P=(R\cap P)\cup(Q\cap P)$;

⑦ 吸收律:$(R\cap Q)\cup Q=Q,(R\cup Q)\cap Q=Q$;

⑧ 还原律:$(R^{c})^{c}=R$;

⑨ 对偶律:$(R\cap Q)^{c}=R^{c}\cup Q^{c},(R\cup Q)^{c}=R^{c}\cap Q^{c}$;

⑩ $R\subseteq Q\rightarrow R\cup Q=Q,R\cap Q=R$;

⑪ 若 $R_{1}\subseteq Q_{1},R_{2}\subseteq Q_{2}$,则$(R_{1}\cup R_{2})\subseteq(Q_{1}\cup Q_{2}),(R_{1}\cap R_{2})\subseteq(Q_{1}\cap Q_{2})$;

⑫ 若 $R\subseteq Q$,则 $R^{c}\supseteq Q^{c}$。

式中:O、E 分别为

$$O=\begin{bmatrix} 0 & 0 & \cdots & 0 \\ 0 & 0 & \cdots & 0 \\ \vdots & \vdots & \ddots & \vdots \\ 0 & 0 & \cdots & 0 \end{bmatrix} \qquad E=\begin{bmatrix} 1 & 1 & \cdots & 1 \\ 1 & 1 & \cdots & 1 \\ \vdots & \vdots & \ddots & \vdots \\ 1 & 1 & \cdots & 1 \end{bmatrix}$$

以上性质可由定义直接证明,并且模糊矩阵一般不满足互补律,即

$$RUR^{c}\neq E,\qquad R\cap R^{c}\neq O$$

例如,设 $R=\begin{bmatrix} 0.7 & 0.5 \\ 0.9 & 0.2 \end{bmatrix}$,则 $R^{c}=\begin{bmatrix} 0.3 & 0.5 \\ 0.1 & 0.8 \end{bmatrix}$

则 $RUR^{c}=\begin{bmatrix} 0.7\vee 0.3 & 0.5\vee 0.5 \\ 0.9\vee 0.1 & 0.2\vee 0.8 \end{bmatrix}=\begin{bmatrix} 0.7 & 0.5 \\ 0.9 & 0.8 \end{bmatrix}\neq E$

$$R\cap R^{c}=\begin{bmatrix} 0.7\wedge 0.3 & 0.5\wedge 0.5 \\ 0.9\wedge 0.1 & 0.2\wedge 0.8 \end{bmatrix}=\begin{bmatrix} 0.3 & 0.5 \\ 0.1 & 0.2 \end{bmatrix}\neq O$$

6. 模糊关系的合成

(1) 合成规则

所谓关系合成,即由两个或两个以上的关系构成一个新关系。模糊关系合成是指由两个共用一个公共集的模糊关系,如 $P(U,V)$ 和 $Q(V,W)$,定义 P 和 Q 成为 $U \times W$ 中的一个关系的一种运算,记为 $P \circ Q$。这种运算是通过模糊矩阵合成进行的。通过下面的例子可以说明模糊关系合成。

例 2.11　令 $U = \{$旧金山,香港,东京$\}$,$V = \{$波士顿,香港$\}$,现打算确定这两个城市集合 U,V 间的距离远近关系。显然,普通关系无法用于该问题,因为衡量距离远近关系通常用“非常远”或“非常近”这类模糊概念,这种概念在普通集合关系的体系中没有完美的定义。而“非常远”又确实有其含义,所以应该找到一种数学体系来描述它。如果用区间 $[0,1]$ 上的一个数来表达“非常远”的程度,则概念“非常远”可用下面的模糊关系表示为

城　市	波士顿	香　港
旧金山	0.3	0.9
香　港	1	0
东　京	0.95	0.1

用模糊矩阵 R 表示为

$$R = \begin{bmatrix} 0.3 & 0.9 \\ 1 & 0 \\ 0.95 & 0.1 \end{bmatrix}$$

令 $W = \{$纽约,北京$\}$,则城市集合 V,W 间“非常远”也是模糊关系,可表示为

城　市	纽　约	北　京
波士顿	0.1	0.9
香　港	0.95	0.2

用模糊矩阵 Q 表示为

$$Q = \begin{bmatrix} 0.1 & 0.9 \\ 0.95 & 0.2 \end{bmatrix}$$

那么,纽约、北京与旧金山、香港、东京的距离程度应该如何呢?

模糊关系的合成运算就是为了解决诸如此类的问题而提出来的。针对此例,模糊关系的一种合成运算为

$$R \circ Q = \begin{bmatrix} 0.3 & 0.9 \\ 1 & 0 \\ 0.95 & 0.1 \end{bmatrix} \circ \begin{bmatrix} 0.1 & 0.9 \\ 0.95 & 0.2 \end{bmatrix} =$$

$$\begin{bmatrix} (0.3 \wedge 0.1) \vee (0.9 \wedge 0.95) & (0.3 \wedge 0.9) \vee (0.9 \wedge 0.2) \\ (1 \wedge 0.1) \vee (0 \wedge 0.95) & (1 \wedge 0.9) \vee (0 \wedge 0.2) \\ (0.95 \wedge 0.1) \vee (0.1 \wedge 0.95) & (0.95 \wedge 0.9) \vee (0.1 \wedge 0.2) \end{bmatrix} = \begin{bmatrix} 0.9 & 0.3 \\ 0.1 & 0.9 \\ 0.1 & 0.9 \end{bmatrix}$$

该结果表明,旧金山与纽约、北京的距离程度分别是 0.9 和 0.3;香港与纽约、北京的距离程度是 0.1 和 0.9;东京距离纽约、北京的距离程度是 0.1 和 0.9,这个结果符合距离"非常近"的概念。

模糊关系的合成,因使用的运算不同而有不同定义,如最大—最小合成、最大—代数积合成等,上例采用的是常用的最大—最小合成法,其定义如下。

定义 2.7　设 R 是 $X \times Y$ 中的模糊关系,S 是 $Y \times Z$ 中的模糊关系,所谓 R 和 S 的合成,是指 $X \times Z$ 的模糊关系 Q,记做

$$Q = R \circ S$$

或

$$\mu_{R \circ S}(x, z) = \vee \{\mu_R(x, y) \wedge \mu_S(y, z)\} \tag{2.29}$$

由于 $\wedge$ 代表取小(min),$\vee$ 代表取大(max),所以式(2.29)定义的合成称为最大—最小(max—min)合成。

最大—最小合成的矩阵形式是,设 $R = [r_{ij}]_{m \times n}$,$S = [s_{jk}]_{n \times l}$,则

$$Q = R \circ S = [q_{ik}] \tag{2.30}$$

Q 为模糊矩阵 R 和 S 的合成,且

$$q_{ik} = \bigvee_{j=1}^{n} (r_{ij} \wedge s_{jk}), \quad i = 1, 2, \cdots, m; \quad j = 1, 2, \cdots, n$$

可以看出,Q 是一个 m 行 l 列的模糊矩阵,其第 i 行第 k 列的元素等于 R 的第 i 行元素与 S 的第 k 列对应元素两两先取较小者,然后在所有结果中取较大者。

需要注意的是,并非任何两个模糊矩阵都可以合成,合成的前提是第一个矩阵的列数与第二个矩阵的行数相等。

例 2.12　设 $R = \begin{bmatrix} 1 & 0.8 \\ 0.7 & 0 \\ 0.5 & 0.5 \\ 0.4 & 0.2 \end{bmatrix}$,$S = \begin{bmatrix} 1 & 0.6 & 0 \\ 0.4 & 0.7 & 1 \end{bmatrix}$,求 $Q = R \circ S$

解　根据式(2.29)得出

$$Q = R \circ S = \begin{bmatrix} 1 & 0.8 \\ 0.7 & 0 \\ 0.5 & 0.5 \\ 0.4 & 0.2 \end{bmatrix} \circ \begin{bmatrix} 1 & 0.6 & 0 \\ 0.4 & 0.7 & 1 \end{bmatrix} =$$

$$\begin{bmatrix} (1 \wedge 1) \vee (0.8 \wedge 0.4) & (1 \wedge 0.6) \vee (0.8 \wedge 0.7) & (1 \wedge 0) \vee (0.8 \wedge 1) \\ (0.7 \wedge 1) \vee (0 \wedge 0.4) & (0.7 \wedge 0.6) \vee (0 \wedge 0.7) & (0.7 \wedge 0) \vee (0 \wedge 1) \\ (0.5 \wedge 1) \vee (0.5 \wedge 0.4) & (0.5 \wedge 0.6) \vee (0.5 \wedge 0.7) & (0.5 \wedge 0) \vee (0.5 \wedge 1) \\ (0.4 \wedge 1) \vee (0.2 \wedge 0.4) & (0.4 \wedge 0.6) \vee (0.2 \wedge 0.7) & (0.4 \wedge 0) \vee (0.2 \wedge 1) \end{bmatrix} =$$

$$\begin{bmatrix} 1 & 0.7 & 0.8 \\ 0.7 & 0.6 & 0 \\ 0.5 & 0.5 & 0.5 \\ 0.4 & 0.4 & 0.2 \end{bmatrix}$$

(2) 合成的运算性质

结合律：$(Q \circ R) \circ S = Q \circ (R \circ S)$

分配律：$(Q \cup R) \circ S = (Q \circ S) \cup (R \circ S)$；$S \circ (Q \cup R) = (S \circ Q) \cup (S \circ R)$

需要注意的是，交运算不满足关于合成的分配律，即

$$(Q \cap R) \circ S \subseteq (Q \circ S) \cap (R \circ S)$$
$$S \circ (Q \cap R) \subseteq (S \circ Q) \cap (S \circ R)$$

合成运算也不满足交换律，即

$$R \circ S \neq S \circ R$$

例如，
$$R = \begin{bmatrix} 0.5 & 0.7 \\ 0.2 & 0.8 \end{bmatrix}, S = \begin{bmatrix} 0.1 & 0.4 \\ 0.6 & 0.3 \end{bmatrix}$$

则
$$R \circ S = \begin{bmatrix} 0.6 & 0.4 \\ 0.6 & 0.3 \end{bmatrix}, \ \overline{\text{而}} \ S \circ R = \begin{bmatrix} 0.2 & 0.4 \\ 0.5 & 0.6 \end{bmatrix}$$

2.4　模糊逻辑

2.4.1　模糊语言逻辑

传统逻辑是以 19 世纪英国数学家布尔（George Boole）提出的以二值运算为代表的逻辑代数为基础的。这种逻辑的特点是一个命题不是真命题就是假命题，因为结论只有两种状态，所以也称为二值逻辑或布尔逻辑。

在很多实际问题中，要做出这种"非黑即白"的判断是很困难的。例如，"小娟是个漂亮女孩"，这个命题含义很明确，但用真和假判断都不客观，而用漂亮的程度来衡量会更合适。由于命题中含有"漂亮"这样的模糊概念，使得命题的真值不能简单地取 1 或 0，而是可以在[0,1]内取值用于衡量程度。这样，把含有模糊概念的语言称为"模糊语言"，具有模糊语言的命题称为模糊命题。模糊语言和其他语言一样，都是一种"符号系统"，用"文字"作为符号来表示主、客观世界的各种事物、思维、行动和判断、决策等"意义"，也就是"字义"。在一种语言中，它所采用的字和义具有对应关系，这种对应关系也就是所谓的"语义"。把研究模糊命题的逻辑称为模糊逻辑。模糊逻辑主要由模糊数、语言值、语言变量构成等。

1. 模糊数

对实数论域 U 上的正规凸模糊集合 A，必定存在元素 $e_0 \in U$，使 $\mu_A(e_0) = 1$，则 A 被称为模糊数。它是论域 U 上的一类实用而又特殊的模糊集，这种模糊集用来描述

隶属函数达到峰值 1 时 e_0 左右的数值。

通俗地讲,模糊数就是那些如"大约 5"、"10 左右"等具有模糊概念的数。

2. 语言值

在自然语言中,与数值有直接联系的词,如长、短、多、少、高、低、重、轻、大、小等,或者由它们再加上语言算子,如很、非常、较、偏等,而派生出来的词组,如很长、非常多、较高、偏重等,称为语言值。语言值一般是模糊的,可以用模糊数来表示。

例 2.13　成年男子身高的论域为 $H=\{h_1,h_2,\cdots,h_9\}=\{130,140,150,160,$ $170,180,190,200,210\}$(单位:cm),在论域 H 上定义语言值"高"和"矮"如下

$$个子高=\frac{0.2}{h_4}+\frac{0.4}{h_5}+\frac{0.6}{h_6}+\frac{0.8}{h_7}+\frac{1}{h_8}+\frac{1}{h_9}$$

$$个子矮=\frac{1}{h_1}+\frac{0.7}{h_2}+\frac{0.5}{h_3}+\frac{0.3}{h_4}+\frac{0.1}{h_5}$$

可以看出,语言值就是由 $[0,1]$ 区间的模糊子集所表现的命题的真假程度。

3. 语言变量

语言变量是以自然语言中的字、词或句作为名称,并且以自然语言中的单词或词组作为值的变量,它不同于一般数学中以数为值的数值变量。因此,语言变量实际上是一种模糊变量,是用模糊语言表示的模糊集合,或者是由语言词来定义的变量。例如,若将"年龄"看成是一个模糊语言变量,则它的取值不是具体岁数,而是诸如"年幼"、"年轻"、"年老"等用模糊语言表示的模糊集合。

扎德在 1975 年给出了模糊语言变量的五元数组定义 $[N,T(N),U,G,M]$,其中:

① N 是语言变量的名称,如年龄、颜色、速度、体积等;

② U 是 N 的论域;

③ $T(N)$ 是语言变量值 X 的集合,每个语言值 X 都是定义在论域 U 上的一个模糊集合;

④ G 是语法规则,用以产生语言变量 N 的语言值 X 的名称;

⑤ M 是语义规则,是与语言变量相联系的算法规则,用以产生模糊子集 X 的隶属函数。语言变量通过模糊等级规则,可以给它赋予不同的语言值,以区别不同的程度。

以语言变量名称 N 表示"年龄"为例,设论域 $U=[0,120]$,则 T(年龄)可以选取为:T(年龄)=(很年轻,年轻,中年,老,很老),上述每个模糊语言值如老、中、轻等是定义在论域 U 上的一个模糊集合。语言变量的五元素之间的相互关系可以用图 2-10 来表示。

语言变量适于表达因复杂而无法获得确定信息的概念和现象,它为这些通常无法进行量化的"量"提供了一种近似处理方法,把人的直觉经验进行量化,转化成计算机可以操作的数值运算,使人们有可能把专家的控制经验转化成控制算法,并实现模糊控制。

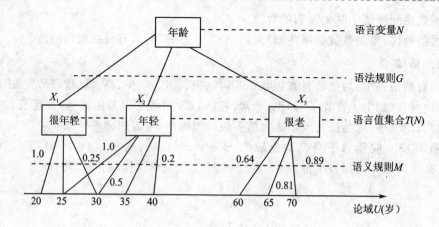

图 2-10　语言变量体系结构

2.4.2　语言算子

语言算子用于表达语言中对某个单词或词组的确定性程度。在自然语言中,有一些词可以表达语气的肯定程度,如"非常"、"很"、"极"等;也有一些词,如"大概"、"近似于"等,置于某个词前面,使该词意义变为模糊;还有一些词,如"偏向"、倾向于"等,可使词义由模糊变为肯定。

语言算子可以分为 3 类,即语气算子、模糊化算子、判定化算子等。本书只介绍语气算子,用符号 H_λ 表示。

设有论域 U,若存在语言值 A,则有隶属函数 $\mu_A(u)$,经过语气算子 H_λ 作用后,形成一个新的语言值 $H_\lambda(A)$。$H_\lambda(A)$ 的隶属函数为 $\mu_{H_\lambda(A)}(u)$,则有

$$\mu_{H_\lambda(A)}(u) = (\mu_A(u))^\lambda \tag{2.31}$$

① 集中化算子　集中化算子是起强化语气作用的语气算子,如"极"、"很"、"非常"等,这种算子可以使模糊语言值的隶属度分布向中央集中,如图 2-11 所示。

② 散漫化算子　散漫化算子是起弱化语气作用的语气算子,如"较"、"略微"、"稍微"等,可使模糊语言值的隶属度分布由中央向两边弥散,如图 2-12 所示。

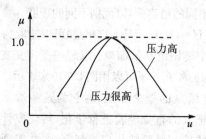
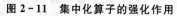

图 2-11　集中化算子的强化作用

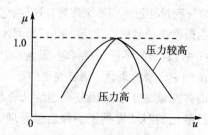

图 2-12　散漫化算子的弱化作用

不同的语气算子,λ 的取值不同。常用的有以下几种:

"极"：$\lambda=4$；"非常"：$\lambda=3$；"很"：$\lambda=2$；"相当"：$\lambda=1.5$；"比较"：$\lambda=0.8$；"略"：$\lambda=0.6$；"稍"：$\lambda=0.4$；"有点"：$\lambda=0.2$。

在例 2.13 中，用语气算子表达"个子很高"的与"个子稍矮"的语言值时，则有

$$个子很高=H_2[个子高]=\frac{0.04}{h_4}+\frac{0.16}{h_5}+\frac{0.36}{h_6}+\frac{0.64}{h_7}+\frac{1}{h_8}+\frac{1}{h_9}$$

$$个子稍矮=H_{0.4}[个子矮]=\frac{1}{h_1}+\frac{0.87}{h_2}+\frac{0.76}{h_3}+\frac{0.62}{h_4}+\frac{0.4}{h_5}$$

语气算子也可以用于连续论域的隶属函数。

例 2.14　已知"年老"的隶属函数为

$$\mu_{年老}(x)=\begin{cases}0 & 0\leqslant x\leqslant 50 \\ \dfrac{1}{1+\left[\dfrac{1}{5}(x-50)\right]^{-2}} & x>50\end{cases}$$

由于与"很"对应的 $\lambda=2$，因此"很老"的隶属函数为

$$\mu_{很老}(x)=\begin{cases}0 & 0\leqslant x\leqslant 50 \\ \left[\dfrac{1}{1+\left[\dfrac{1}{5}(x-50)\right]^{-2}}\right]^2 & x>50\end{cases}$$

类似的，由于与"有点"对应的 $\lambda=0.2$，因此"有点老"的隶属函数为

$$\mu_{有点老}(x)=\begin{cases}0 & 0\leqslant x\leqslant 50 \\ \left[\dfrac{1}{1+\left[\dfrac{1}{5}(x-50)\right]^{-2}}\right]^{0.2} & x>50\end{cases}$$

2.4.3　模糊逻辑与多值逻辑的区别和联系

多值逻辑首先突破了真值的两极性，承认了真值具有中介过渡性；但是多值逻辑是通过穷举中介的方法表示过渡性，把所有的中介看成是彼此独立、界限分明的对象，其真值是精确的。因此，多值逻辑本质上仍然是一种精确逻辑。而模糊逻辑不仅承认真值的中介过渡性，还认为事物在形态和类属方面具有模糊性，相邻中介之间是相互交叉和渗透，其真值也是模糊的。

从逻辑学角度看，多值逻辑是把不确定性谓词引入目标语言的结果，产生的是一种非模糊的基语言。而模糊逻辑则是把元语言谓词"真"和"假"本身看做是模糊谓词，在逻辑中引进了模糊真值。

从应用角度看，模糊逻辑与多值逻辑的第一个区别在于，模糊逻辑可以处理几乎有无穷多个像"大多数"、"很多"、"许多"、"多于 10 个"、"几乎没有"等这样的模糊量词。而多值逻辑只用两个量词，即"所有的(all)"和"部分(some)"。另一个重要区别是，在模糊逻辑中，真值本身也允许是模糊的。我们可以说某一命题是"相当真"，也可以说"大概真"，甚至还可以利用模糊概率，像"不太可能"、"几乎不可能"、"极不可

能"等。用这种方式,模糊逻辑为自然语言的语意表达提供了一个具有充分弹性的自然的系统工具。

在模糊逻辑实际应用中,为了便于应用和操作,往往把闭区间[0,1]分成若干级,并对每一级赋予一个可用语言值表示的量,再用多值逻辑的方法近似处理模糊逻辑。这里的多值逻辑处理方法仅是一个技术手段,其系统设计的思想仍然是模糊逻辑。这样处理的结果是,一类简单的 Mamdani 模糊控制器,其输入/输出特性具有多值继电特性。有学者证明了采用两个输入变量、多个三角形输入模糊集、线性控制规则、均匀分布的独点输出模糊集、不同推理方法和重心解模糊器的 Mamdani 模糊控制器是一个全局的两维多值继电控制器和一个局部的非线性 PI 控制器之和。这些结果还可以被一般化到采用非均匀分布的多个三角形输入模糊集的 SISO、采用非线性控制规则的 SISO 和 MIMO Mamdani 模糊控制器。根据模糊控制器与多值继电控制器的关系,可用经典控制理论中描述函数的方法来分析和设计模糊控制系统,并确保其稳定性。

2.5　模糊逻辑推理

2.5.1　似然推理

推理就是根据已知的一些命题,按照一定的法则,去推断一个新命题的思维过程和思维方式。在形式逻辑中经常使用三段论式的演绎推理,即由大前提、小前提和结论构成的推理。这种推理可以写成如下语言规则:

大前提:如果 X 是 A,则 Y 是 B　（知识）

小前提:X 是 A　　　　　　　　　　（事实）

结　论:Y 是 B

在二值逻辑中,将这种"如果……那么……"推理关系称为蕴涵关系,用符号→表示。大前提中"如果 X 是 A"有时称为规则的前件,"则 Y 是 B"称为规则的后件。用传统二值逻辑进行推理,只要大前提或者推理规则是正确的,小前提是肯定的,那么就一定会得到确定的结论。在科学研究中,特别是在科学报告和论文中,过去只承认这种推理方法是严格和合理的。然而在现实生活中,常常获得的信息是不精确、不完全的,或者事实就是模糊而不完全确定的,但又必须利用这些信息进行判断和决策,传统二值逻辑推理方法在这里无法应用了。例如,人们平常如果遇到像"如果 X 小,那么 Y 就大"这样的前提,要问"如果 X 很小,Y 将怎么样呢?",我们会很自然地想到"如果 X 很小,那么 Y 就很大",但用二值逻辑无法对这种命题进行推理。事实上,大部分情况下人们就是在这样的环境中进行判断决策的。

通常把基于不精确的、不绝对可靠的或不完全的信息基础上的推理,称为不确定性推理。同时,又把针对模糊系统的不确定性推理方法称为模糊推理方法。模糊逻辑推理是不确定性推理方法的一种,其基础是模糊逻辑,它是在二值逻辑三段论的基础上发展起来的。由于它缺乏现代形式逻辑中的性质以及理论上的不完善,这种推理方法还未得到一致的公认,但是用这种推理方法得到的结论与人的思维一致或相近。它是一种以模糊判断为前提,运用模糊语言规则,推出一个新的近似的模糊判断结论的方法。下面的例子能够说明模糊逻辑推理。

大前提:健康则长寿

小前提:周先生很健康

结　论:周先生似乎会很长寿

这里小前提中的模糊判断"很健康"和大前提的前件"健康"不是严格相同,而是相近,它们有程度上的差别,这就不能得到与大前提中后件相同的明确结论,其结论也应该是与大前提中后件相近的模糊判断。这种结论不是从前提中严格地推出来,而是近似逻辑地推出结论的方法,所以,通常称为模糊假言推理或似然推理。

判断一个推理过程是否属于模糊推理的标准并不是看前提和结论中是否存在模糊概念,而是看推理过程是否具有模糊性,具体表现为推理规则是否模糊,如果是模糊的就属于模糊推理,否则就不属于模糊推理。

模糊逻辑推理方法尚在发展中,比较典型的方法有扎德(Zadeh)方法、鲍德温(Baldwin)方法、楚卡莫托(Tsukamoto)方法、耶格(Yager)方法和米祖莫托(Mizumoto)方法。这里主要介绍扎德方法。

1975 年扎德利用模糊变换关系,提出了模糊逻辑推理的合成规则,建立了统一的数学模型,用于对各种模糊推理作统一处理。在模糊逻辑中,有两种重要的模糊蕴涵推理规则:广义前向推理法(Generalize Modus Ponens,GMP)和广义后向推理法(Generalize Modus Tollens,GMT)。

GMP 推理规则:

前提 1:若 X 为 A 则 Y 为 B　　　（知识）

前提 2:X 为 A'　　　（事实）

结　论:Y 为 B'

GMT 推理规则:

前提 1:若 X 为 A 则 Y 为 B　　　（知识）

前提 2:Y 为 B'　　　（事实）

结　论:X 为 A'

在此可通过用语言变量 X,Y 代替传统逻辑中的明晰集合来介绍模糊集合 A,A' 和 B,B'。本书重点讨论广义前向推理法。

1. 模糊蕴涵关系

设 X,Y 分别是条件变量和结论变量,其论域分别为 U 和 V,A 和 A' 是条件变量论域 U 上的两个语言值,B 和 B' 是条件变量论域 V 上的两个语言值,则有如下命题:

大前提:如果 X 是 A,那么 Y 是 B　　　（if A then B 语句）

小前提：X 是 A'

结　论：那么 Y 是 B'

扎德在 1973 年对这种"若 A 则 B"的模糊命题提出了一种近似推理方法，称为"关系合成推理法"，简称 CRI。其原理表述是：用一个模糊集合表述大前提（前提 1）中全部模糊条件语句前件的基础变量和后件的基础变量间的关系；用一个模糊集合表述小前提（前提 2）；进而用基于模糊关系的模糊变换运算给出推理结果。对于上述命题，则有

$$B' = A' \circ (A \rightarrow B) \tag{2.32}$$

由式（2.32）可以看出，结论 B' 可用 A' 与 A 到 B 的蕴涵关系进行合成而得到，其中的算子"$\circ$"表示合成运算；　$A \rightarrow B$ 是蕴涵运算，表示由 A 到 B 进行模糊推理的关系或条件，有时 $A \rightarrow B$ 也可以写成 $R_{A \rightarrow B}$。

在式（2.32）模糊合成规则中，有两个很重要的步骤：一个是求模糊蕴涵 $A \rightarrow B$（若 A 则 B）的关系 R，另一个是模糊关系的合成运算。对于求模糊蕴涵 $A \rightarrow B$（若 A 则 B）的关系 R，这里介绍比较常用的扎德（Zadeh）和玛达尼（Mamdani）模糊关系的定义方法。

Zadeh 定义方法如下：

$$R = (A \times B) \bigcup (A^c \times E)$$

式中，E 为全矩阵。隶属函数为

$$\mu_R(x,y) = (\mu_A(x) \wedge \mu_B(y)) \vee ((1 - \mu_A(x)) \wedge 1) \tag{2.33}$$

Mamdani 定义方法如下：

$$R = A \times B$$

隶属函数为

$$\mu_R(x,y) = \mu_A(x) \wedge \mu_B(y) \tag{2.34}$$

这两种定义的模糊蕴涵关系运算方法不同，其模糊推理有差异，但结论大体一致。从运算上看，由于玛达尼法比扎德法要简便一些，所以玛达尼方法使用最多。

2. Mamdani 直接推理法（MAX - MIN 推理法）

玛达尼推理法本质上也是一种 CRI 法，只是把模糊蕴涵关系 $A \rightarrow B$ 用 A 和 B 的笛卡儿积表示，即 $R = A \rightarrow B = A \times B$，由玛达尼推理法可得合成运算为

$$B' = A' \circ (A \rightarrow B) = A' \circ R = A' \circ (A \times B)$$

即

$$\mu_{B'} = \sup_{x \in X}\{\mu_{A'}(x) \wedge [\mu_A(x) \wedge \mu_B(y)]\} =$$
$$\bigvee_{x \in X}\{\mu_{A'}(x) \wedge \mu_A(x)\} \wedge \mu_B(y) = \alpha \wedge \mu_B(y) \tag{2.35}$$

式（2.35）中，"sup"表示对后面算式结果当 x 在 X 中变化时，取其上确界。若 X 为有限论域时，sup 就是取大运算 $\vee$。$\alpha \wedge \mu_B(y)$ 是指模糊集合 A' 与 A 交集的高度，可以表示为

$$\alpha = H(A' \cap A)$$

式中，α 称为 A' 对 A 的适配度（也称为强度）。

根据玛达尼方法，结论 B' 可以用适配度 α 与模糊集合 B 进行模糊"与"，即取小运算而得到。在图形上就是用 α 作基准去切割，便可得到推论的结果。因此，玛达尼推理方法经常又可以形象地称为玛达尼削顶法。这种推理方法避免了依赖模糊关系 R 进行合成运算的计算时间长、占内存的不足，直接求出输入语言变量的论域元素对前件的适配度 α，然后映射到后件，即可得到输出量的模糊集合。图 2-13 表示了这种推理关系。

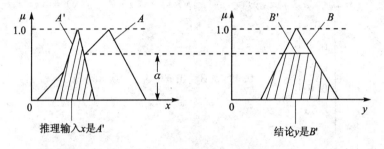

图 2-13　玛达尼推理过程

如果 A' 与 A 完全一致，那么隶属度 $\alpha = 1$，结论当然是 B' 与 B 完全一致。这就是推理前件和后件都为模糊概念时用布尔逻辑推理的结果。这说明用这种推理方法可以包容传统布尔逻辑推理方法。下面用一个简单的例子做验证。

例 2.15　设论域 $T(温度) = \{0, 20, 40, 60, 80, 100\}$ 和 $P(压力) = \{1, 2, 3, 4, 5, 6, 7\}$，在此论域内定义模糊子集隶属函数。

$$\mu_A(温度高) = \frac{0}{0} + \frac{0.1}{20} + \frac{0.3}{40} + \frac{0.6}{60} + \frac{0.85}{80} + \frac{1}{100}$$

$$\mu_B(压力大) = \frac{0}{1} + \frac{0.1}{2} + \frac{0.3}{3} + \frac{0.5}{4} + \frac{0.7}{5} + \frac{0.85}{6} + \frac{1}{7}$$

现在的条件是"如果温度高，那么压力就大"，如何通过玛达尼模糊推理方法在"温度较高"的情况下得到推理结论呢？现在根据经验可把"温度较高"的隶属函数定义为

$$\mu_{A'}(温度较高) = \frac{0.1}{0} + \frac{0.15}{20} + \frac{0.4}{40} + \frac{0.75}{60} + \frac{1}{80} + \frac{0.85}{100}$$

解　① 用 A' 对 A 的隶属度进行玛达尼法推理，求出 A' 对 A 的适配度 α，即

$$\alpha = H(A' \cap A) =$$

$$H\left(\frac{0.1 \wedge 0}{0} + \frac{0.15 \wedge 0.1}{20} + \frac{0.4 \wedge 0.3}{40} + \frac{0.75 \wedge 0.6}{60} + \frac{1 \wedge 0.85}{80} + \frac{0.85 \wedge 1}{100}\right) =$$

$$H\left(\frac{0}{0} + \frac{0.1}{20} + \frac{0.3}{40} + \frac{0.6}{60} + \frac{0.85}{80} + \frac{0.85}{100}\right) = 0.85$$

再用此 α 去"切割"B 隶属函数得

$$\mu_{B'}(压力) = \alpha \wedge \mu_B(压力大) = 0.85 \wedge \left(\frac{0}{1} + \frac{0.1}{2} + \frac{0.3}{3} + \frac{0.5}{4} + \frac{0.7}{5} + \frac{0.85}{6} + \frac{1}{7} \right) =$$

$$\frac{0}{1} + \frac{0.1}{2} + \frac{0.3}{3} + \frac{0.5}{4} + \frac{0.7}{5} + \frac{0.85}{6} + \frac{0.85}{7}$$

对比"压力大"的隶属函数,可以认为此式相当于"压力较大"的隶属函数,用模糊语言来表达,推理结论就是"压力较大"。

② 用模糊关系来进行推理。按玛达尼法求出"如果温度高,那么压力就大"的蕴涵关系矩阵 R ,按式(2.34)即

$$R = \mu_{A \to B}(x, y) = \mu_R(x, y) = \mu_A(x) \wedge \mu_B(y) =$$

$$\begin{bmatrix} 0 \\ 0.1 \\ 0.3 \\ 0.6 \\ 0.85 \\ 1 \end{bmatrix} \times \begin{bmatrix} 0 & 0.1 & 0.3 & 0.5 & 0.7 & 0.85 & 1 \end{bmatrix} =$$

$$\begin{bmatrix} 0 \wedge 0 & 0 \wedge 0.1 & 0 \wedge 0.3 & 0 \wedge 0.5 & 0 \wedge 0.7 & 0 \wedge 0.85 & 0 \wedge 1 \\ 0.1 \wedge 0 & 0.1 \wedge 0.1 & 0.1 \wedge 0.3 & 0.1 \wedge 0.5 & 0.1 \wedge 0.7 & 0.1 \wedge 0.85 & 0.1 \wedge 1 \\ 0.3 \wedge 0 & 0.3 \wedge 0.1 & 0.3 \wedge 0.3 & 0.3 \wedge 0.5 & 0.3 \wedge 0.7 & 0.3 \wedge 0.85 & 0.3 \wedge 1 \\ 0.6 \wedge 0 & 0.6 \wedge 0.1 & 0.6 \wedge 0.3 & 0.6 \wedge 0.5 & 0.6 \wedge 0.7 & 0.6 \wedge 0.85 & 0.6 \wedge 1 \\ 0.85 \wedge 0 & 0.85 \wedge 0.1 & 0.85 \wedge 0.3 & 0.85 \wedge 0.5 & 0.85 \wedge 0.7 & 0.85 \wedge 0.85 & 0.85 \wedge 1 \\ 1 \wedge 0 & 1 \wedge 0.1 & 1 \wedge 0.3 & 1 \wedge 0.5 & 1 \wedge 0.7 & 1 \wedge 0.85 & 1 \wedge 1 \end{bmatrix} =$$

$$\begin{bmatrix} 0 & 0 & 0 & 0 & 0 & 0 & 0 \\ 0 & 0.1 & 0.1 & 0.1 & 0.1 & 0.1 & 0.1 \\ 0 & 0.1 & 0.3 & 0.3 & 0.3 & 0.3 & 0.3 \\ 0 & 0.1 & 0.3 & 0.5 & 0.6 & 0.6 & 0.6 \\ 0 & 0.1 & 0.3 & 0.5 & 0.7 & 0.85 & 0.85 \\ 0 & 0.1 & 0.3 & 0.5 & 0.7 & 0.85 & 1 \end{bmatrix}$$

则 $B' = A' \circ R$

$$\mu_{B'}(y) = \begin{bmatrix} 0.1 & 0.15 & 0.4 & 0.75 & 1.0 & 0.85 \end{bmatrix}。$$

$$\begin{bmatrix} 0 & 0 & 0 & 0 & 0 & 0 & 0 \\ 0 & 0.1 & 0.1 & 0.1 & 0.1 & 0.1 & 0.1 \\ 0 & 0.1 & 0.3 & 0.3 & 0.3 & 0.3 & 0.3 \\ 0 & 0.1 & 0.3 & 0.5 & 0.6 & 0.6 & 0.6 \\ 0 & 0.1 & 0.3 & 0.5 & 0.7 & 0.85 & 0.85 \\ 0 & 0.1 & 0.3 & 0.5 & 0.7 & 0.85 & 1 \end{bmatrix} =$$

$$\begin{bmatrix} 0 & 0.1 & 0.3 & 0.5 & 0.7 & 0.85 & 0.85 \end{bmatrix}$$

$$B' = \frac{0}{1} + \frac{0.1}{2} + \frac{0.3}{3} + \frac{0.5}{4} + \frac{0.7}{5} + \frac{0.85}{6} + \frac{0.85}{7}$$

可以看到,推理结果与①的推理结果是一样的。

若按扎德法求出"如果温度高,那么压力就大"的蕴涵关系矩阵 R ,按式(2.33)则有

$$R = \mu_{A \to B}(x,y) = \mu_R(x,y) = (\mu_A(x) \wedge \mu_B(y)) \vee ((1 - \mu_A(x)) \wedge 1) =$$

$$\begin{bmatrix} 0 \\ 0.1 \\ 0.3 \\ 0.6 \\ 0.85 \\ 1 \end{bmatrix} \times [0 \quad 0.1 \quad 0.3 \quad 0.5 \quad 0.7 \quad 0.85 \quad 1] \cup \begin{bmatrix} 1 \\ 0.9 \\ 0.7 \\ 0.4 \\ 0.15 \\ 0 \end{bmatrix} \times [1 \quad 1 \quad 1 \quad 1 \quad 1 \quad 1 \quad 1] =$$

$$\begin{bmatrix} 0 & 0 & 0 & 0 & 0 & 0 & 0 \\ 0 & 0.1 & 0.1 & 0.1 & 0.1 & 0.1 & 0.1 \\ 0 & 0.1 & 0.3 & 0.3 & 0.3 & 0.3 & 0.3 \\ 0 & 0.1 & 0.3 & 0.5 & 0.6 & 0.6 & 0.6 \\ 0 & 0.1 & 0.3 & 0.5 & 0.7 & 0.85 & 0.85 \\ 0 & 0.1 & 0.3 & 0.5 & 0.7 & 0.85 & 1 \end{bmatrix} \cup \begin{bmatrix} 1 & 1 & 1 & 1 & 1 & 1 & 1 \\ 0.9 & 0.9 & 0.9 & 0.9 & 0.9 & 0.9 & 0.9 \\ 0.7 & 0.7 & 0.7 & 0.7 & 0.7 & 0.7 & 0.7 \\ 0.4 & 0.4 & 0.4 & 0.4 & 0.4 & 0.4 & 0.4 \\ 0.15 & 0.15 & 0.15 & 0.15 & 0.15 & 0.15 & 0.15 \\ 0 & 0 & 0 & 0 & 0 & 0 & 0 \end{bmatrix} =$$

$$\begin{bmatrix} 1 & 1 & 1 & 1 & 1 & 1 & 1 \\ 0.9 & 0.9 & 0.9 & 0.9 & 0.9 & 0.9 & 0.9 \\ 0.7 & 0.7 & 0.7 & 0.7 & 0.7 & 0.7 & 0.7 \\ 0.4 & 0.4 & 0.4 & 0.5 & 0.6 & 0.6 & 0.6 \\ 0.15 & 0.15 & 0.3 & 0.5 & 0.7 & 0.85 & 0.85 \\ 0 & 0.1 & 0.3 & 0.5 & 0.7 & 0.85 & 1 \end{bmatrix}$$

则 $B' = A' \circ R$

$$\mu_{B'}(y) = [0.1 \quad 0.15 \quad 0.4 \quad 0.75 \quad 1.0 \quad 0.85]。$$

$$\begin{bmatrix} 1 & 1 & 1 & 1 & 1 & 1 & 1 \\ 0.9 & 0.9 & 0.9 & 0.9 & 0.9 & 0.9 & 0.9 \\ 0.7 & 0.7 & 0.7 & 0.7 & 0.7 & 0.7 & 0.7 \\ 0.4 & 0.4 & 0.4 & 0.5 & 0.6 & 0.6 & 0.6 \\ 0.15 & 0.15 & 0.3 & 0.5 & 0.7 & 0.85 & 0.85 \\ 0 & 0.1 & 0.3 & 0.5 & 0.7 & 0.85 & 1 \end{bmatrix} =$$

$$[0.4 \quad 0.4 \quad 0.4 \quad 0.5 \quad 0.7 \quad 0.85 \quad 0.85]$$

$$B' = \frac{0.4}{1} + \frac{0.4}{2} + \frac{0.4}{3} + \frac{0.5}{4} + \frac{0.7}{5} + \frac{0.85}{6} + \frac{0.85}{7}$$

可以看到,采用扎德法的推理结果与采用玛达尼法的推理结果基本一致,扎德法

的结果信息更多一些,但计算也稍微复杂。

2.5.2 模糊条件推理

在模糊逻辑控制中,经常用到模糊条件推理。设 X,Y 分别是条件变量和结论变量,其论域分别为 U 和 V,A 和 A' 是条件变量论域 U 上的两个语言值,B、B' 和 C 是条件变量论域 V 上的两个语言值,则有如下命题:

大前提:如果 X 是 A,那么 Y 是 B,否则 Y 是 C (if A then B else C 语句)

小前提:现在 X' 是 A'

结　论:那么 Y' 是 B'

这种推理语句可以拆分成如下两个规则:

规则 1:如果 X 是 A,则 Y 是 B。

规则 2:如果 X 是 A^c,则 Y 是 C。

每一个规则与近似推理中的模糊规则完全相同,这两个规则之间是"模糊析取(或)"的关系。这样,就可以利用近似推理的结果得到模糊关系以及推理结果。

分别记规则 1 和规则 2 确定的 $U \times V$ 上的模糊蕴涵关系为 $A \to B$ 和 $A^c \to C$,按玛达尼法,其逻辑表达式为

$$R = (A \to B) \bigcup (A^c \to C) = (A \times B) \bigcup (A^c \times C) \tag{2.36}$$

式中,"$\bigcup$"代表两个模糊蕴涵关系是"模糊析取(或)"的关系。

式(2.36)的模糊关系矩阵中的各元素可通过下式求出,即

$$\mu_R(x,y) = \mu_{A \to B}(x,y) \vee \mu_{A^c \to C}(x,y) =$$
$$[\mu_A(x) \wedge \mu_B(y)] \vee [(1 - \mu_A(x)) \wedge \mu_C(y)] \tag{2.37}$$

有了这个模糊关系,就可以根据推理合成规则,将输入 A' 与该关系 R 进行合成得到模糊推理结论 B',即

$$B' = A' \circ R = A' \circ [(A \times B) \bigcup (A^c \times C)] \tag{2.38}$$

例 2.16 当一个系统的输入为 A 时,输出为 B,否则输出为 C。在输入论域 $U = \{u_1, u_2, u_3\}$ 和输出论域 $V = \{v_1, v_2, v_3\}$ 上分别定义

$$A = \frac{1}{u_1} + \frac{0.4}{u_2} + \frac{0.1}{u_3}, \quad B = \frac{0.8}{v_1} + \frac{0.5}{v_2} + \frac{0.2}{v_3}, \quad C = \frac{0.5}{v_1} + \frac{0.6}{v_2} + \frac{0.7}{v_3}$$

如果系统的输入为 $A' = \frac{0.2}{u_1} + \frac{1}{u_2} + \frac{0.4}{u_3}$,求相应的输出 D。

解 ① 求模糊蕴涵关系,为此

$$A \to B = A \times B = \begin{bmatrix} 1 \\ 0.4 \\ 0.1 \end{bmatrix} \times [0.8 \quad 0.5 \quad 0.2] = \begin{bmatrix} 0.8 & 0.5 & 0.20.4 \\ 0.1 & 0.1 & 0.1 \end{bmatrix}$$

$$A^c \to C = A^c \times C = \begin{bmatrix} 0 \\ 0.6 \\ 0.9 \end{bmatrix} \times [0.5 \quad 0.6 \quad 0.7] = \begin{bmatrix} 0 & 0 & 0 \\ 0.5 & 0.6 & 0.6 \\ 0.5 & 0.6 & 0.7 \end{bmatrix}$$

那么，

$$R = (A \rightarrow B) \bigcup (A^c \rightarrow C) = (A \times B) \bigcup (A^c \times C) =$$

$$\begin{bmatrix} 0.8 & 0.5 & 0.2 \\ 0.4 & 0.4 & 0.2 \\ 0.1 & 0.1 & 0.1 \end{bmatrix} \bigcup \begin{bmatrix} 0 & 0 & 0 \\ 0.5 & 0.6 & 0.6 \\ 0.5 & 0.6 & 0.7 \end{bmatrix} = \begin{bmatrix} 0.8 & 0.5 & 0.2 \\ 0.5 & 0.6 & 0.6 \\ 0.5 & 0.6 & 0.7 \end{bmatrix}$$

② 求取相应于 A' 的输出 D，根据式(2.38)可得

$$D = A' \circ R = \begin{bmatrix} 0.2 & 1 & 0.4 \end{bmatrix} \circ \begin{bmatrix} 0.8 & 0.5 & 0.2 \\ 0.5 & 0.6 & 0.6 \\ 0.5 & 0.6 & 0.7 \end{bmatrix} = \begin{bmatrix} 0.5 & 0.6 & 0.6 \end{bmatrix}$$

或写成

$$D = \frac{0.5}{v_1} + \frac{0.6}{v_2} + \frac{0.6}{v_3}$$

2.5.3 多输入模糊推理

以上讨论的模糊推理关系的前件为一个输入的情况，但在模糊控制系统中经常遇到多输入的问题，特别是两输入的情况，例如"如果压力偏高而且还在继续升高，那么停止加热"这样的规则。

设 X、Y 是条件变量，Z 是结论变量，其论域分别为 U、V 和 W，而 A 和 A' 是条件变量论域 U 上的两个语言值，B 和 B' 是条件变量论域 V 上的两个语言值，C 和 C' 是 W 上的语言值，则有如下命题：

大前提：如果 X 是 A 且 Y 是 B，那么 Z 是 C 　　　(If A and B then C 语句)

小前提：现在 X' 是 A' 且 Y' 是 B'

结　论：那么 Z' 是 C'

因为"A 且 B"的英语表示是"A and B"，其意义是

$$\mu_{A \text{and} B}(x, y) = \mu_A(x) \wedge \mu_B(y)$$

所以，"如果 A 且 B，那么 C"的数学表达式是

$$\mu_A(x) \wedge \mu_B(y) \rightarrow \mu_C(z)$$

按玛达尼推理方法，用符号"$\wedge$"代换"$\rightarrow$"，上式就变成

$$(\mu_A(x) \wedge \mu_B(y)) \wedge \mu_C(z)$$

由此，逻辑表达式为

$$R = (A \text{ and } B) \rightarrow C = (A \times B)^{\mathrm{T}} \times C \tag{2.39}$$

式中 $(A \times B)^{\mathrm{T}}$ 是根据直积的计算方法，通过矩阵 $A \times B$ 的行向量构成的单列向量表示的模糊矩阵。推理结果是

$$C' = (A' \times B')^{\mathrm{T}} \circ R = (A' \times B')^{\mathrm{T}} \circ ((A \times B)^{\mathrm{T}} \times C) \tag{2.40}$$

式中，$(A' \times B')^{\mathrm{T}}$ 是通过矩阵 $A' \times B'$ 的行向量构成的单行向量表示的模糊矩阵。

这在玛达尼推理削顶法中的几何意义是：与单输入情况一样，分别求出 A' 对 A 和 B' 对 B 的适配度 α_A，α_B，并且取这两个之中最小的一个值作为总的模糊推理前件的隶

属度,再以此为基准去切割后件的隶属函数,便得到结论 C'。推理过程见图 2-14。

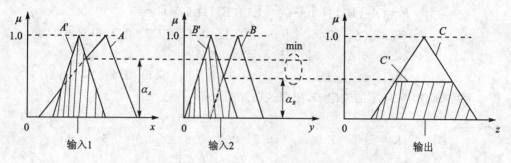

图 2-14 二输入玛达尼削顶推理方法过程

例 2.17 设有下列模糊集

$$A = \frac{1}{x_1} + \frac{0.4}{x_2} + \frac{0}{x_3}, \ B = \frac{0.1}{y_1} + \frac{0.6}{y_2} + \frac{1}{y_3}, \ C = \frac{0.3}{z_1} + \frac{0}{z_2} + \frac{1}{z_3}$$

其蕴涵关系为:若 A and B then C。

已知:$A' = \frac{0}{x_1} + \frac{0.5}{x_2} + \frac{0.7}{x_3}$,$B' = \frac{0.4}{y_1} + \frac{0.9}{y_2} + \frac{0}{y_3}$,求 C'。

解 采用模糊蕴涵关系求 C'。

根据 A and B then C,首先求出 $R_1 = A \times B$:

$$R_1 = A \times B = \begin{bmatrix} 1 \\ 0.4 \\ 0 \end{bmatrix} \times \begin{bmatrix} 0.1 & 0.6 & 1 \end{bmatrix} =$$

$$\begin{bmatrix} 1 \wedge 0.1 & 1 \wedge 0.6 & 1 \wedge 1 \\ 0.4 \wedge 0.1 & 0.4 \wedge 0.6 & 0.4 \wedge 1 \\ 0 \wedge 0.1 & 0 \wedge 0.6 & 0 \wedge 1 \end{bmatrix} = \begin{bmatrix} 0.1 & 0.6 & 1 \\ 0.1 & 0.4 & 0.4 \\ 0 & 0 & 0 \end{bmatrix}$$

将 R_1 写成单列向量形式 $\boldsymbol{R}_1^{\mathrm{T}}$

$$\boldsymbol{R}_1^{\mathrm{T}} = \begin{bmatrix} 0.1 \\ 0.6 \\ 1 \\ 0.1 \\ 0.4 \\ 0.4 \\ 0 \\ 0 \\ 0 \end{bmatrix}$$

则

$$R = R_1{}^T \times C = \begin{bmatrix} 0.1 \\ 0.6 \\ 1 \\ 0.1 \\ 0.4 \\ 0.4 \\ 0 \\ 0 \\ 0 \end{bmatrix} \times \begin{bmatrix} 0.3 & 0 & 1 \end{bmatrix} = \begin{bmatrix} 0.1 & 0 & 0.1 \\ 0.3 & 0 & 0.6 \\ 0.3 & 0 & 1 \\ 0.1 & 0 & 0.1 \\ 0.3 & 0 & 0.4 \\ 0.3 & 0 & 0.4 \\ 0 & 0 & 0 \\ 0 & 0 & 0 \\ 0 & 0 & 0 \end{bmatrix}$$

令 $\qquad D = A' \times B' = \begin{bmatrix} 0 \\ 0.5 \\ 0.7 \end{bmatrix} \times \begin{bmatrix} 0.4 & 0.9 & 0 \end{bmatrix} = \begin{bmatrix} 0 & 0 & 0 \\ 0.4 & 0.5 & 0 \\ 0.4 & 0.7 & 0 \end{bmatrix}$

将 D 写成单行向量的形式 $\boldsymbol{D}^T$ 为

$$\boldsymbol{D}^T = \begin{bmatrix} 0 & 0 & 0 & 0.4 & 0.5 & 0 & 0.4 & 0.7 & 0 \end{bmatrix}$$

则

$$C' = \boldsymbol{D}^T \circ R = \begin{bmatrix} 0 & 0 & 0 & 0.4 & 0.5 & 0 & 0.4 & 0.7 & 0 \end{bmatrix} \circ \begin{bmatrix} 0.1 & 0 & 0.1 \\ 0.3 & 0 & 0.6 \\ 0.3 & 0 & 1 \\ 0.1 & 0 & 0.1 \\ 0.3 & 0 & 0.4 \\ 0.3 & 0 & 0.4 \\ 0 & 0 & 0 \\ 0 & 0 & 0 \\ 0 & 0 & 0 \end{bmatrix} = \begin{bmatrix} 0.3 & 0 & 0.4 \end{bmatrix}$$

因此, $C' = \dfrac{0.3}{z_1} + \dfrac{0}{z_2} + \dfrac{0.4}{z_3}$。

2.5.4　多输入多规则推理

以上介绍的是多输入的情况,如果是多输入又是多推理规则的情况,又该如何进行推理呢?

设 X,Y 是条件变量,Z 是结论变量,其论域分别为 U、V 和 W,A_i 和 A' 是条件变量论域 U 上的两个语言值,B_i 和 B' 是条件变量论域 V 上的两个语言值,C_i 和 C' 是 W 上的语言值,$i=1,2,\cdots,n$,则有如下命题:

大前提:如果 x 是 A_1 且 y 是 B_1,那么 z 是 C_1

如果 x 是 A_2 且 y 是 B_2,那么 z 是 C_2

如果 x 是 A_3 且 y 是 B_3,那么 z 是 C_3

$$\vdots \qquad\qquad \vdots$$

$$\text{如果 } x \text{ 是 } A_n \text{ 且 } y \text{ 是 } B_n \text{,那么 } z \text{ 是 } C_n$$

小前提:现在 $\qquad\qquad x \text{ 是 } A' \text{ 且 } y \text{ 是 } B'$

结　论:那么 z 是 C'。

"A_i 且 B_i" 的英语表示是 "$A_i \text{ and } B_i$",其意义是

$$\mu_{A_i \text{ and } B_i}(x,y) = \mu_{A_i}(x) \wedge \mu_{B_i}(y)$$

"如果 A_i 且 B_i,那么 C_i" 的数学表达式是

$$\mu_{A_i}(x) \wedge \mu_{B_i}(y) \rightarrow \mu_{C_i}(z)$$

按玛达尼推理方法,用符号 "$\wedge$" 代换 "$\rightarrow$",上式就变成

$$[\mu_{A_i}(x) \wedge \mu_{B_i}(y)] \wedge \mu_{C_i}(z)$$

由此推理结果为

$$C' = (A' \text{ and } B') \circ \{[(A_1 \text{ and } B_1) \rightarrow C_1] \cup \cdots \cup [(A_n \text{ and } B_n) \rightarrow C_n]\} =$$
$$\{(A' \text{ and } B') \circ [(A_1 \text{ and } B_1) \rightarrow C_1]\} \cup \cdots \cup \{(A' \text{ and } B') \circ [(A_n \text{ and } B_n) \rightarrow C_n]\} =$$
$$C'_1 \cup C'_2 \cup \cdots \cup C'_n$$

式中

$$C'_i = (A' \text{ and } B') \circ [(A_i \text{ and } B_i) \rightarrow C_i] =$$
$$[A' \circ (A_i \rightarrow C_i)] \cap [B' \circ (B_i \rightarrow C_i)] \qquad i = 1, 2, \cdots, n$$

其隶属函数为

$$\mu_{C'_i}(z) = \bigvee_x \{\mu_{A'}(x) \wedge [\mu_{A_i}(x) \wedge \mu_{C_i}(z)]\} \cap \bigvee_y \{\mu_{B'}(y) \wedge [\mu_{B_i}(y) \wedge \mu_{C_i}(z)]\} =$$
$$\bigvee_x \{[\mu_{A'}(x) \wedge \mu_{A_i}(x)] \wedge \mu_{C_i}(z)\} \cap \bigvee_y \{[\mu_{B'}(y) \wedge \mu_{B_i}(y)] \wedge \mu_{C_i}(z)\} =$$
$$(\alpha_{A_i} \wedge \mu_{C_i}(z)) \cap (\alpha_{B_i} \wedge \mu_{C_i}(z)) = \alpha_{A_i} \wedge \alpha_{B_i} \wedge \mu_{C_i}(z)$$

如果有两条输入规则,那么会得到两个结论,即

$$\mu_{C'_1} = \alpha_{A_1} \wedge \alpha_{B_1} \wedge \mu_{C_1}(z)$$

$$\mu_{C'_2} = \alpha_{A_2} \wedge \alpha_{B_2} \wedge \mu_{C_2}(z)$$

其意义为分别从不同的规则得到不同的结论,几何意义是分别在不同规则中用各自推理前件的总隶属度去切割本推理规则中后件的隶属函数以得到输出结果,再对所有的结论求模糊逻辑和,即进行"并"运算,便得到总的推理结论,即

$$C' = C'_1 \cup C'_2$$

整个推理过程可用图 2 - 15 来表示。

玛达尼削顶法是先在推理前件中选取各个条件中隶属度最小的值(即最不适配的隶属度)作为这条规则的适配程度,以得到这条规则的结论,即取小(min)操作;再对各个规则的结论综合选取最大适配度的部分,即取大(max)操作,整个并集的面积部分就是总的推理结论。所以,这种方法也称为"最大-最小推理"方法,这种推理方法简单易行,可以实现模糊逻辑在线推理,所以得到广泛应用。需要注意的是,只有当推理前件中各个条件是"与"的关系(规则前件是 if A and B and $C \cdots$)时,适配程度

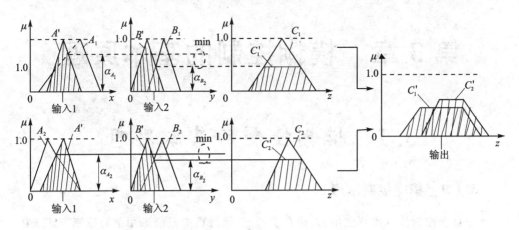

图 2 - 15　二输入两条规则的推理

才能"取小"操作,如果推理前件中各个条件是"或"的关系(规则前件是 if A or B or C …)时,适配程度应该"取大"操作。

玛达尼削顶法也有一个缺点,那就是其推论结果经常不够平滑。由此,有人主张把从推理前件到后件削顶法的"与"运算改成"代数乘"运算,这就不是用推理前件的隶属度为基准去切割推理后件的隶属函数,而是用该隶属度去乘后件的隶属函数,这种推理称为"最大－乘积推理"方法。这样得到的推理结论就不呈平台梯形,而是原隶属函数的等底缩小。这种处理的结果经过对各个规则结论"并"运算后,总推理结果的平滑性得到改善。

第3章 模糊控制的基本原理

3.1 模糊控制的基本思想

3.1.1 模糊控制思想

在自动控制技术出现之前,人们在生产、生活过程中只能采用手动控制方式来达到控制某一对象运动状态的目的。比如,在日常生活中,当拧开水龙头往一空桶接水时,常常会有这样的生活经验:

① 当桶里水很少时,应开大阀门;

② 当桶里的水比较多时,应关小阀门;

③ 当桶中的水快满时,应把阀门关很小;

④ 当桶中的水已经满时,要迅速关死阀门。

在以上的手动控制过程中,首先是由人通过眼睛的观察(检测作用)来检测水桶(被控对象)的水位(输出),大脑要经过一系列的推算从而做出正确的决策(控制量),最后由手动来调节阀门的开度大小,使桶里的水(被控对象的输出)达到预期的目标,即用最短的时间接满一桶水而又不溢出一滴水。人们就是这样不断地通过检测、判断、调整等一系列动作来完成对接水过程的手动控制。在这里,眼睛相当于传感器,大脑就是控制器,手作为执行机构,在最短的时间内接满一桶水且不溢出则是控制目标。按照控制理论的思想来看待上述过程,则这个接水过程就是一个典型的液位控制系统,如图 3-1 所示。

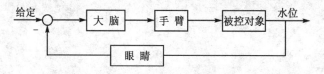

图 3-1 液位的手动控制方法

在上述手动液位控制中,人的控制过程是用语言来描述的,表现为一系列条件语句,也就是所谓的语言控制规则。在描述以上控制规则的条件语句中存在一些词,如"很少"、"较多"、"快满"、"大"、"小"等概念均具有一定的模糊性,这些概念没有明显的外延,但却反映了事物的物理特性。物理特性的提取要靠人的直觉和经验,这些物理特征在人脑中是用自然语言抽象成一系列的概念和规则的,自然语言的重要特点是具有模糊性。人可以根据这些不精确信息进行推理而得到有意义的结果,那么怎么用机器来模仿这样的过程呢？用于描述的数学工具就是扎德提出的模糊集合论，或者说模糊集合论在控制上的应用。模糊集合和模糊逻辑的出现实时地解决了描述控制规则的条件语句中如"很少"、"较多"、"快满"、"大"、"小"等具有一定模糊性的词语。

目前，模糊控制主要还是建立在人的直觉和经验的基础上，这就是说，操作人员对被控系统的了解不是通过精确的数学表达式，而是通过操作人员丰富的实践经验和直观感觉。有经验的模糊控制设计工程师可以通过对操作人员控制动作的观察和与操作人员的交流，用语言把操作人员的控制策略描述出来，以构成一组用语言表达的定性的推理规则。将这些推理规则用模糊集合作为工具使其定量化，设计一个控制器驱动设备对复杂的工业过程进行控制，这就是模糊控制器。

3.1.2　模糊控制系统的基本组成

模糊控制系统具有数字控制系统的一般结构形式，其系统组成如图 3-2 所示。由图可知，模糊控制系统通常由模糊控制器、输入/输出接口、执行机构、被控对象和测量装置等五个部分组成。

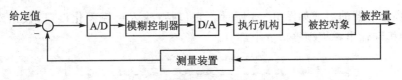

图 3-2　模糊控制系统方框图

1. 被控对象

被控对象可以是一种设备或装置及其群体，也可以是一个生产的、自然的、社会的、生物的或其他各种状态转移过程。这些被控对象可以是确定的或模糊的、单变量的或多变量的、有滞后或无滞后的，也可以是线性的或非线性的、定常的或时变的，以及具有强耦合和干扰等多种情况。对于那些难以建立精确数学模型的复杂对象，更适宜采用模糊控制。

2. 执行机构

除了电气机构以外，如各类交、直流电动机、伺服电动机、步进电动机，还包括气动或液压机构，如各类气动调节阀和液压电动机、液压阀等。

3. 模糊控制器

它是整个系统的核心，实际常由微处理器构成，主要完成输入量的模糊化、模糊关系运算、模糊决策以及决策结果的非模糊化处理（精确化）等重要过程。

4. 输入/输出接口电路

该接口电路主要包括前向通道中的 A/D 转换电路以及后向通道中的 D/A 转换电路等两个信号转换电路。前向通道的 A/D 转换把传感器检测到的反映被控对象输出量大小的模拟量（一般为电压信号，且为 $-10 \sim +10$ V 之间）转换成微机可以接受的数字量(0和1的组合),送到模糊控制器进行运算;D/A转换把模糊控制器输出的数字量转换成与之成比例的模拟量(一般为电流信号,通常在0~10 mA或4~20 mA之间),控制执行机构的动作。在实际控制系统中,选择A/D和D/A转换器主要应该考虑转换精度,转换时间以及性能价格等三个因素。

5. 测量装置

它是将被控对象的各种非电量,如流量、温度、压力、速度、浓度等转换为电信号(一般为0~5 V电压,或0~10 mA电流)的一类装置。通常由各类数字或模拟的测量仪器、检测元件或传感器等组成。它在模糊控制系统中占有十分重要的地位,其精度往往直接影响整个系统的性能指标。因此在模糊控制系统中,应选择精度高并且稳定的传感器,否则,不仅控制的精度没有保证,而且可能出现失控现象,甚至发生事故。

在模糊控制系统中,为了提高控制精度,要及时观测被控量的变化特性及其与期望值的偏差,以便及时调整控制规则和控制量输出值,因此,往往将测量装置的观测值反馈到系统输入端,并与给定输入量相比较,构成具有反馈通道的闭环结构形式。

3.1.3 模糊控制器的组成

模糊控制器的组成如图3-3所示。它包括:输入量模糊化接口、数据库、规则库、推理机和输出解模糊接口五个部分。

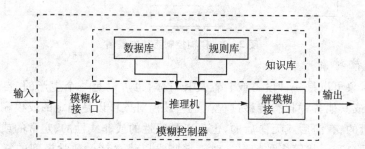

图3-3 模糊控制器的组成

(1)模糊化接口

模糊控制器的输入必须通过模糊化才能用于模糊控制输出的求解,因此它实际上是模糊控制器的接口。其主要作用是将精确的输入量转换成一个模糊矢量。

(2)数据库

数据库存放的是所有输入、输出变量的全部模糊子集的隶属度矢量值(即经过论域等级的离散化后对应值的集合),若论域为连续域,则为各变量的隶属函数。在规则推理的模糊关系求解中,数据库向推理机提供数据。但要说明的是,输入、输出变量的测量数据集不属于数据库存放范畴。

(3)规则库

规则库是用来存放全部模糊控制规则的机构,在推理时为"推理机"提供控制规则。规则库和数据库两部分组成了整个模糊控制器的知识库。

（4）推理机与解模糊接口

推理机是模糊控制器中,根据输入模糊量,由模糊控制规则完成模糊推理并获得模糊控制量的功能部分。解模糊接口则是完成对输出量的解模糊,提供一个可以驱动执行机构的精确量。推理机与解模糊通常由模糊控制器设计过程中编制的推理算法软件实现,目前具有该类功能的硬件芯片已经逐步被应用。

3.2　模糊控制基本原理

3.2.1　单输入单输出模糊控制原理

模糊控制的基本原理可由图3-4所示的单输入单输出控制系统说明。系统的核心部分为模糊控制器,如图中虚线框中部分所示。模糊控制器的控制规律实现过程如下:控制器经中断采样获取被控量的精确值,然后将此量与给定值比较得到偏差信号 e。一般选偏差信号 e 作为模糊控制器的一个输入量。把偏差信号 e 的精确量进行模糊量化变成模糊量 E,模糊量 E 可用相应的模糊语言值表示。至此,得到了偏差 e 的模糊语言集合的一个子集 E（E 实际是一个模糊向量）。再由 E 和模糊关系 R 根据推理的合成规则进行模糊推理,得到的模糊控制量 u 为

$$u = E \cdot R \tag{3.1}$$

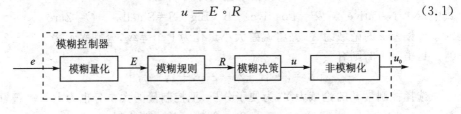

图3-4　模糊控制器原理

为了对被控对象施加精确的控制,还需要将模糊控制量 u 转换为精确量 u_0,这一步骤在图3-3中称为非模糊化处理（也称清晰化）。得到精确的数字控制量后,经D/A 转换成精确的模拟量送给执行机构,对被控对象进行一步控制。然后,中断等待第二次采样,进行第二步控制。这样循环下去,就实现了被控对象的模糊控制。

3.2.2　电热炉炉温模糊控制设计例证

为了说明模糊控制系统的工作原理,本节以一个很简单的单输入单输出温控系统为例进行介绍。

某电热炉用于金属零件的热处理,按热处理工艺要求需保持炉温 600 ℃恒定不变。因为炉温受被处理零件多少、体积大小以及电网电压波动等因素影响,容易波动,所以设计温控系统取代人工手动控制。

电热炉的供电电压是经可控硅整流电源提供的,它的电压连续可调。当调整可控硅触发电路中的偏置电压,即改变了可控硅导通角 α,于是可控硅整流电源的电压可根据需要连续可调。当人工手动控制时,根据对炉温的观测值,手动调节电位器旋

钮即可调节电热炉供电电压,达到升温或降温的目的。

人工操作控制温度时,根据操作工人的经验,控制规则可以用语言描述如下:

若炉温低于 600 ℃则升压,低得越多升压越高;

若炉温高于 600 ℃则降压,高得越多降得越低;

若炉温等于 600 ℃则保持电压不变。

采用模糊控制炉温时,控制系统的工作原理可叙述如下。

1. 模糊控制器的输入变量和输出变量

将炉温 600 ℃作为给定值 t_0,测量得到的炉温记为 t,则偏差

$$e = t_0 - t \tag{3.2}$$

作为模糊控制器的输入变量。

模糊控制器的输出变量是触发电压 u,该电压直接控制电热炉的供电电压的高低。所以输出变量又称为控制量。

2. 输入变量及输出变量的模糊语言描述

描述输入变量及输出变量的语言值的模糊子集为

$$\{ 负大,负小,0,正小,正大 \}$$

通常采用如下简记形式

$$\{ NB,NS,O,PS,PB \}$$

式中,N＝Negative　P＝Positive　B＝Big　S＝Small　O＝Zero

设偏差 e 的论域为 X,并将偏差大小量化为七个等级,分别表示为 $-3,-2,-1,0,+1,+2,+3$,则有

$$X = \{-3,-2,-2,0,+1,+2,+3\}$$

选择控制量 u 的论域为 Y,为便于分析,把控制量的大小分也为七个等级,即

$$Y = \{-3,-2,-2,0,+1,+2,+3\}$$

图 3-5 给出了这些语言变量的隶属函数曲线,表 3-1 列出了论域中不同元素对这些语言值的隶属度,表 3-1 也称为模糊变量的赋值表。

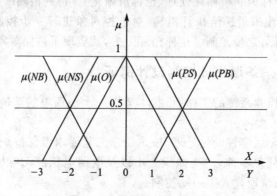

图 3-5　语言值的隶属函数

表 3-1　模糊变量的赋值表

量化等级 隶属度 语言值变量	-3	-2	-1	0	1	2	3
PB	0	0	0	0	0	0.5	1
PS	0	0	0	0	1	0.5	0
O	0	0	0.5	1	0.5	0	0
NS	0	0.5	1	0	0	0	0
NB	1	0.5	0	0	0	0	0

3. 模糊控制规则

根据手动控制策略,模糊控制规则可以归纳如下:

规则 1:若 e 负大,则 u 正大;

规则 2:若 e 负小,则 u 正小;

规则 3:若 e 为零,则 u 为零;

规则 4:若 e 正小,则 u 负小;

规则 5:若 e 正大,则 u 负大。

上述控制规则也可成如下形式:

规则 1:if $e=NB$ then $u=PB$

规则 2:if $e=NS$ then $u=PS$

规则 3:if $e=O$ then $u=O$

规则 4:if $e=PS$ then $u=NS$

规则 5:if $e=PB$ then $u=NB$

也可以用表格形式描述控制规则,表 3-2 所列称为控制规则表。

表 3-2　模糊控制规则表

e	NB	NS	O	PS	PB
u	PB	PS	O	NS	NB

4. 模糊控制规则的矩阵形式

在第 2 章中已经阐述,模糊规则实际上确定了 X 到 Y 的模糊蕴涵关系,记为 R。由于 X 和 Y 均为有限论域,因此 R 可以用矩阵表示,即

$$R=(NB_e \times PB_u) \bigcup (NS_e \times PS_u) \bigcup (O_e \times O_u) \bigcup (PS_e \times NS_u) \bigcup (PB_e \times NB_u)$$

$$(3.3)$$

式中,下角标 e、u 分别表示偏差和控制量。式(3.3)中

$$NB_e \times PB_u = \begin{bmatrix} 1 \\ 0.5 \\ 0 \\ 0 \\ 0 \\ 0 \\ 0 \end{bmatrix} \circ \begin{bmatrix} 0 & 0 & 0 & 0 & 0 & 0.5 & 1 \end{bmatrix} = \begin{bmatrix} 0 & 0 & 0 & 0 & 0 & 0.5 & 1 \\ 0 & 0 & 0 & 0 & 0 & 0.5 & 0.5 \\ 0 & 0 & 0 & 0 & 0 & 0 & 0 \\ 0 & 0 & 0 & 0 & 0 & 0 & 0 \\ 0 & 0 & 0 & 0 & 0 & 0 & 0 \\ 0 & 0 & 0 & 0 & 0 & 0 & 0 \\ 0 & 0 & 0 & 0 & 0 & 0 & 0 \end{bmatrix}$$

$$NS_e \times PS_u = \begin{bmatrix} 0 \\ 0.5 \\ 1 \\ 0 \\ 0 \\ 0 \\ 0 \end{bmatrix} \circ \begin{bmatrix} 0 & 0 & 0 & 0 & 1 & 0.5 & 0 \end{bmatrix} = \begin{bmatrix} 0 & 0 & 0 & 0 & 0 & 0 & 0 \\ 0 & 0 & 0 & 0 & 0.5 & 0.5 & 0 \\ 0 & 0 & 0 & 0 & 1 & 0.5 & 0 \\ 0 & 0 & 0 & 0 & 0 & 0 & 0 \\ 0 & 0 & 0 & 0 & 0 & 0 & 0 \\ 0 & 0 & 0 & 0 & 0 & 0 & 0 \\ 0 & 0 & 0 & 0 & 0 & 0 & 0 \end{bmatrix}$$

$$O_e \times O_u = \begin{bmatrix} 0 \\ 0 \\ 0.5 \\ 1 \\ 0.5 \\ 0 \\ 0 \end{bmatrix} \circ \begin{bmatrix} 0 & 0 & 0.5 & 1 & 0.5 & 0 & 0 \end{bmatrix} = \begin{bmatrix} 0 & 0 & 0 & 0 & 0 & 0 & 0 \\ 0 & 0 & 0 & 0 & 0 & 0 & 0 \\ 0 & 0 & 0.5 & 0.5 & 0.5 & 0 & 0 \\ 0 & 0 & 0.5 & 1 & 0.5 & 0 & 0 \\ 0 & 0 & 0.5 & 0.5 & 0.5 & 0 & 0 \\ 0 & 0 & 0 & 0 & 0 & 0 & 0 \\ 0 & 0 & 0 & 0 & 0 & 0 & 0 \end{bmatrix}$$

$$PS_e \times NS_u = \begin{bmatrix} 0 \\ 0 \\ 0 \\ 0 \\ 1 \\ 0.5 \\ 0 \end{bmatrix} \circ \begin{bmatrix} 0 & 0.5 & 1 & 0 & 0 & 0 & 0 \end{bmatrix} = \begin{bmatrix} 0 & 0 & 0 & 0 & 0 & 0 & 0 \\ 0 & 0 & 0 & 0 & 0 & 0 & 0 \\ 0 & 0 & 0 & 0 & 0 & 0 & 0 \\ 0 & 0 & 0 & 0 & 0 & 0 & 0 \\ 0 & 0.5 & 1 & 0 & 0 & 0 & 0 \\ 0 & 0.5 & 0.5 & 0 & 0 & 0 & 0 \\ 0 & 0 & 0 & 0 & 0 & 0 & 0 \end{bmatrix}$$

$$PB_e \times NB_u = \begin{bmatrix} 0 \\ 0 \\ 0 \\ 0 \\ 0 \\ 0.5 \\ 1 \end{bmatrix} \circ \begin{bmatrix} 1 & 0.5 & 0 & 0 & 0 & 0 & 0 \end{bmatrix} = \begin{bmatrix} 0 & 0 & 0 & 0 & 0 & 0 & 0 \\ 0 & 0 & 0 & 0 & 0 & 0 & 0 \\ 0 & 0 & 0 & 0 & 0 & 0 & 0 \\ 0 & 0 & 0 & 0 & 0 & 0 & 0 \\ 0 & 0 & 0 & 0 & 0 & 0 & 0 \\ 0.5 & 0.5 & 0 & 0 & 0 & 0 & 0 \\ 1 & 0.5 & 0 & 0 & 0 & 0 & 0 \end{bmatrix}$$

因而有

$$R = \begin{bmatrix} 0 & 0 & 0 & 0 & 0.5 & 1 \\ 0 & 0 & 0 & 0 & 0.5 & 0.5 & 0.5 \\ 0 & 0 & 0.5 & 0.5 & 1 & 0.5 & 0 \\ 0 & 0 & 0.5 & 1 & 0.5 & 0 & 0 \\ 0 & 0.5 & 1 & 0.5 & 0.5 & 0 & 0 \\ 0.5 & 0.5 & 0.5 & 0 & 0 & 0 & 0 \\ 1 & 0.5 & 0 & 0 & 0 & 0 & 0 \end{bmatrix}$$

5. 模糊推理

模糊控制器的模糊输出通过偏差的模糊向量 E 和模糊关系 R 的合成求取,即

$$u = E \circ R \tag{3.4}$$

根据表 3-1,当 $e = PS$ 时,则有

$$u = E \circ R = \begin{bmatrix} 0 & 0 & 0 & 0 & 1 & 0.5 & 0 \end{bmatrix} \circ \begin{bmatrix} 0 & 0 & 0 & 0 & 0.5 & 1 \\ 0 & 0 & 0 & 0 & 0.5 & 0.5 & 0.5 \\ 0 & 0 & 0.5 & 0.5 & 1 & 0.5 & 0 \\ 0 & 0 & 0.5 & 1 & 0.5 & 0 & 0 \\ 0 & 0.5 & 1 & 0.5 & 0.5 & 0 & 0 \\ 0.5 & 0.5 & 0.5 & 0 & 0 & 0 & 0 \\ 1 & 0.5 & 0 & 0 & 0 & 0 & 0 \end{bmatrix} =$$

$$\begin{bmatrix} 0.5 & 0.5 & 1 & 0.5 & 0.5 & 0 & 0 \end{bmatrix}$$

或写成

$$u = \frac{0.5}{-3} + \frac{0.5}{-2} + \frac{1}{-1} + \frac{0.5}{0} + \frac{0.5}{1} + \frac{0}{2} + \frac{0}{3} \tag{3.5}$$

需要注意的是,通过模糊推理得到的模糊控制器输出是模糊语言值,是一个模糊集合,并且该模糊集合 u 不一定是凸模糊集,也不一定是正规则模糊集。

6. 控制量的模糊量转化为精确量

对式(3.5)按最大隶属度法(第 4 章将详细说明)解模糊,则控制量 u 应选取 "-1"级。即当偏差 $e = PS$ 时,控制量 $u_0 = -1$,具体地说当炉温偏高时,应降低一点电压。

实际控制时,控制量"-1"级要再转换为精确的物理量才有效。"-1"这个等级的控制电压精确值可根据事先确定的范围计算出来。通过这个精确量去控制电热炉的电压,会使炉温朝着减小偏差的方向变化。

7. 模糊控制表

求得模糊关系 R 以后,根据式(3.4)可以按偏差 E 求出控制量 u。进一步分析模糊关系 R 可以看出,R 矩阵每一行正是对偏差 E 每个量化等级所引起的模糊响应。为了清楚起见,将模糊关系 R 写成如下形式

$$
R = \begin{array}{c|ccccccc}
X\backslash Y & -3 & -2 & -1 & 0 & 1 & 2 & 3 \\
\hline
-3 & 0 & 0 & 0 & 0 & 0 & 0.5 & \boxed{1} \\
-2 & 0 & 0 & 0 & 0 & 0.5 & 0.5 & 0.5 \\
-1 & 0 & 0 & 0.5 & 0.5 & \boxed{1} & 0.5 & 0 \\
0 & 0 & 0 & 0.5 & \boxed{1} & 0.5 & 0 & 0 \\
1 & 0 & 0.5 & \boxed{1} & 0.5 & 0.5 & 0 & 0 \\
2 & 0.5 & 0.5 & 0.5 & 0 & 0 & 0 & 0 \\
3 & \boxed{1} & 0.5 & 0 & 0 & 0 & 0 & 0
\end{array}
$$

式中 X 所在行对应偏差论域，Y 所在列对应模糊控制器输出量论域。从模糊关系 R 中要获得偏差 e 所引起的响应，可以采取在每一行按最大隶属度的原则进行确定，如 R 中加框的元素所在的列对应论域 Y 中的量化等级，即为模糊输出。

例如 R 中第五行第三列的加框元素是 1，说明它是该行峰域中心值。该元素所在行对应偏差论域 X 中的 1 级，所在列对应控制量论域 Y 中的 -1 级。具体地说，当检测得到的偏差是 1 级时，模糊控制器的输出就是 -1 级，即模糊控制器输出的控制量是 $u_0 = -1$。如果每一行峰域中心值相同，则取其对应列的元素均值作为模糊控制器输出量。例如 R 中第二行对应的控制量是 $u_0 = (1+2+3)/3 = 2$。

对于偏差论域中的每个量化等级，均可以从 R 中确定一个输出量，可以列成表 3-3，这个表称为模糊控制器响应表，也称控制表。这个控制表可以用程序写入控制器，控制器以查表方式控制被控对象，所以控制表有时也称为查询表。

表 3-3　模糊控制表

e	-3	-2	-1	0	1	2	3
u_0	3	2	1	0	-1	-2	-3

如果用论域 X、Y 分别作为横轴和纵轴，对于偏差 e 的每一个等级所对应的响应值作为控制器的清晰输出值，可以做出图 3-6 所示的单变量模糊控制器的动态响应特性。图中箭头方向指出了动态控制过程中偏差的总趋势，最终进入 0 等级。

上述电热炉温控过程采用的模糊控制器只选用偏差作为输入变量，从图 3-5 可以看出，模糊控制器此时近似于一个一维的多值继电器，这样的模糊控制器的控制性能还不能令人满意。这是因为对于这类控制器，只要偏差相同，则无论当前偏差是在快速增大或在快速减小，执行的控制行为是相同的，这必然导致系统的控制性能变差。

本节的目的在于，通过一个简单的温控系统说明模糊控制算法的基本工作原理，为进行模糊控制器设计奠定基础。

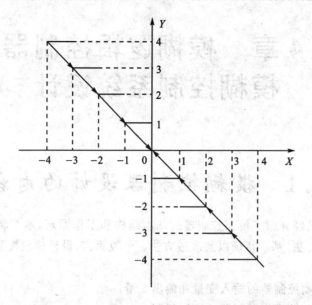

图 3 - 6　单变量模糊控制器的动态响应特性

第4章 模糊逻辑控制器及模糊控制系统设计

4.1 模糊控制器设计的内容

第3章中已经介绍了模糊控制器的基本结构和工作原理,本章将着重介绍模糊控制器的设计方法、基本特征以及改进方法。一般而言,设计模糊控制器主要包括以下几项内容:

① 确定模糊控制器的输入变量和输出变量;
② 归纳和总结模糊控制器的控制规则;
③ 确定模糊化和非模糊化的方法;
④ 选择论域并确定有关参数;
⑤ 模糊控制器的软、硬件实现。

4.2 模糊控制器结构设计

4.2.1 输入输出变量的确定

由于人对具体事物的逻辑思维一般不超过三维,所以基于经验提取的模糊控制输入变量一般也不超过三个。在手动控制过程中,基于偏差控制思想,偏差、偏差的变化以及偏差变化的速率是最主要的控制信息。但是,人对偏差、偏差变化以及偏差变化的速率这三个信息的敏感程度是完全不同的。人对偏差最为敏感,其次是偏差变化的速率,再次是偏差变化的速率。比如,飞机追击的目标为一敌机,驾驶员为了追上目标,首先观测的是偏差(包括距离和航向),其次是偏差的变化情况,综合这两方面的情况,驾驶员进行操纵飞机追击目标。但是还必须提出,单凭偏差、偏差的变化这两个信息量还是不充分的,驾驶员还需第三个信息,即偏差变化的速率,信息才能完整充分。驾驶员根据这三个信息量在头脑中加以权衡决策,给出必要的操纵,不断地观测,不断地调整,最终逼近目标。

由于模糊控制器的控制规则是根据手动控制的大量实践总结出来的,因此模糊控制器的输入变量自然也有三个:即偏差、偏差的变化和偏差变化的速率;而输出变量则一般选择为控制量的变化,即增量。对于复杂被控对象,输出变量可以有多个,本书讨论只有一个输出变量的系统。

4.2.2　模糊控制器结构的选择

根据第 3 章介绍的模糊控制器的组成,所谓模糊控制器的结构选择,就是确定模糊控制器输入、输出变量。通常模糊控制器根据输入输出物理变量的个数分为单变量模糊控制器和多变量模糊控制器,而不是以控制器输入输出量的个数来分。因为在模糊控制系统中,往往把一个被控制量的偏差、偏差变化和偏差变化的速率作为模糊控制器的输入。从形式上看,这时的输入量应该是三个,但它们所反映的还是同一个物理量,因此,通常把这样的模糊控制器称为单变量模糊控制器。本书只讨论单变量模糊控制器。

模糊控制器输入变量的个数,称为模糊控制器的维数。如果模糊控制器有一个输入变量,那么该控制器称为一维模糊控制器;如果模糊控制器有两个输入变量,那么该控制器称为二维模糊控制器。类似地,如果模糊控制器有三个输入变量,那么该控制器称为三维模糊控制器。

图 4-1 是一维、二维和三维模糊控制器的结构。模糊控制器的维数越高,控制效果就越好,但维数的增加会使算法实现困难增大。由于一维模糊控制器的输入变量只选择偏差,很难反映受控过程的动态特性品质,所以它的动态性能不佳。目前用的最多的是二维模糊控制器,三维及三维以上的多维模糊控制器会使控制规则复杂化,推理运算时间加长,除非对动态特性要求特别高的场合,一般较少选用三维模糊控制器。

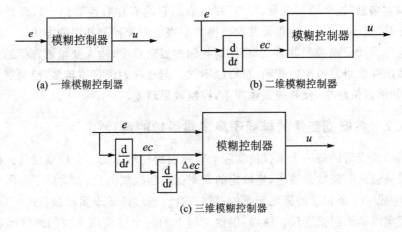

(a) 一维模糊控制器　　　　　　　　(b) 二维模糊控制器

(c) 三维模糊控制器

图 4-1　模糊控制器的维数

4.3　模糊控制规则设计

4.3.1　输入输出变量词集的选择

模糊控制器的输入量和输出量称为语言变量。如用 $e(t)$ 描述"偏差";用 $ec(t)$ 描述"偏差变化";用 $u(t)$ 描述"控制量",这里"偏差"、"偏差变化"及"控制量"都是语言变量。像数值变量取值一样,语言变量也有它的取值,称为语言值。例如 $e(t)$ 在 $t=2$ 时 $e(2)=0.1$。

一般选用"大、中、小"三个词汇来描述输入输出变量的状态。由于人的行为在正、负两个方向的判断基本是对称的,将大、中、小再加上正、负两个方向(极性)并考虑零状态,这样一共就有七个词汇,即

{负大,负中,负小,零,正小,正中,正大}

或用英文字头缩写的形式表示为

{NB,NM,NS,ZO,PS,PM,PB}

采用 NB,NM,NS,ZO,PS,PM,PB 表示语言变量的取值,意义明确,简单方便。有些教科书中,为了更简便地表示语言变量的取值,采用整数来表示

{−3,−2,−1,0,1,2,3}

即"−3"表示"NB";"−2"表示"NM";"−1"表示"NS","0"表示"ZO";"1"表示"PS";"2"表示"PM","3"表示"PB"。当然,这里的数字并不表示语言变量的实际数值。例如,"偏差"这个语言变量,"−1"并不表示它的实际数值就是−1,而是表示这时的偏差是"负小"。语言变量及其取值提供了表达专家控制知识的方法。

在实际设计模糊控制器时,根据控制问题的复杂程度,输入变量语言值的个数既可以和输出变量语言值个数相同,也可以不同。但选择的语言值越多,控制规则越复杂;选择的语言值越少,控制规则越简单,控制效果越差。

4.3.2　各模糊变量的模糊子集隶属函数的选择

模糊语言变量的每一个语言值实际上对应模糊论域上的一个模糊集合。模糊集合最终要通过隶属函数来描述,将确定的隶属函数曲线离散化,就得到了有限个点的隶属度,构成了一个相应的模糊变量的模糊集合。连续论域隶属函数描述比较准确,离散论域隶属函数简便直观。所以,模糊论域上的一个连续或离散的隶属函数就代表着一个模糊变量的语言值。

例 4.1　已知论域 X 中的元素 x 对模糊变量 A 的隶属度如下

$$X=\{-6,-5,-4,-3,-2,-1,0,1,2,3,4,5,6,\}$$

$$\mu_A(2)=\mu_A(6)=0.2;\mu_A(3)=\mu_A(5)=0.7;\mu_A(4)=1$$

在论域 X 内,除 $x=2,3,4,5,6$ 点外,其余离散点上的隶属度均为0,此时模糊变

量的模糊子集可以表示为

$$A = \frac{0.2}{2} + \frac{0.7}{3} + \frac{1}{4} + \frac{0.7}{5} + \frac{0.2}{6}$$

根据模糊子集 A 可以画出 A 的隶属函数曲线,如图 4 - 2 所示。

统计结果表明,用高斯型(正态型)模糊变量来描述人进行控制活动时的模糊概念是比较适宜的。常用隶属函数的曲线表示可以参见第 2 章。

1. 语言值的隶属函数曲线形状与系统性能的关系

隶属函数曲线形状一般应对称于中心值分布,但对于相同类型的隶属函数曲线而言,不同的隶属函数曲线形状会导致不同的控制效果。图 4 - 3 所示的三个模糊子集 A、B、C 的隶属函数曲线形状不同,当输入变量在 A、B、C 上变化相同时,由此所引起的输出变化是不同的。A 的形状最尖,它的分辨率也最高;C 的形状最缓,它的分辨率最低;B 的分辨率居中。

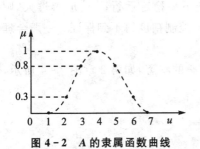

图 4 - 2　A 的隶属函数曲线

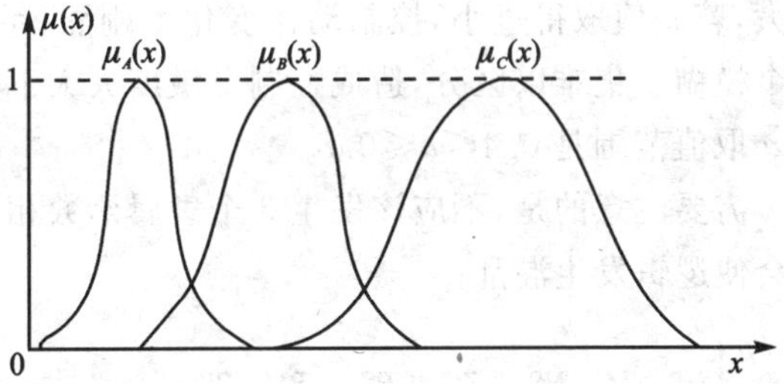

图 4 - 3　不同形状的隶属函数

因此,隶属函数曲线形状较尖的模糊子集,其分辨率较高,控制灵敏度也高;相反,隶属函数曲线形状较平缓,控制特性也就比较平缓,稳定性能也较好。实际应用中,考虑到计算量的问题,常用的隶属函数图形是三角形函数,并且按图 4 - 4 所示对称分布。

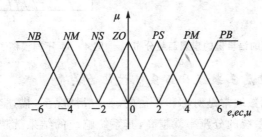

图 4 - 4　三角形隶属函数的分布

2. 语言值的隶属函数分布与系统性能的关系

为了使控制系统在要求的范围内能够很好地实现控制,在选择描述某一模糊变量的各个模糊子集时,要使它们在整个论域上分布合理,隶属函数的分布必须覆盖语言变量的整个论域。通常的方法是:在定义这些模糊子集时要注意使论域中任何一点对这些模糊子集的隶属度的最大值不能太小,否则,将会出现"空挡",在这样的点附近将出现控制动作死区,从而导致失控。如图4-5所示的隶属函数分布就具有"空挡",这是应当避免的。

基于隶属函数分布对系统性能的影响,有人提出非均匀分布的隶属函数,隶属函数在靠近中心点附近分布较密,在远离中心点区域分布较疏。即在偏差较大的区域采用低分辨率的模糊集合,在偏差较小的区域选择较高分辨率的模糊集合,在偏差接近于零时选用高分辨率的模糊集合,达到了控制精度高而稳定性好的控制效果。有兴趣的读者可参见相关文献。

3. 语言值的隶属函数相互关系与系统性能的关系

相邻隶属函数的相互关系对系统性能的影响程度,一般可用 a 值(两个模糊子集的交集的最大隶属度)大小来描述,如图4-6所示。当 a 值较小时,控制动作的灵敏度较高;而 a 值较大时,具有较好的适应系统参数变化的能力。a 值不宜取得过小或过大,若 a 值取得过小,控制动作变化太剧烈,系统不易稳定运行;a 值取得过大,则两个模糊子集难以区分,造成控制灵敏度大大下降,控制精度得不到保证。一般合理的 a 取值范围是 $0.4 \leqslant a \leqslant 0.8$。

需要注意的是,不应该发生3个隶属函数相交叠的状态,如第2章图2-4所示,这会使逻辑发生混乱。

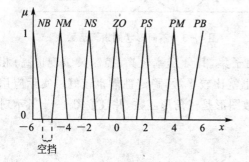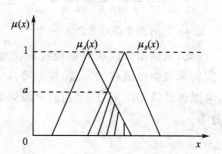

图4-5　出现"空挡"的语言值的隶属函数分布　　图4-6　不同模糊子集的相互关系

4. 语言值的隶属函数数目与系统性能的关系

变量所取隶属函数通常是对称和平衡的。一般情况下,描述变量的模糊集合安排得越多,模糊控制系统的分辨率就越高,其系统响应的结果就越平滑;但模糊规则增多,计算时间会增加,设计困难也加大。如果描述变量的模糊集合安排得太少,则其系统的响应可能会太不敏感,并可能无法及时提供输出控制跟随小的输入变化,导致系统的输出在期望值附近振荡。实践表明,论域中元素个数应大于13个,一般取3～9个描述变量的模糊集合为宜,并且通常取奇数个。当论域元素总数是描述变量的模糊集合总数的2～3倍时,模糊集合对论域的覆盖程度较好。在"零"、"适中"或"正常"集合的两边,模糊集合通常是对称的。

4.3.3　模糊控制规则的建立

1. 模糊规则的类型

模糊控制器的控制规则是以手动控制策略为基础的。它利用模糊集合理论将手动控制策略上升为具体的数值运算,根据推理运算的结果做出相应的控制动作,使执行机构控制被控对象的运行。

要建立模糊控制器的控制规则,就是要利用语言来归纳手动控制过程中所使用的控制策略。手动控制策略一般都可以用"if—then"形式的条件语句来加以描述。下面以手动控制水温为例,总结常见的模糊条件语句及其对应的模糊关系 R,这里的模糊关系 R 均按玛达尼法给出。

① if A then B(若 A 则 B)

$$R = A \times B$$

例句:若液位偏低则开大进水阀门。

② if A then B else C(若 A 则 B 否则 C)

$$R = (A \times B) \bigcup (A^c \times C)$$

例句:若水温高则加点冷水,否则加点热水。

③ if A and B then C(若 A 且 B 则 C)

$$R = (A \times B) \cdot (B \times C) = A \times B \times C$$

例句:若液位偏高且液位继续上升,则关小进水阀门。

④ if (A or B) and (C or D) then E(若 A 或 B 且 C 或 D 则 E)

$$R = [(A + B) \times E] \cdot [(C + D) \times E]$$

例句:若液位高或偏高一点且液位继续上升很快或较快,则进水阀门多关一点。

⑤ if A then B and if A then C(若 A 则 B 且若 A 则 C)

$$R = (A \times B) \cdot (A \times C)$$

例句:若水温已到,则停止进热水,也停止进冷水。

⑥ if A then B or if C then D(若 A 则 B 或若 C 则 D)

$$R = (A \times B) \bigcup (C \times D)$$

例句:若液位偏高则关小进水阀门,若液位偏低则开大一点进水阀门。

建立好的规则可以写成规则表的形式。对于二输入模糊控制器,规则格式如表 4-1 所列。由模糊推理可知,对于 n 条模糊规则可以得到 n 个输入输出关系矩阵 $R_1, R_2, \cdots, R_n$,从而由模糊规则的合成算法可得系统总的模糊关系矩阵 R 为

$$R = \bigcup_{i=1}^{n} R_i$$

表 4 - 1　控制规则表

u	e						
	NB	NM	NS	ZO	PS	PM	PB
NB	NB	NB	NM	NM	NS	NS	ZO
NM	NB	NM	NM	NS	NS	ZO	PS
NS	NM	NS	NS	NS	ZO	PS	PS
ec　ZO	NM	NS	NS	ZO	PS	PS	PM
PS	NS	NS	ZO	PS	PS	PM	PM
PM	NS	ZO	PS	PS	PM	PM	PB
PB	ZO	PS	PS	PM	PM	PB	PB

2. 模糊规则的数目

建立模糊规则首先要决定受控系统有哪些输入的状态必须被检测,哪些输出的控制作用是必须的。根据输入和输出变量的个数,可以求出所需要规则的最大数目为

$$N = n_{\text{out}} \cdot (n_{\text{level}})^{n_{\text{in}}}$$

式中:n_{in} 是输入变量的个数,n_{out} 是输出变量的个数,n_{level} 是模糊集合数目。

当 n_{in} 较大时,N 将是一个巨大的数。在实际应用中,有五个输入变量的情况并不少见,例如当 $n_{\text{in}} = 5$,$n_{\text{level}} = 3$,则 $(n_{\text{level}})^{n_{\text{in}}} = 3^5 = 243$,若 $n_{\text{level}} = 5$,则 $(n_{\text{level}})^{n_{\text{in}}} = 5^5 = 3\ 125$。在一个模糊系统中采用数千条规则是不现实的,这称为"维度灾难"。实际上有的规则组合状态不会出现,系统真正用到的规则数也不会有这么多,这种情况可以采用多级模糊系统加以克服,也可以采用以下经验公式限制规则数目,即

$$N = n_{\text{out}} \cdot [n_{\text{in}} \cdot (n_{\text{level}} - 1) + 1]$$

由于在选择最佳模糊控制规则数时需要考虑一系列的因素(如控制器的性能、计算效率、操作工的行为和语言变量的选择等),所以不存在一种通用的确定规则数目的方法。在一般小系统中也许只用几条规则,但在大型系统中可能要用几百条规则。模糊控制规则数目的确定具有一定的随意性,并且在设计、调试过程中,甚至在已经完成之后都可随时增加新的规则。但是模糊控制规则数目的增加会导致系统响应速度变慢,有可能会影响控制的实时性。一些学者注意到,当模糊控制规则的数目增加到足够大时,将对被控过程的影响很小甚至没有影响,从而产生了模糊控制器的极限结构理论。应用极限结构分析定性表明,简单地增加规则并不一定会给控制过程带来益处,所以在实际设计时,要根据具体问题合适地选择模糊集和规则的数目。

3. 模糊规则的建立方法

模糊控制规则是模糊控制的关键,如何建立模糊控制规则库是模糊控制器设计的核心问题。下面是几种建立规则库的常用方法,它们之间并不相互排斥,结合这些方法可以更好的建立规则库。

① 基于专家经验和实际操作过程　这是最常用的规则建立方法。通过总结人类专家的经验,并用适当的语言描述,可表示成模糊控制规则库的形式。在此基础上,再经过一定的摸索调整,最终获得满足性能要求的控制规则。

② 基于对象的模糊模型　对于一些复杂系统的动态过程,难以使用微分方程、传递函数、状态方程等数学方法加以描述,此时可采用语言的方法来描述,这称为模糊模型。基于模糊模型可以建立起相应的模糊控制规律,由此设计的系统是纯粹的模糊系统,这种基于对象的模糊模型比较适合进行理论分析。

③ 基于学习　许多模糊控制以模仿人的决策行为为主,很少具备类似人的学习能力,即根据经验和知识生成模糊控制规则,并对它们进行修改的能力。基于学习能力开发的控制系统称为自组织控制,模糊自组织控制是一种具有学习功能的模糊控制,它具有分层递阶结构,包括两个规则库。第一个规则库是一般模糊控制规则库,第二个规则库由宏规则组成,它能够根据系统的整体性能要求从量测到的数据中获取并修改第一个规则库的规则,从而显示类似人的学习能力。这种方法适用于多变量复杂系统,典型方法有 Wang - Mendel 方法。

总之,建立规则库的原则是能完整反映被控对象的动态特性。对于任意的输入应确保至少有一个可使用的规则与之对应,而且规则的适用度应大于一定的数。当偏差较大时,控制量的变化应尽量使偏差减小;当偏差较小时,除要消除偏差外,还要防止超调,保证系统稳定性为主。控制规则数目应适当,在满足完备性的条件下,尽量取较少的规则数。控制规则的内容要具有相容性,相同的控制规则前件应导致相同的后件不能相互矛盾。

4.3.4　模糊化和解模糊化方法

1. 模糊化方法

由于模糊控制器的输入信号是经传感器检测到的精确量,输出量是驱动执行机构的物理量,同样是精确量,而进行模糊推理需要模糊量,这样就需要在模糊控制算法实现过程中,能够进行输入输出变量精确量与模糊量之间的相互转换。

将精确量(实际上是数字量)转化为模糊量的过程称为模糊化或称模糊量化。模糊化一般采用的方法是玛达尼法。即如果精确量 x 的实际变化范围为 $[a,b]$($[a,b]$ 也称为基本论域),则把 $[a,b]$ 映射为区间 $[-6,6]$,并使之离散化,构成论域 $[-6,6]$ 内的含有 13 个整数元素的离散集合 A,即

$$A=\{-6,-5,-4,-3,-2,-1,0,1,2,3,4,5,6\}$$

这个过程称为"分级"。若 $x\in[a,b]$,将 x 映射为 $[-6,6]$ 内的离散变量为 y,则 y 与 x 的转换公式为

$$y=\frac{12\left[x-\dfrac{a+b}{2}\right]}{b-a} \tag{4.1}$$

由式(4.1)计算出的 y 值若不是整数,可以把它归入最接近于 y 的整数,例如 $-4.8\rightarrow$ -5, $2.7\rightarrow3$。

然后,再将区间$[-6,6]$分为若干个档次,每一档对应一个语言值,每个语言值对应一个模糊集合。若分为 7 档,则有

$$\{PB,PM,PS,ZO,NS,NM,NB\}$$

这个过程称为模糊分割,或称"分档"。一般说来,模糊划分越细,控制精度越高,但过细的划分将增加模糊规则数目,使控制器复杂化。目前尚无确定模糊分割数的指导性方法和步骤,主要靠经验和摸索。

这样,离散后的 $y,y\in A$ 便与语言变量建立了对应关系。区间$[-6,6]$内的任意连续量都能用模糊量来表示,这也为后续的模糊推理合成提供了方便。有些文献将输入变量基本论域映射为$[-6,6]$论域内的模糊控制器,称为"标准"模糊控制器。

2. 解模糊法

通过模糊推理得到的结果是一个模糊量,或者说是模糊集合。但是,在模糊控制系统中,需要一个确定的值作为控制信号驱动执行机构。从输出量模糊集合中抽取一个能代表推理结果的精确值的过程,称为解模糊,或称精确化、模糊判决、去模糊。解模糊方法很多,常用的解模糊方法有以下 3 种。

(1) 重心法

所谓重心法,就是对于输出论域 V 上的模糊集合 N,其隶属函数曲线与横坐标围成了一个形状不规则的图形,取该图形面积重心的横坐标作为模糊集合的解模糊结果 u_0。从理论上说,应该计算输出范围内一系列连续点的重心,即

$$u_0 = \frac{\int_V x\mu_N(x)\mathrm{d}x}{\int_V \mu_N(x)\mathrm{d}x} \tag{4.2}$$

式中:$\int$ 表示积分。

例 4.2 已知图 4-7 所示输出变量隶属函数,按重心法解模糊可得:

$$y_0 = \frac{\int_2^4 \frac{1}{4}(y-2)y\mathrm{d}y + \int_4^6 0.5y\mathrm{d}y + \int_6^8 \frac{1}{4}(8-y)y\mathrm{d}y +}{\int_2^4 \frac{1}{4}(y-2)\mathrm{d}y + \int_4^6 0.5\mathrm{d}y + \int_6^8 \frac{1}{4}(8-y)\mathrm{d}y +}$$

$$\frac{\int_4^8 \frac{1}{4}(y-4)y\mathrm{d}y + \int_8^{10} \frac{1}{2}(10-y)y\mathrm{d}y}{\int_4^8 \frac{1}{4}(y-4)\mathrm{d}y + \int_8^{10} \frac{1}{2}(10-y)\mathrm{d}y} = 6.4$$

如果 V 是一个含有 m 个元素的离散论域时,那么

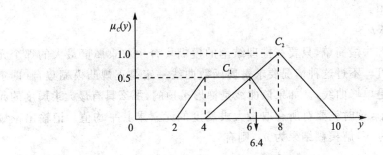

图 4 - 7　例 4.2 输出变量隶属函数

$$u_0 = \frac{\sum\limits_{i=1}^{m} x_i \cdot \mu_N(x_i)}{\sum\limits_{i=1}^{m} \mu_N(x_i)} \tag{4.3}$$

式中：$\sum$ 表示求和，此时的最大隶属度法也称为系数加权平均法。

例 4.3　已知"水温适中"的模糊集合 A 是

$$A = \frac{0.0}{0} + \frac{0.0}{10} + \frac{0.33}{20} + \frac{0.67}{30} + \frac{1.0}{40} + \frac{1.0}{50} + \frac{0.75}{60} + \frac{0.5}{70} + \frac{0.25}{80} + \frac{0.0}{90} + \frac{0.0}{100}$$

求按重心法解模糊。

解　由于 A 是离散集合，所以按式 (4.3) 有

$$\sum x_i \cdot \mu_N(x_i) = 0 \times 0.0 + 10 \times 0.0 + 20 \times 0.33 + 30 \times 0.67 + 40 \times 1.0 +$$
$$50 \times 1.0 + 60 \times 0.75 + 70 \times 0.5 + 80 \times 0.25 + 90 \times 0.0 + 100 \times 0.0 = 216.7$$

$$\sum \mu_N(x_i) = 0.0 + 0.0 + 0.33 + 0.67 + 1.0 +$$
$$1.0 + 0.75 + 0.5 + 0.25 + 0.0 + 0.0 = 4.5$$

所以

$$u_0 = \frac{216.7}{4.5} = 48.2$$

这个结果表明，对于"水温适中"的模糊集合的代表值是 48.2 ℃。

有时为了计算方便，也常将连续论域的输出量隶属函数近似为离散论域计算，即将隶属函数曲线与横坐标围成的形状不规则图形的拐点作为离散论域模糊集合元素，例 4.2 中的隶属函数可以按离散论域近似为

$$Y = \frac{0}{2} + \frac{0.5}{4} + \frac{0.5}{6} + \frac{1}{8} + \frac{0}{10}$$

再按系数加权法解模糊可得

$$u_0 = \frac{0 \times 2 + 0.5 \times 4 + 0.5 \times 6 + 1 \times 8 + 0 \times 10}{0 + 0.5 + 0.5 + 1 + 0} = 6.5$$

这个值与在连续论域内求得的解模糊值 (6.4) 差异不大，但计算简化很多。

重心法利用了输出论域中每一个元素的隶属度信息，因此采用重心法得到的解

模糊结果比较平坦。

（2）最大隶属度法

最大隶属度方法最简单，只要在推理结论的模糊集合中取隶属度最大的那个元素作为输出量即可。不过这种情况要求隶属函数曲线一定是正规凸模糊集合（即隶属函数曲线只能是单峰曲线）。如果该曲线是梯形平顶的，那么具有最大隶属度的元素就可能不止一个，这时就要对所有取最大隶属度的元素求其平均值。记输出论域 V 上的模糊集合为 N，解模糊结果为 u_0，则有

$$u_0 = \operatorname*{argmax}_{u \in V} \mu_N(u) \tag{4.4}$$

对于例 4.3"水温适中"模糊集合，按最大隶属度法解模糊，就要对所有取最大隶属度的元素 40 和 50 求平均值，即取

$$u_0 = \frac{40+50}{2} = 45$$

最大隶属度法直观合理且运算简便，但模糊集合 N 的微小变化可能造成解模糊结果 u_0 的很大变化，所以最大隶属度法常用在控制精度要求不高的场合。

（3）中位数法

中位数法是全面考虑推理结论模糊集合各部分信息作用的一种方法，其原理是对于输出论域 V 上的模糊集合为 N，其隶属函数曲线与横坐标所围成了一个形状不规则的图形，用平行于纵轴的直线切割该图形。该图形的面积被分成两部分，那么该直线与横轴的交点即为解模糊结果 u_0。设模糊推理的输出为模糊量 N，如果存在 u_0，并且使

$$\sum_{u_{\min}}^{u_0} u_i \cdot \mu_N(u_i) = \sum_{u_0}^{u_{\max}} u_i \cdot \mu_N(u_i) \tag{4.5}$$

则取 u_0 为解模糊后所得的精确值。

可以看出，对于同一个推理结论的模糊集合，采用不同的解模糊方法所得到的结果会有所不同。不同解模糊判决方法的性能比较如下：

① 重心法不仅有公式可循，而且在理论上比较合理，它涵盖和利用了模糊集合的所有信息，并根据隶属度的不同而有所侧重，但由于计算较为复杂，可用于理论推导和实时性要求不高的场合。

② 最大隶属度法的明显优点是简单易行，使用方便，算法实时性好。但是，它的一个明显缺点是：仅仅利用了最大隶属度的信息，忽略了较小隶属元素的影响和作用，输出信息利用的太少，可能使推理结果失去控制意义。所以，它适用于性能要求较一般的模糊系统。

③ 中位数法虽然比较充分地利用了模糊集合提供的信息量，考虑了所有信息的作用，但是它的计算过程较为麻烦，而且缺乏对隶属度较大元素提供主导信息的充分重视。因此，中位数法虽然是比较全面的解模糊方法，但在实际的控制系统中应用并不普遍。

④ 研究表明，加权平均法比中位数法具有更佳的性能，而中位数法的动态性能要优于加权平均法，静态性能则略逊于加权平均法。研究还表明，使用中位数法的模糊控制器类似于多值继电控制，加权平均法则类似于 PI 控制器。一般情况下，这两种方法都优于最大隶属度法。

总之，在上面提到的各种不同的解模糊判决方法中，如果考虑充分利用模糊推理结果中模糊集合提供的有用信息量，就会导致计算繁琐，否则就会或多或少丢掉一些有用信息。因此，要根据系统的具体情况，如系统的复杂程度以及控制精度等，适当地确定解模糊方法。

4.3.5 论域、量化因子和比例因子

1. 论 域

将模糊控制器的输入变量偏差、偏差变化的实际范围称为这些变量的基本论域。显然，基本论域内的量为精确量。记偏差 $e(t)$ 的基本论域为 $[-x_e, x_e]$，偏差变化 $ec(t)$ 的基本论域为 $[-x_{ec}, x_{ec}]$。被控对象实际所要求的控制量变化范围，称为模糊控制器输出变量（控制量）的基本论域，设为 $[-y_u, y_u]$，控制量在基本论域内也是精确量。

设偏差变量所取的模糊子集论域为

$$\{-n, -n+1, \cdots, 0, \cdots, n-1, n\}$$

偏差变化量所取的模糊子集论域为

$$\{-m, -m+1, \cdots, 0, \cdots, m-1, m\}$$

控制量所取的模糊子集论域为

$$\{-l, -l+1, \cdots, 0, \cdots, l-1, l\}$$

有关论域选择的问题，一般选偏差论域的 $n \geqslant 6$，选偏差变化论域的 $m \geqslant 6$，选控制量论域的 $l \geqslant 6$。这是因为语言变量的取值多半选为 7 个（或 8 个），这样才能保证模糊集论域中所含元素个数为模糊语言值的二倍以上，确保模糊集能较好地覆盖论域，避免出现失控现象。

值得指出的是，从道理上讲，增加论域上元素的个数，即把等级细分，可提高控制精度，但这受到计算机字长的限制，另外也要加大计算量。因此，把等级分得过细，对于模糊控制必要性不大。

2. 量化因子

在实现模糊控制算法时，通过每隔一定时间（采样周期）采样被控对象的输出信号（数字量）后，把该数字量和内部数字设定信号（参考输入信号）进行比较就可以得到当前的输入变量信号（偏差信号）。通过前后两次采样对应的偏差信号除以时间间隔就是偏差变化率信号。为了进行模糊运算，必须把这两个精确量转换为模糊集论域中的某一个相应的值。这实际上就是要进行基本论域（精确量）到模糊集的论域（模糊量）的转换，这中间须将输入变量乘以相应的因子，从而引出了量化因子的概念。

记偏差量化因子为 K_e,偏差变化的量化因子为 K_{ec},分别用下面两个公式来确定,即

$$K_e = \frac{n}{x_e} \tag{4.6}$$

$$K_{ec} = \frac{m}{x_{ec}} \tag{4.7}$$

有时称量化因子为增益系数,即由基本论域中任意一点映射到模糊集论域中相近的整数点。知道 K_e 的取值后,对于基本论域的元素 x_{ei},$[K_e \cdot x_{ei} + 0.5]$ 即为与 x_{ei} 对应的模糊论域中的元素 n_{ej},其中 $[\cdot]$ 为向下取整算子,一般情况 $K_e \neq n_{ej}/x_{ei}$。对于偏差变化的量化因子 K_{ec} 也是如此。这表明量化因子在两个论域中变换,模糊集论域与基本论域中相应的两个点间的比值不恒等于其量化因子。

3. 比例因子

比例因子是输出变量的转换因子。考察输出变量(控制量)的基本论域 $[-y_u,y_u]$,控制量所取的模糊子集论域为 $\{-l, -l+1, \cdots, 0, \cdots, l-1, l\}$,这两个论域之间满足如下关系

$$K_u = \frac{y_u}{l} \tag{4.8}$$

式中,K_u 为比例因子。

一旦知道了 K_u 的取值,对于任意解模糊化结果 u_0,可以通过下式得到基本论域中的元素

$$y(u_0) = K_u \cdot u_0 \tag{4.9}$$

式中,$y(u_0)$ 是反映模糊论域到基本论域变换的函数。

图 4-8 给出了量化因子和比例因子与输入输出变量的关系,其中 E,EC 是精确量 e,ec 经量化因子作用后的模糊量,u 是模糊量 U 经比例因子作用后的精确量。

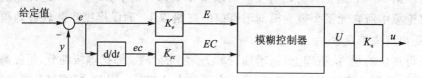

图 4-8　量化因子和比例因子与输入输出变量的关系

4. 量化因子和比例因子对系统性能的影响

模糊控制器中量化因子和比例因子对控制器性能有很大的影响。具体表现在以下方面:

① 当 K_{ec} 不变时,K_e 越大,系统超调量越大,过渡时间越长,系统上升速度越快,稳态误差和调节死区越小。K_e 越小,系统变化越慢,但稳态精度降低。

② 当 K_e 不变时,K_{ec} 越大,系统输出变化越慢,系统稳定性增强,但 K_{ec} 过大,系统输出上升速率过小,系统过渡时间越长。K_{ec} 越小,系统反应越快,但超调会相应增

大,使系统调节时间延长。

③ 在响应过渡过程上升阶段,K_u 越大,系统上升速度越快,但 K_u 过大会产生超调,K_u 过小,系统响应缓慢。

④ 在响应稳态阶段,K_u 过大容易引起振荡。

基于量化因子和比例因子对控制器的影响,为使系统性能不断改善,人们提出了 K_e,K_{ec},K_u 可调整的模糊控制器,即"参数自校正模糊控制器",有兴趣的读者可参见相关文献。

4.3.6　模糊控制在线推理示例

本小节以一个液位控制系统设计为例,介绍玛达尼推理法实现模糊控制在线推理。液位模糊控制系统是一个单输入单输出系统,控制的要求是保持液位恒定,设计过程如下。

1. 确定输入输出变量

模糊控制器的输入变量分别为偏差 e 和偏差变化 ec,输出变量为阀门开启度 u。因此,这是一个二维模糊控制器。

已知 e、ec 和 u 的基本论域分别为 $[-16,16]$,$[-20,20]$ 和 $[0,12]$。为了方便计算,取模糊论域与基本论域相同。

在 e 和 ec 的论域上定义 5 个语言值

$$\{负大,负小,零,正小,正大\}$$

在 u 的论域上定义 4 个语言值

$$\{关,半开,中等,开\}$$

e、ec 和 u 的隶属函数如图 4-9 和图 4-10 所示。

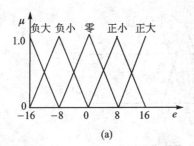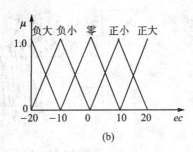

图 4-9　偏差和偏差变化的隶属函数

2. 确立模糊规则

这里假定模糊控制规则库仅有如下两条规则:

规则 1:如果 e 为零,或 ec 为正小,则 u 半开;

规则 2:如果 e 为正小,且 ec 为正小,则 u 开启中等。

3. 模糊推理

已知当前输入变量 $e=5, ec=8$，按第 2 章 2.5 节介绍的玛达尼削顶法推理过程如图 4-11 所示。

当 $e=5$ 时，偏差 e 的隶属函数中"零"与"正小"被激活；当 $ec=8$ 时，偏差变化 ec 的隶属函数中"零"与"正小"也被激活。

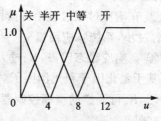

图 4-10　阀门开度的隶属函数

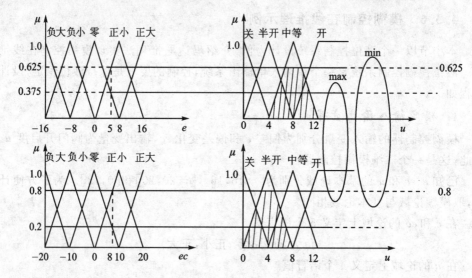

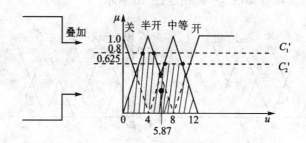

图 4-11　玛达尼削顶法推理过程

规则 1　前件采用"或"连接两个输入变量的模糊判断，因此其前件适配度是两个隶属度"取大"，即

$$0.375 \vee 0.8 = 0.8$$

用 0.8 切割阀门开启度 u 的模糊集合"半开"，得到推理结果的模糊集合 C_1'，使

$$\mu_{C_1'}(u) = 0.8 \wedge \mu_{半开}(u)$$

规则 2　前件采用"且"连接两个输入变量的模糊判断，因此其前件适配度是两

个隶属度"取小",即

$$0.625 \wedge 0.8 = 0.625$$

用 0.625 切割阀门开启度 u 的模糊集合"中等",得到推理结果的模糊集合 C'_2,使

$$\mu_{C'_2}(u) = 0.625 \wedge \mu_{中等}(u)$$

则这两个规则得到的推理结果模糊集合为 $C'_1 \cup C'_2$,即

$$\mu_{C'_1 \cup C'_2} = \mu_{C'_1}(u) \bigcup \mu_{C'_2}(u)$$

4. 解模糊

对图 4-11 的模糊推理结果,若采用重心法解模糊,可以利用积分得到解模糊结果为

$$u = \cfrac{\displaystyle\int_0^{3.5} \frac{1}{4}u^2 \, du + \int_{3.5}^{4.8} 0.8u \, du + \int_{4.8}^6 \left(2 - \frac{1}{4}u\right)u \, du +}{\displaystyle\int_0^{3.5} \frac{1}{4}u \, du + \int_{3.5}^{4.8} 0.8 \, du + \int_{4.8}^6 \left(2 - \frac{1}{4}u\right) du +}$$

$$\cfrac{\displaystyle\int_6^{6.5} \left(\frac{1}{4}u - 1\right)u \, du + \int_{6.5}^{9.5} 0.625u \, du + \int_{9.5}^{12} \left(3 - \frac{1}{4}u\right)u \, du}{\displaystyle\int_6^{6.5} \left(\frac{1}{4}u - 1\right) du + \int_{6.5}^{9.5} 0.625 \, du + \int_{9.5}^{12} \left(3 - \frac{1}{4}u\right) du} = \frac{36.8823}{6.288} = 5.87$$

若将模糊推理结果图形的拐点近似为离散论域的模糊集合元素,写成序偶形式有 $(3.5, 0.8)$、$(4.8, 0.8)$、$(6, 0.5)$、$(6.5, 0.625)$、$(9.5, 0.625)$。再按重心法解模糊结果为

$$u = \frac{3.5 \times 0.8 + 4.8 \times 0.8 + 6 \times 0.5 + 6.5 \times 0.625 + 9.5 \times 0.625}{0.8 + 0.8 + 0.5 + 0.625 + 0.625} = 5.86$$

由于输入输出变量的模糊论域与基本论域相同,因此解模糊结果不再需要乘以量化因子与比例因子,直接作为控制输出作用于被控对象即可。

4.3.7　模糊控制器的硬、软件实现

采用专用的单片模糊微处理器实现模糊控制算法称为模糊控制器的硬件实现。比较有代表性的模糊微处理器是美国 Neurol Logic 公司在 20 世纪 90 年代开发出来的 NLX230 芯片,它可以根据输入状况,按模糊逻辑原理计算出一个优化的控制作用,从而通过并行操作来控制输出。它的运算速度可达 3 000 万条/s。与之配套的开发系统是 ADS230,它提供了 NLX230 所需的硬件与软件,用以对 NLX230 多项特性和操作方式的开发。但在实际应用中,这类芯片价格较高,只有那些非常复杂和速度上有苛刻要求的应用才可能需要用到模糊逻辑专用芯片,例如输入变量多于 10 个时,软件推理实时性较差,此时就得采用模糊逻辑专用集成电路。

实际应用最多的是模糊控制的软件实现,模糊控制的软件实现基本上有两种方法。

第一种方法是模糊控制算法的在线实现。涉及模糊化,控制规则评价和解模糊

的严格实时数学计算。在 Matlab 模糊逻辑工具箱的帮助下,可将模糊程序植入基于 SIMULINK 的仿真系统中以测试其性能,并进行精细调节,然后通过模糊推理编译器生成标准 C 程序,对该程序进行编译并将其下载到 DSP 或商业化的 ASIC 芯片等控制器中用于执行。这种方法可以完成在线推理,参数调整很方便,控制实时性好,但对芯片配置要求较高。另外,借助于专用的模糊控制通用软件(如德国 Inform 公司的 fuzzyTECH 模糊系统设计工具),也可以在工控机上实现模糊控制,用于过程控制。这类系统大多支持标准的 MS - Windows 接口,可生成 C 语言、汇编语言、Java 等,在 Windows 环境下提供图形设计风格,构成可视化的系统仿真,开发环境十分简单灵活。此外,当前许多可编程逻辑控制器(PLC)也配备有模糊逻辑控制软件程序,使用很方便。

第二种方法是查表法,它是模糊控制算法的离线实现。设计人员将事先已完成的所有输入/输出静态映射计算结果(包括模糊化、控制规则的评价和解模糊)存储在一个大的查询表中。有时不仅只有一张查询表,还可有各种等级(粗糙,中等,精致)的查询表。然后将查询表用程序写入单片机等控制器内,用以实时执行。当用于精确控制时,查询表虽然需要大量的存储空间,但其执行速度很快。这种方法实现简单,可用标准的低价格的微处理器解决复杂的控制问题。目前大部分模糊控制的应用是通过在单片机上运行模糊控制算法实现的,在绝大多数的模糊逻辑控制应用中,普通 8 位单片机已完全满足一般要求。这种方法不足的是一般只适用于离线有限论域的情况,控制程序不能实现在线推理,只能依据事先编好的控制表进行查询,改变控制规则和隶属函数曲线形状较困难。

4.4　模糊控制与 PID 控制的结合

4.4.1　模糊控制器与 PID 控制器的关系

1. 模糊控制器是非线性 PID 控制器

以 PID 控制器为代表的传统控制器一直有着旺盛的生命力,在工业控制中占据主流地位。作为新型控制类型的模糊控制理论提出以来,就如何解决"控制性能优于传统控制器的模糊控制器设计"问题,学者们对模糊控制器进行了深入的理论研究。模糊控制器是以 Mamdani 发展的模糊控制器为代表的,也称为传统模糊控制器。Mamdani 模糊控制器的典型构成是二维输入、一维输出;Zadeh 模糊逻辑 AND 和 OR 操作;"最大—最小"模糊推理及"重心法"解模糊。研究表明,传统模糊控制器具有非线性 PID 控制器特性。

学者应浩首次严格地建立了模糊控制器与传统控制器的分析解关系,其中特别重要的是证明了 Mamdani 模糊 PI(或 PD)型控制器是具有变增益的非线性 PID 控制器。目前,人们已研究了基本 Mamdani 模糊控制器的各种扩展设计及其结构分

析,证明了不同输入下的模糊控制器都具有非线性 PID 控制器特性,例如:

① 单输入单输出模糊控制器是一个分段的 P 调节器。由于具有非线性调节规律,因此,单输入单输出模糊控制器性能要比 P 调节器优越。

② 以系统偏差 e 和偏差变化 ec 为输入语言变量的双输入单输出模糊控制器是非线性的 PD 调节器。模糊控制器在输入输出空间中是一张通过原点的分片二次曲面,整张曲面逼近一个阶数可以很高的非线性调节规律,故其整体控制效果要优于 PD 调节器。

③ 以系统偏差 e、偏差变化 ec、偏差变化速率 Δec 为输入语言变量的三输入单输出模糊控制器是非线性的增量型 PID 调节器。

模糊控制器与线性 PID 控制器相联系的解析结构,一方面揭示了模糊控制器在非线性、时变和纯滞后等系统的应用中比线性 PID 控制器优越的机理,同时也提供了根据它们之间的增益关系来解析设计模糊控制系统并确保其稳定性的一种方法。

2. 模糊型 PID 控制器类型

根据控制原理可以将模糊控制器分为两大类:模糊 PID 类型和模糊非 PID 类型。如果模糊控制器的推理计算是限于比例—积分—微分三个控制分量或增益范围以内的控制作用量,则属于模糊 PID 控制器类型。否则,属于模糊非 PID 类型。根据模糊控制器中推理机输出量的直接物理含义,模糊型 PID 控制器可以分成增益调整型、直接控制量型和混合型 3 种类型。

(1) 增益调整型模糊 PID 控制器

该类模糊控制器的输出量直接对应 PID 增益参数,通过应用模糊规则实现对 PID 三个增益参数进行调整。模糊规则形式是:

If ("Perform Index" is…) then ($K_P(\Delta K_p)$ is…) and ($K_I(\Delta K_I)$ is…) and ($K_D(\Delta K_D)$ is…)

这里的性能指标(Perform Index)可以是超调量、稳态误差或其他静动态特性;输出是 PID 参数的增益或增量。

另一种规则形式是:

If(e is…) and (ec is…) then ($K_P(\Delta K_p)$ is…) and ($K_I(\Delta K_I)$ is…) and ($K_D(\Delta K_D)$ is…)

(2) 直接控制量型模糊 PID 控制器

这类模糊推理机的输出是 PID 原理范围内的控制作用量,所以称该类控制器是直接控制量型模糊 PID 控制器。图 4-12 给出了直接控制量型模糊 PID 控制器的 12 种结构形式,图中 $\hat{e}$、$\Delta \hat{e}$、$\Delta^2 \hat{e}$、$\sum \hat{e}$ 分别代表偏差、偏差变化、偏差变化速率(二次变化)、偏差的累积;$\hat{u}$、$\Delta \hat{u}$ 代表输出和输出的增量形式。由这些结构单元可以组合成各种形式的模糊 PD/PI/PID 控制器。

(3) 混合型模糊 PID 控制器

混合型模糊控制器可以有各种形式出现,如增益调整型与直接控制量型的结合

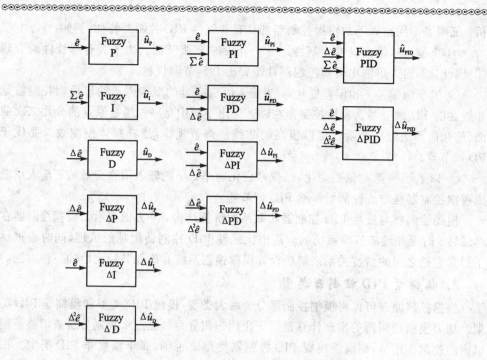

图 4－12　直接控制量型模糊 PID 控制器

或传统 PID 控制器与模糊 PID 控制器的结合。一些学者提出了应用模糊 PID 进行
初始的快速响应调整,之后采用传统 PID 控制器进行精细调整。另一方面,为了解
决模糊 PD 控制器无法消除稳态误差的问题,可以增加积分 I 环节,称为模糊 PD＋
线性 I。人们已证明了模糊 PID、模糊 PI＋D、模糊 PD＋I、串行模糊 PI ＋PD、并行模
糊 PI＋ PD 和模糊(PI＋D)² 控制器等都是非线性 PID 控制器,并推导出其非线性
增益的明晰表达式。

4.4.2　模糊 PID 控制器的几种形式

1. 多模控制

　　要提高模糊控制器的精度和跟踪性能,就必须对语言变量取更多的语言值,即分
档越细,性能越好,但同时带来的缺点是规则数和计算量也大大增加,从而使得调试
更加困难,控制器的实时性难以满足要求。

　　解决这一矛盾的一种方法是:在输入变量论域内,用不同的控制方式实现多模控
制。当偏差较大时,采用模糊控制,用以抑制超调;当偏差小于某一阈值时,采用传统
PI(或 PID)控制进行细调,提高稳定精度。具体形式有"双模复合控制"、"串联复合
控制"和"并联复合控制"等类型。这种控制器属于传统 PID 控制器与模糊 PID 控制
器结合的"混合型模糊 PID 控制器",图 4－13 给出了多模模糊 PID 控制器的并联复
合控制结构。

　　这种控制结构工程实现比较容易,但设计难点在于如何实现控制模态的无扰切

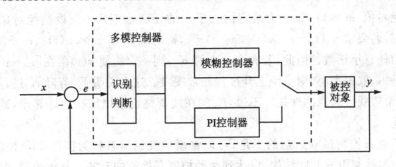

图 4 - 13　多模模糊并联复合控制

换以满足平稳切换和不产生系统振荡。对于这种难点的一种看法是:由于三输入单输出模糊控制器(如前面"直接控制量型模糊 PID 控制器"中的以 $\hat{e}$、$\Delta\hat{e}$、$\sum\hat{e}$ 为输入,$\hat{u}_{PID}$ 为输出结构)已经具有非线性 PID 控制特性,而且具备模糊控制器与 PID 调节器关于"前期"与"后期"的切换功能,并且是一种"无触点"式的"软边界"的"软切换";所以不必再搞像图 4 - 13 中的两套控制器的硬切换。这种思想有一定道理,但会使输入量增加到三个,控制规则将变的复杂,实现难度也将增加。

2. 二维模糊控制器的积分引入

在一般模糊控制系统中,考虑到模糊控制器实现的简便性与快速性,最常用的模糊控制器形式是二维结构,通常以系统偏差 e 和偏差变化 ec 为输入变量。人们已经证明,这种模糊控制器具有非线性 PD 控制器特性。这种控制器的特点是:在控制过程的"前期阶段"(误差较大阶段),这种模糊控制器的效果要比 PID 调节器的效果好,特别在抑制超调方面尤为突出;但在控制过程的"后期"阶段(误差较小阶段),模糊控制器近似为一个 PD 调节器,控制性能则比 PID 调节器的性能差。因此控制过程后期效果不太好,无法消除系统的静态偏差,不能获得无差控制。具体分析如下:

假设系统的输出为 $y(t)$,给定值为 $y_d(t)$,则 $e(t) = y_d(t) - y(t)$,$ec(t) = (e(t) - e(t-1))/T$,$T$ 为采样周期。于是有 $\Delta u = F[e(t), ec(t)]$,$u(t) = \int_0^t K_u F[e(t), ec(t)]dt$,$K_u$ 为比例因子。也就是说,以系统偏差 e 和偏差变化 ec 为输入变量的模糊控制器如果以 Δu 为输出量,则在对象和模糊控制器输出之间存在一个积分作用。那么为什么不能消除静态误差呢? 将 $u(t)$ 的表达式改成离散形式,即

$$u(t) = K_u T \sum_{i=0}^t F[e(i), ec(i)] \tag{4.10}$$

假设偏差 $e(t) = 0$ 时控制量为 u_0,则有

$$K_u T \sum_{i=0}^t F[e(i), ec(i)] = u_0 \tag{4.11}$$

由于 $F[e(i), ec(i)]$ 为不连续的量化值,因此等式(4.11)不能严格成立。

从工程的观点看,要求 $e(t)$ 严格为 0,既无必要亦无可能。一般的要求是使稳态

误差的绝对值 $|e(\infty)|<\varepsilon$，ε 为给定的大于 0 的任意小正数。假设被控对象为一个单调过程，若要求 $y_d(t)-\varepsilon<y(t)<y_d(t)+\varepsilon$，则对应有 $u_0-\delta<u(t)<u_0+\delta$，$\delta$ 亦为大于 0 的任意小正数。因此，若有充分小的 K_u，则一定能使 $u(t)$ 落在 $[u_0-\delta,u_0+\delta]$ 内。但是 K_u 取得太小，则系统上升过程非常缓慢。这也说明了，若对 K_u 进行在线调整，则有希望获得满意的性能。不过，K_u 的在线调整也会增加在线计算量，减弱系统的实时性。

为了克服控制过程后期的不足，可以将模糊控制器解析为模糊 PID 控制器，并与其他类型控制组成并联结构，以达到两种控制器性能的互补。具体地说，就是在模糊控制器中引入积分作用，利用积分器将常规模糊控制器所存在的余差抑制到最小限度，达到模糊控制系统的无差要求。一般说来，二维模糊控制器的无静差解析可归结为以下 5 种类型。

（1）模糊控制与前馈控制的并联

如果被控对象的稳态增益可测，不妨记被控对象的稳态增益为 K_P，此时积分作用就没有必要了。这时，采用的控制结构如图 4-14 所示。其中，前馈补偿控制用于消除稳态增益带来的偏差，反馈模糊控制器实现 PD 的功能。控制输出可以表示为

$$u = u_F + x/K_P \tag{4.12}$$

式中：x 为闭环系统的期望输出，u_F 为模糊控制器的输出。

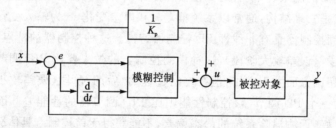

图 4-14　类型 I

（2）模糊控制与积分控制的并联

如果被控对象的稳态增益未知，采用的控制系统结构如图 4-15 所示，这种结构是 M. Basseville 于 1988 年提出的。即控制输出是两部分输出之和：一部分是偏差积分项 $K_i\sum e$，用于消除静态偏差，这部分相当于一个积分器；另一部分是模糊控制，起到 PD 控制的作用，控制输出可以表示为

$$u = u_F + K_i \sum e \tag{4.13}$$

这种类型也属于传统 PID 控制与模糊 PID 的结合方式，称为"模糊 PD＋线性 I"。与之类似的是 W. L. Bialkowski 在 1983 年提出的"模糊 PD＋线性 PI"结构，这种结构与"模糊 PD＋线性 I"不同的是，对偏差 e 进行了线性 PI 控制。

（3）模糊控制与含有模糊积分增益的积分控制并联

在类型 II 中，积分增益 K_i 是确定的。如果采用模糊系统确定积分增益，就变成

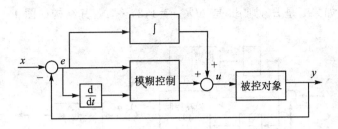

图 4 - 15　类型Ⅱ

了如图 4 - 16 所示的类型Ⅲ模糊 PID 控制器。控制输出可以表示为

$$u = u_F + K_i(e) \sum e \qquad (4.14)$$

式中，$K_i(e)$ 是由模糊系统确定的积分增益。

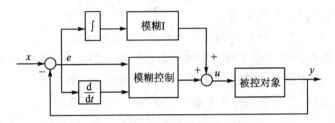

图 4 - 16　类型Ⅲ

（4）模糊 PD 控制与模糊 PI 控制并联

模糊 PD 控制由传统的模糊控制器构成，模糊 PI 控制与模糊 PD 控制的相同之处在于，输入都是偏差和偏差的变化；不同之处在于，模糊 PD 控制的输出是控制值，而模糊 PI 控制的输出是控制值增量。模糊 PI 控制的模糊规则可以表示为如下形式

规则 r　如果 e 是 E^r，且 de 是 ΔE^r，则 du 是 ΔU^r，$r = 1, 2, \cdots, N$。

式中，E^r，ΔE^r 和 ΔU^r 分别是偏差、偏差变化以及控制值增量的语言值。控制结构如图 4 - 17 所示。

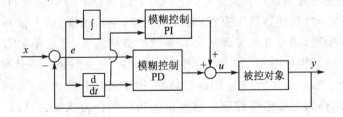

图 4 - 17　类型Ⅳ

（5）模糊 PI

这种控制与类型Ⅳ类似，不同之处在于，模糊 PI 的输出即控制值增量，仅由偏差决定。此时，模糊规则可以简化为

规则 r　如果 e 是 E^r，则 du 是 $\Delta U^r, r=1,2,\cdots,N$，其结构如图 $4-18$ 所示。

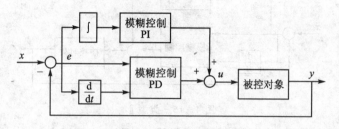

图 $4-18$　类型 V

类型Ⅲ、Ⅳ和 V 是增益调整型模糊 PID 控制器与直接控制量型模糊 PID 控制器的结合方式。

3. PID 参数的模糊自整定

在工业控制中，由于 PID 控制结构简单，性能良好，所以广泛地应用于不同的控制过程。PID 参数的整定就是根据被控对象特性和所期望的控制性能要求决定三个参数 K_P, K_I, K_D。PID 控制器虽然对很大一类对象有效，但三个参数如何调整才能获得满意的控制性能，一直是一个难题。最著名的整定方法是 Ziegler-Nichols 法，它根据控制对象的开环阶跃响应或只含比例控制的闭环特性进行参数整定。但这种方法有时不能满足控制性能要求，例如超调量、上升时间等指标不能完全兼顾。

随着计算机技术的发展，人们利用人工智能的方法将操作人员的调整经验作为知识存入计算机中，根据现场实际情况，计算机能自动调整 PID 参数，这样就出现了智能 PID 控制器。这种控制器把传统的 PID 控制与先进的专家系统相结合，实现系统的最佳控制。这种控制必须精确地确定对象模型，首先将操作人员（专家）长期实践积累的经验知识用控制规则模型化，然后运用推理对 PID 参数实现最佳调整。

由于操作者经验不易精确描述，控制过程中各种信号量以及评价指标不易定量表示，所以人们运用模糊数学的基本理论和方法，把规则的条件、操作用模糊集表示，并把这些模糊控制规则以及有关信息（如评价指标、初始 PID 参数等）作为知识存入计算机知识库中，然后计算机根据控制系统的实际响应情况（即专家系统的输入条件），运用模糊推理，即可自动实现对 PID 参数的最佳调整，这就是 PID 参数的模糊自整定控制。其结构如图 $4-19$ 所示，可以看到这一类控制是一种具有两层结构的模糊控制系统。第一层是低层的 PID 控制器，用于对过程的快速直接控制；第二层是模糊控制器，作为上层监督控制器融合系统当前的行为状况信息，以用于对下层 PID 控制器的控制决策。

这种控制设计的具体思想是，若以误差 e 和误差变化 ec 作为 PID 参数的模糊自整定控制器的输入量，可以满足不同时刻 e 和 ec 对 PID 参数自整定的要求，利用模糊控制规则在线对 PID 参数进行修改。

PID 参数模糊自整定便是找出 PID 三个参数 K_P, K_I, K_D 与 e 和 ec 之间的模糊

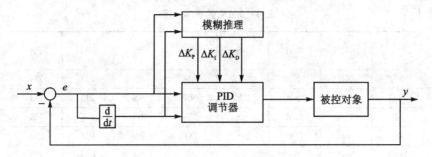

图 4 - 19　PID 参数的模糊自整定控制系统

关系,在系统运行中通过不断检测 e 和 ec,对 3 个参数进行在线修改,以满足不同 e 和 ec 对控制参数的不同要求,而使被控对象有良好的动、静态性能。可以看出,PID 参数的模糊自整定控制属于增益调整型模糊 PID 控制器。

　　模糊自整定设计的核心是通过计算当前系统偏差 e 和偏差变化率 ec,总结工程设计人员的技术知识和实际操作经验,建立针对 K_P,K_I,K_D 三个参数的变化量 ΔK_P,ΔK_I,ΔK_D 的模糊控制表。利用模糊规则进行模糊推理,进行参数调整。PID 参数的整定必须考虑在不同时刻三个参数的作用以及相互之间的互联关系。

　　若将系统偏差 e 和偏差变化率 ec 变化范围定义为模糊集上的论域。其模糊子集设为 $e,ec=\{-3,-2,-1,0,1,2,3\}$,子集中元素分别代表负大,负中,负小,零,正小,正中,正大。设 e、ec 和三个系数均服从正态分布,因此可得出各模糊子集的隶属度。根据现场经验,整定 K_P,K_I,K_D 三个参数的 ΔK_P,ΔK_I,ΔK_D 的模糊规则分别如表 4 - 2、表 4 - 3 和表 4 - 4 所列。

表 4 - 2　ΔK_P 的模糊规则

ec ＼ e	NB	NM	NS	ZO	PS	PM	PB
NB	PB	PB	PM	PM	PS	ZO	ZO
NM	PB	PB	PM	PS	PS	ZO	NS
NS	PM	PM	PM	PS	ZO	NS	NS
ZO	PM	PM	PS	ZO	NS	NM	NM
PS	PS	PS	ZO	NS	NS	NM	NM
PM	PS	ZO	NS	NM	NM	NM	NB
PB	ZO	ZO	NM	NM	NM	NB	NB

表 4 - 3　ΔK_I 的模糊规则

ec＼e	NB	NM	NS	ZO	PS	PM	PB
NB	NB	NB	NM	NM	NS	ZO	ZO
NM	NB	NB	NM	NS	NS	ZO	ZO
NS	NB	NM	NS	NS	ZO	PS	PS
ZO	NM	NM	NS	ZO	PS	PM	PM
PS	NM	NS	ZO	PS	PS	PM	PB
PM	ZO	ZO	PS	PS	PM	PB	PB
PB	ZO	ZO	PS	PM	PM	PB	PB

表 4 - 4　ΔK_D 的模糊控制规则

ec＼e	NB	NM	NS	ZO	PS	PM	PB
NB	PS	NS	NB	NB	NB	NM	PS
NM	PS	NS	NB	NM	NM	NS	ZO
NS	PS	NS	NB	NM	NM	NS	ZO
ZO	ZO	NS	NS	NS	NS	NS	ZO
PS	ZO	ZO	ZO	ZO	ZO	ZO	ZO
PM	PB	NS	PS	PS	PS	PS	PB
PB	PB	PM	PM	PM	PS	PS	PB

在某一时刻,当偏差和偏差变化取某一组值时,可以通过模糊判决得到 ΔK_P, ΔK_I,ΔK_D 的模糊值,进而通过解模糊方法得到其精确值,参数整定公式可以表示为

$$K_P^{j+1} = K_P^j + \gamma^j \Delta K_P$$
$$K_I^{j+1} = K_I^j + \gamma^j \Delta K_I \qquad\qquad (4.15)$$
$$K_D^{j+1} = K_D^j + \gamma^j \Delta K_D$$

式中:j—校正次数;

γ—校正的速度变量,随校正次数逐渐变小;

需要说明的是,上述控制规则并不是唯一的,也不一定是最优的,只是根据经验给出的一种结果。PID 参数自整定模糊控制器的输入也可以选为闭环控制系统的超调量、上升时间、调整时间和稳态误差等,以协调不同性能指标。

例 4.4　设被控对象传递函数如下

$$G(s) = \frac{11.8}{24s+1} e^{-9s}$$

设计一个 PID 控制器,使系统输出 y 跟踪幅值为 75 的阶跃信号,闭环系统特性达到以下要求:超调量 $y_{os} < 10\%$,上升时间 $t_r < 20\ \text{s}$,调节时间 $t_s < 40\ \text{s}$,稳态误差 $e_s = 0$。

解　首先用 Ziegler - Nichols 法整定 PID 参数,可得 $K_P = 0.246$,$K_I = 15.9$,

$K_D = 3.98$。闭环系统的性能指标为 $y_{os} = 42.6\%$，$t_r = 17 \ s$，$t_s = 52.5 \ s$，$e_s = 0$，从指标中可知不满足设计要求。

按照图 4-19 所示的模糊 PID 参数整定方法对参数进行校正，最终可得 $K_P = 0.165$，$K_I = 27$，$K_D = 2$。闭环系统的性能指标为 $y_{os} = 8.2\%$，$t_r = 19 \ s$，$t_s = 39.5 \ s$，$e_s = 0$，满足设计要求。

采用两种 PID 参数的系统阶跃响应分别如图 4-20(a)、(b)所示。

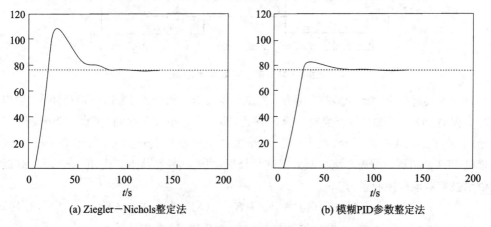

(a) Ziegler－Nichols整定法   (b) 模糊PID参数整定法

图 4-20 闭环系统阶跃响应曲线

4.5 模糊控制系统设计实例

4.5.1 温度控制系统

本设计要求设计一个采用模糊控制的加热炉温度控制系统。被控对象为一热处理工艺过程中的加热炉，加热设备为三相交流调压供电装置，输入控制信号电压为 $0 \sim 5 \ V$，输出相电压 $0 \sim 220 \ V$，输出最大功率 $180 \ kW$，炉温变化室温$\sim 625 \text{℃}$，电加热装置示意图如图 4-21 所示。

1. 控制系统性能指标

① 温度调节范围：$100 \sim 500 \text{℃}$；

② 系统无静差(即稳态误差为零)。

2. 确定控制方案

该系统的被控对象为加热炉，通过改变加热电阻上的电压调节炉膛温度。图 4-21 中，从控制信号 $u(t)$ 到炉膛温度 $c(t)$ 可以看做广义被控对象。当控制信号 $u(t) = 5 \ V$ 时，炉膛温度最高可以达到 625℃。被控对象具有惯性特征，当然可以采用传统 PID 控制设计。但在这里不写出被控对象的精确数学模型，而是设计模糊控制系统，说明模糊控制的优点。

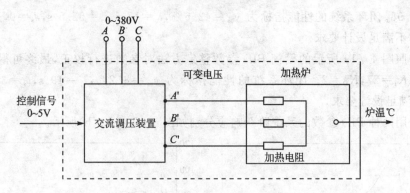

图 4 - 21　电加热装置示意图

由于设计要求为无静差控制系统,被控对象具有惯性特征,为达到设计要求,采用二维模糊 PD 控制器与传统控制结合的方式,即 4.4.2 小节介绍的"模糊 PD+线性 I"结构,系统如图 4 - 22 所示。系统采用二维模糊控制器与积分算法相结合的形式实现模糊 PID 控制器。首先对该控制方案进行分析,明确其控制特点。由图 4 - 22 可知,提供给被控对象的控制量为

$$u_1(kT) = u_1(kT-T) + K_u \Delta u(kT) + K_e K_i e(kT) \tag{4.16}$$

式中:T 为采样周期;K_u 为模糊控制器输出增益系数;K_i 为积分系数。

由式(4.16)可知,控制变量 $u_1(kT)$ 由三部分组成:第一部分是上一采样时刻的控制量 $u_1(kT-T)$,第二部分是由模糊控制器提供的增量输出 $K_u \Delta u(kT)$,第三部分是 $K_e K_i e(kT)$。

对式(4.16)两边取 Z 变换得

$$U_1(z) = z^{-1} U_1(z) + K_u \Delta U(z) + K_e K_i E(z)$$

$$U_1(z) = \frac{1}{1-z^{-1}} K_u \Delta U(z) + \frac{1}{1-z^{-1}} K_e K_i E(z) \tag{4.17}$$

在 Z 域中,$1/(1-z^{-1})$ 具有累加和的性质,相当于连续域中的积分。由式(4.17)可知控制变量 $u_1(kT)$ 是对以下两项积分的结果:第一项是模糊控制器提供的增量输出 $K_u \Delta u(kT)$,第二项是 $K_e K_i e(kT)$。我们知道,如果只有第一项,根据模糊控制器的性质,当 $\Delta u(kT) = 0$ 时,其系统偏差 $e(kT)$ 不一定为零,此时控制变量 $u_1(kT)$ 保持不变,其结果不能消除系统静态偏差。第二项是 $u_1(kT)$ 对 $K_e K_i e(kT)$ 的积分,理论上只有 $e(kT) = 0$,$u_1(kT)$ 才能停止变化,系统达到无静差控制。所以图 4 - 22 的方案可以达到无静差控制,是可以采用的。

3. 输入、输出变量隶属函数及论域的选择

(1) 隶属函数的选择

本系统输入变量为偏差 e 和偏差的变化 ec,输出变量是控制电压 u,变量模糊集量化论域均为 $[-6,6]$,采用常用的三角形隶属函数,如图 4 - 23 所示。

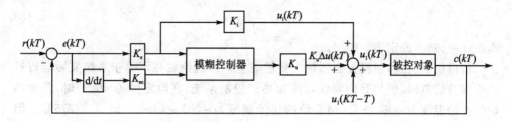

图 4 - 22　模糊 PID 控制系统

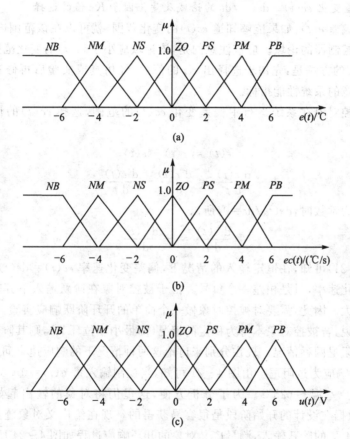

图 4 - 23　模糊控制器的隶属函数

（2）偏差 $e(t)$ 的论域及量化因子 K_e 值的选择

对于模糊控制器的输入量，根据专家经验，如果系统偏差 $e(t) = r(t) - c(t)$ 的值大于等于 20℃，就认为是语言值的最大值"PB"，$e(t)$ 的值小于等于 −20℃ 就是"NB"，那么偏差 $e(t)$ 的基本论域就为 $[-20, 20]$，K_e 的初选值为

$$20 \cdot K_e = 6$$

则

$$K_e = \frac{6}{20} = 0.3 \qquad (4.18)$$

本设计中,初步选定 $K_e = 0.3$。

值得说明的是,模糊控制器输入变量偏差 $e(t)$ 的论域并不等于系统实际运行过程中偏差的范围,例如我们要设计的加热炉控制系统,在给定值为 400℃ 时,若加热炉的初始温度为室温 25℃,则系统的初始偏差为 $e(0) = (400 - 25)℃ = 375℃$。但是,从控制的角度来说,偏差 $e(t) \geqslant 30℃$ 时,专家可能认为模糊最大值是"PB"。

(3) 偏差变化 $ec(t) = de(t)/dt$ 的论域及量化因子 K_α 值的选择

类似于偏差 $e(t)$,如果能够知道 $ec(t)$ 的变化范围,就可以在该范围内确定 $ec(t)$ 输入到模糊控制器的论域。应该注意的是,该论域应小于 $ec(t)$ 的变化范围。

选择 K_α 的方法是:先初步选择出 K_α 的值后,经仿真或实验后再修正 K_α 的值,以便达到满意的系统性能指标。

根据被控对象在系统运行中偏差变化 $ec(t)$ 的范围,选择 $ec(t)$ 的论域及系数 K_{ec}。因为

$$e(t) = r(t) - c(t) \qquad (4.19)$$

$$\frac{\mathrm{d}\,e(t)}{\mathrm{d}\,t} = \frac{\mathrm{d}\,r(t)}{\mathrm{d}\,t} - \frac{\mathrm{d}\,c(t)}{\mathrm{d}\,t} \qquad (4.20)$$

当 $r(t)$ 为常数时,$\mathrm{d}r(t)/\mathrm{d}t = 0$,所以

$$\frac{\mathrm{d}\,e(t)}{\mathrm{d}\,t} = -\frac{\mathrm{d}\,c(t)}{\mathrm{d}\,t} \qquad (4.21)$$

由式(4.21)可知,在恒定输入的情况下,偏差变化速率 $ec(t) = de(t)/dt$ 与被控对象输出变化速率,只是相差一个负号。由于被控对象在阶跃输入下其输出响应变化的速率最大。因此,需要对被控对象做一个简单的开环阶跃响应实验。

一般来说,若被控对象本身为稳定的情况(即最小相位环节),则其阶跃响应分为过阻尼和欠阻尼两种情况。现在分别来讨论这两种情况下的响应速率问题。

① 阶跃响应为过阻尼 由图 4-21 可知,当控制输入量 $u(t) = 0 \sim 5$ V 时,对象输出为 $c(t) = $ 室温~625℃。为了分析方便,这里仍将对象的输出起始温度设为 0℃。这些数据在设计的开始阶段是很容易获得的。现在给广义对象施加一个控制电压 $u(t) = 4$ V 的阶跃输入,测量广义对象的开环响应过程如图 4-24 所示。

观察图 4-24,广义对象响应曲线稳定在 500℃,$c(t)$ 由 0℃ 上升到稳态值 500℃ 的 63.2% 时(500×63.2% = 316℃),在图 4-24 的纵坐标上 316℃ 处做水平线与响应曲线 $c(t)$ 相交于 A 点,由 A 点做垂线与横坐标相交于 B 点,横坐标上由 0 到 B 点的距离称为对象的估计时间常数 T(本设计将对象等效为具有一阶惯性的环节)。由测量可知,$T = 112.5$ s。在这种情况下,可以认为对象的最大响应速率为

$$ec(t) = 316℃ \div 112.5\,s = 2.81\,℃/s \qquad (4.22)$$

因此,对于恒定输入来说,偏差变化率 $|ec|$ 的最大值为 2.81 ℃/s。类似于偏差 $e(t)$,考虑到实际运行控制情况时,偏差变化 ec 输入到模糊控制器的模糊集论域应

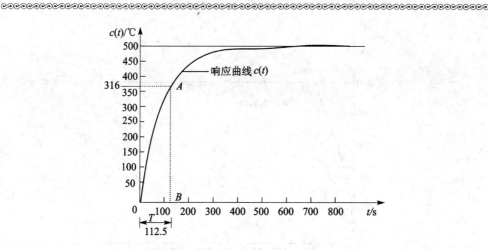

图 4-24 被控对象过阻尼阶跃响应

在 $|ec|$ 的最大值为 $2.81\,℃/s$ 以内选择。按一般经验,本设计选择 $|ec|$ 的最大值的 $1/5$,即

$$2.81\,℃/s×0.2=0.562\,℃/s$$

则 $ec(t)$ 的基本论域为 $[-0.562,0.562]\,℃/s$。那么,K_{ec} 的初选值为

$$K_{ec}=6÷0.562=10.67 \tag{4.23}$$

② 阶跃响应为欠阻尼 如果被控对象的阶跃响应是欠阻尼的情况,则响应曲线 $c(t)$ 超调并振荡衰减趋于稳态值。现在依然给广义对象施加一个控制电压 $u(t)=4\,V$ 的阶跃输入,则实验曲线如图 4-25 所示。对于阶跃响应为欠阻尼情况,对象响应的最大变化率估计算法是:$c(t)$ 上升与稳态值 $500\,℃$ 相交于 A 点,由 A 点做垂线与横坐标相交于 B 点,横坐标上由 0 到 B 点称为 $c(t)$ 的上升时间 t_r。图 4-25 中 $t_r=75\,s$,则 ec 的估计值为

$$500\,℃÷75\,s=6.67\,℃/s$$

因此,对于恒定给定来说,偏差变化率 $|ec|$ 的最大值为 $6.67\,℃/s$。和过阻尼的情况一样,如果选择 $ec(t)$ 时模糊集论域为 $|ec(t)|$ 的最大值($6.67\,℃/s$)的 $1/5$,则

$$6.67×0.2=1.334\,℃/s$$

即 $ec(t)$ 的基本论域为 $[-1.334,1.334]\,℃/s$。增益系数 K_{ec} 的初选值为

$$K_{ec}=6÷1.334=4.5 \tag{4.24}$$

(4) 模糊控制器输出 $u(kT)$ 论域及比例因子 K_u 的选择

由图 4-22 可知,模糊控制器采用增量输出方式,输出量为 $\Delta u(kT)$,论域为 $[-6,6]$,$K_u·\Delta u(t)$ 表示在一个采样周期内控制变量 $u(t)$ 的增量,显然最大增量值为 $6K_u$。由图 4-21 可知,控制量 $u(t)$ 的基本论域为 $[0,5]\,V$,其最大值为 $5\,V$,初选时最大增量 $\Delta u(t)$ 一般是 $u(t)$ 最大值的百分之几,如选 $\Delta u(t)$ 为 $5×2\%=0.1$,那么

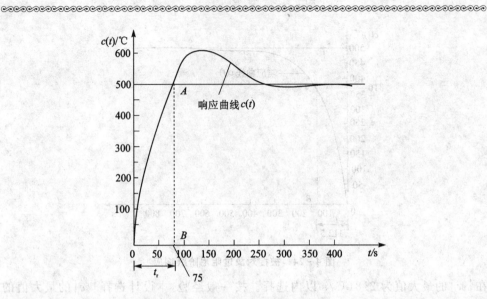

图 4-25　被控对象欠阻尼阶跃响应

K_u 的初选值为

$$K_u = \frac{0.1}{6} = 0.0167 \tag{4.25}$$

（5）积分系数 K_i 的选择

由控制理论可知，积分的作用就在于消除系统静态偏差。系统偏差较大时，系统由 PD 模糊控制器起调节作用；当系统偏差较小时，积分作用能够消除系统偏差。K_i 选得大，调节过快，上升时间短，系统超调可能较大；K_i 选得过小，过渡时间较长。因此，按一般经验，初步选择 K_i 值为

$$K_i = 0.01 \tag{4.26}$$

由图 4-22 可以看出，积分控制环节的输入论域与偏差变量的论域一样，即 $[-6,6]$。当偏差大小 $|e(t)| = 6$ 时，可以根据 K_i 计算出积分量为

$$u_i(t) = 6 \cdot K_i = 6 \times 0.01 = 0.06 \tag{4.27}$$

4. 控制规则表

控制规则表是根据专家的控制知识制定的，本设计的控制规则如表 4-5 所列。由于本设计的输入输出变量论域在 $[-6,6]$ 内分为 7 档，所以共有 $7 \times 7 = 49$ 条规则。控制规则选用"if A and B then C"语句。

表 4-5　控制规则表

u		输入变量 ec						
		NB	NM	NS	ZO	PS	PM	PB
输入变量 e	NB	NB	NB	NB	NB	NM	NS	ZO
	NM	NB	NB	NM	NM	NS	ZO	ZO
	NS	NB	NM	NM	NS	ZO	ZO	PS
	ZO	NM	NS	NS	ZO	PS	PS	PM
	PS	NS	ZO	ZO	PS	PM	PM	PB
	PM	ZO	ZO	PS	PM	PM	PB	PB
	PB	ZO	PS	PM	PB	PB	PB	PB

根据玛达尼推理方法,可以离线制定出模糊控制器控制如表 4-6 所列。

表 4-6　离线推理模糊控制器的控制

控制量 u		输入变量偏差变化 ec												
		−6	−5	−4	−3	−2	−1	0	1	2	3	4	5	6
输入变量偏差 e	−6	−6	−6	−6	−6	−6	−6	−6	−5	−4	−3	−2	−1	0
	−5	−6	−6	−6	−5.5	−5	−5	−5	−4	−3	−2	−1	0	1
	−4	−6	−6	−6	−5	−4	−4	−4	−3	−2	−1	0	1	2
	−3	−6	−5.5	−5	−4.5	−4	−3.5	−3	−2	−1	−0.5	0	1	2
	−2	−6	−5	−4	−4	−4	−3	−2	−1	0	0	0	1	2
	−1	−5	−4	−3	−3	−3	−2	−1	0	1	1	1	2	3
	0	−4	−3	−2	−2	−2	−1	0	1	2	2	2	3	4
	1	−3	−2	−1	−1	−1	0	1	2	3	3	3	4	5
	2	−2	−1	0	0	0	1	2	3	4	4	4	5	6
	3	−1	−0.5	0	−0.5	1	2	3	3.5	4	4.5	5	5.5	6
	4	0	0	0	1	2	3	4	4	4	5	6	6	6
	5	0	0.5	1	2	3	4	5	5	5.5	5	6	6	6
	6	0	1	2	3	4	5	6	6	6	6	6	6	6

由于本设计的输入输出变量论域在 $[-6,6]$ 内分为 13 级,所以控制表共有 $13 \times 13 = 169$ 个元素。控制表的制定方法如下:

设偏差 $e=3$,偏差变化 $ec=-1$,由图 4-23 可以查出

$$e = 3 \Rightarrow \begin{cases} \text{PS}(0.5) \\ \text{PM}(0.5) \end{cases} \tag{4.28}$$

式 (4.28) 表示 $e=3$ 时,其模糊语言值为 PS(0.5) 及 PM(0.5),括号中的值为隶属度。同理,可以查出

$$ec = -1 \Rightarrow \begin{cases} \text{ZO}(0.5) \\ \text{NS}(0.5) \end{cases} \tag{4.29}$$

由以上两式所表示的偏差 e 及偏差变化率 ec 模糊语言值,可以得出四种不同的组合,由表 4-5 可知,上述输入变量激活了四条规则:

① If e is PS(0.5) and ec is ZO(0.5) Then u is PS(0.5);

② If e is PS(0.5) and ec is NS(0.5) Then u is ZO(0.5);

③ If e is PM(0.5) and ec is ZO(0.5) Then u is PM(0.5);

④ If e is PM(0.5) and ec is NS(0.5) Then u is PS(0.5)。

由上述四条规则得出的控制量 u 的模糊语言值分别为

$$PS(0.5),ZO(0.5),PM(0.5),PS(0.5)$$

以上四条规则分别按玛达尼削顶法推理,可得输出量隶属函数如图 4-26 所示。因为有两个 PS(0.5),故图中用较深阴影表示 PS(0.5)。

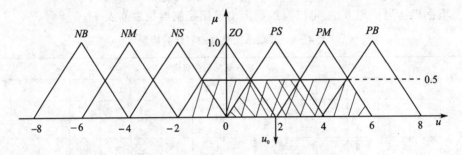

图 4-26　4 条控制规则的输出隶属函数

对图 4-26 阴影部分采用重心法解模糊,得到输出量精确值为

$$u_0 = \frac{0 \times 0.5 + 2 \times 0.5 + 2 \times 0.5 + 4 \times 0.5}{0.5 + 0.5 + 0.5 + 0.5} = \frac{4}{2} = 2 \tag{4.30}$$

将 $u_0=2$ 填写到控制表 4-6 中 $e=3$ 与 $ec=-1$ 的交叉点,依此类推,可以计算出 $13 \times 13 = 169$ 个数据,完成模糊控制器控制表的离线制定。

另一种离线制定控制表的方法是采用如下解析公式的解析法,即

$$u = \begin{cases} -\operatorname{int}((e+ec)/2) & e \text{ 和 } u \text{ 极性相反} \\ \operatorname{int}((e+ec)/2) & e \text{ 和 } u \text{ 极性相同} \end{cases} \tag{4.31}$$

式中 $\operatorname{int}(\cdot)$ 是取整函数。由于本设计 e 和 u 极性相同,所以当控制表中 $e=3$, $ec=-1$ 时,依据式(4.31),可以得到 $u=\operatorname{int}((3+(-1))/2)=\operatorname{int}(1)=1$,控制表的其他元素可以类似得到。对比玛达尼推理法得到的结果,两者的控制动作基本一致。显然,采用解析法制定控制表更加简单方便。基于这种思想,可以进一步将式(4.31)写成

$$u = \pm(a_1 e + a_2 ec) \quad a_1, a_2 \in [0,1] \tag{4.32}$$

式中,a_1,a_2 是相互独立的两个参数,通过在线寻优的办法,可以不断调整 a_1,a_2,以获得控制效果最佳。这称为"规则自校正模糊控制器",有兴趣的读者可以参见相关文献。

4.5.2　控制系统性能分析

在控制系统性能分析阶段,设计人员需要完成以下工作:

① 根据控制系统性能指标建立设计模型;

② 确定控制方案,确定控制器控制参数;

③ 根据被控对象运动特性建立被控对象的仿真模型;

④ 将控制方案应用于仿真模型,进行系统仿真运行,描绘系统响应曲线;

⑤ 如果仿真结果证明系统性能指标较好,则调整控制参数进一步仿真。若能取得较好结果,说明所设计的系统鲁棒性好,达到了仿真目的;如需进一步对系统进行分析研究(如系统稳定性分析),则应建立尽可能精确的分析研究模型。

1. 被控对象模型的建立

为了分析系统性能,需要建立被控对象的数学模型(传递函数),这个过程可以通过阶跃响应来实现。

① 过阻尼响应　由前面通过实验测量的系统响应曲线图 4 - 24 可知,可将被控对象估计为一阶惯性环节,即

$$G(s) = \frac{K}{Ts+1}e^{-\tau s} \tag{4.33}$$

式中:T 为时间常数,$T=112$ s;K 为放大系数。阶跃响应实验时,广义对象输入控制信号为 4 V,对象输出稳定在 500 ℃,按经验放大系数 $K=500 \div 4=125$。图 4 - 24 中,响应输出无滞后,则 $\tau=0$。由此,仿真模型可粗略地写为

$$G(s) = \frac{125}{112 \, s+1} \tag{4.34}$$

② 欠阻尼响应　在控制工程实践中,二阶系统极为常见,而且许多高阶系统的运动特性在一定条件下可以用二阶系统的运动特性来表征。因此,对于欠阻尼阶跃响应,可以先将广义被控对象看做二阶模型。二阶系统传递函数为

$$G(s) = \frac{Y(s)}{R(s)} = \frac{1}{T^2 s^2 + 2\zeta T s + 1} = \frac{\omega_n^2}{s^2 + 2\zeta \omega_n s + \omega_n^2} \tag{4.35}$$

式中:T 为二阶系统的时间常数,ζ 为阻尼比,$\omega_n = 1/T$ 为无阻尼自然振荡频率。单位阶跃响应

$$y(t) = 1 - \frac{1}{\sqrt{1-\zeta^2}} e^{-\zeta \omega_n t} \sin(\omega_n \sqrt{1-\zeta^2} \, t + \beta) \qquad t \geqslant 0 \tag{4.36}$$

式中

$$\beta = \arctan \frac{\sqrt{1-\zeta^2}}{\zeta} \tag{4.37}$$

欠阻尼二阶系统的阶跃响应与特征参数 ζ 和 T(或 ω_n)有关,即

$$t_{\mathrm{r}} = \frac{\pi - \beta}{\omega_n \sqrt{1 - \zeta^2}} = \frac{\pi - \arctan\left(\dfrac{\sqrt{1 - \zeta^2}}{\zeta}\right)}{\omega_n \sqrt{1 - \zeta^2}} \tag{4.38}$$

$$t_{\mathrm{p}} = \frac{\pi}{\omega_n \sqrt{1 - \zeta^2}} \tag{4.39}$$

由实验测得的系统欠阻尼阶跃响应曲线可以测量出上升时间 $t_{\mathrm{r}} = 75$ s 及峰值时间 $t_{\mathrm{p}} = 115$ s，如图 4-27 所示。

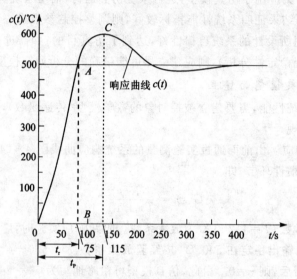

图 4-27　欠阻尼阶跃响应情况

由式(4.38)和式(4.39)可以计算出二阶模型的参数为

$$\zeta = 0.46, \qquad T = \frac{1}{\omega_n} = 32.52 \text{ s}$$

因此，被控对象的二阶参考模型为

$$G(s) = \frac{Y(s)}{R(s)} = \frac{1}{T^2 s^2 + 2\zeta T s + 1} = \frac{1}{1057 s^2 + 29.91 s + 1} \tag{4.40}$$

由于被控对象阶跃输入为 4 V 时，对象输出稳定在 500℃，因此得到广义对象的放大系数

$$K = 500/4 = 125$$

系统仿真模型为

$$G(s) = \frac{125}{1057 s^2 + 29.91 s + 1} \tag{4.41}$$

2. 系统仿真实验

有了对象的初步模型，就可以对模糊控制系统进行仿真。在 MATLAB 主窗口中单击工具栏中的 Simulink 快捷图标，弹出 "Simulink Library Browser" 窗口，单击

Create a new model 快捷图标,弹出模型编辑窗口,如图 4-28 所示。

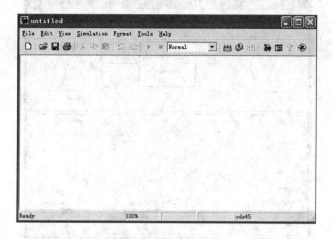

图 4-28 模型编辑窗口

从相关的模块库中依次把 Signal Generator(信号源)、Subtract(减运算)、Gain(增益)、Derivative(微分)、Mux(合成)、Fuzzy Logic Controller(模糊逻辑控制器)、Transter Fcn(传递函数)、Saturation(限幅)、Memory(存储器)、Scope(显示器)模块拖入模型编辑窗口,连接成系统仿真图,如图 4-29 所示。模糊控制器的两个输入上限幅均为 6,下限幅为-6;控制信号 $u(t)$ 的上限幅为 5 V,下限幅为 0 V。这个系统是闭环系统,图中的模糊控制器 FLC 可以是离线计算好的控制表,也可以采用 Fuzzy Tool 在线推理。本节采用 Fuzzy Tool 在线推理。

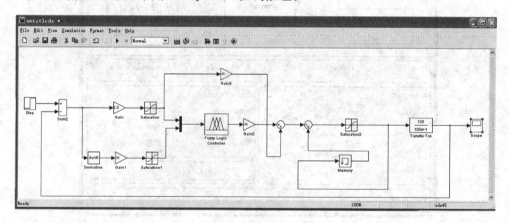

图 4-29 系统仿真图

在 MATLAB 命令窗口输入 fuzzy,并按回车键,弹出如图 4-30 所示的 FIS Editor 界面,即模糊推理系统编辑器。

本设计包含两个输入变量,在 FIS 编辑器界面上,执行菜单命令"Edit"→"Add Variable"→"Input",即可成为二维模糊推理系统,并在变量窗口将变量名称修改为

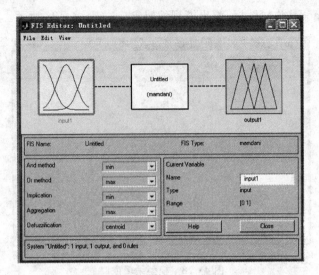

图 4 - 30　FIS Editor 界面

E、EC 和 U,结果如图 4 - 31 所示。

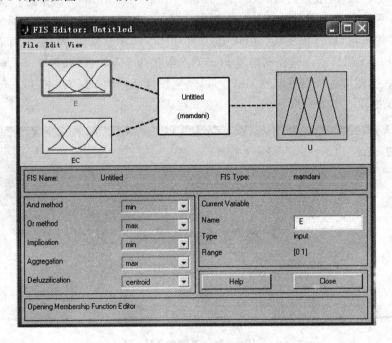

图 4 - 31　二维模糊推理系统

　　执行菜单命令 "File"→ "Export"→ "To File",在弹出的 "Save FIS"对话框中。输入 FIS 系统名称后,即可实现对 FIS 的名称编辑。

　　用鼠标左键双击输入变量 E,弹出如图 4 - 32 所示的输入变量 E 的隶属函数编辑器。执行菜单命令 "Edit"→ "Remove All MFs",然后执行菜单命令 "Edit"→

"Add MFs",弹出"Membership Function"对话框,将隶属函数的类型设置为
"gaussmf",并修改隶属函数的数目为"7",如图 4-33 所示。单击"OK"按钮返回。

在"Current Membership Function"区域编辑模糊子集的名称及位置。将各变
量的取值范围(Range)和显示范围(Display Range)均设置为[-6 6]。在输入变量 E
的图形显示区域选中相应的曲线,即可编辑该子集。语言值的隶属函数类型(Type)
设置为高斯型函数(Gaussmf),其名称(name)分别设置为 NB、NM、NS、ZO、PS、
PM、PB,其参数(Params)([宽度 中心点])将自动生成。编辑结果如图 4-34 所示。
按上述方法编辑输入变量 EC 和 U,但 U 的语言值的隶属函数类型(Type)应设置为
三角型函数(trimf),结果如图 4-35 所示。

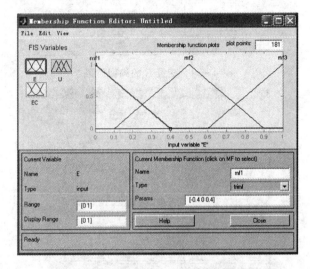

图 4-32　输入变量 E 的隶属函数编辑器

图 4-33　"Membership Function"对话框

在"FIS Editor"窗口中,执行菜单命令"Edit"→"Rules",打开 Rule 编辑器,并
将表 4-5 所示的 49 条控制规则输入到 Rule 编辑器中,如图 4-36 所示。

利用编辑器的"View→Rules"和'View→Surface"菜单命令,可得模糊推理系
统的模糊规则和输入/输出特性曲面,分别如图 4-37 和图 4-38 所示。

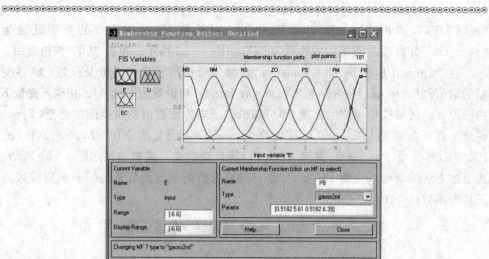

图 4 – 34   变量 *E* 的编辑结果

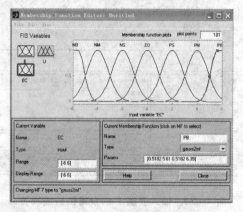

(a) 变量*EC*的编辑结果

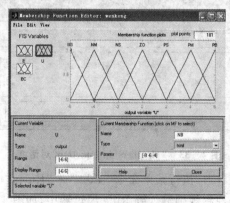

(b) 变量*U*的编辑结果

图 4 – 35   变量 *EC* 和 *U* 的编辑结果

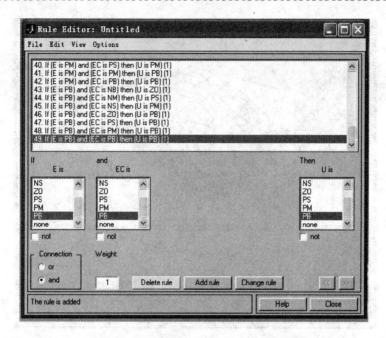

图 4 - 36　模糊控制器控制规则编辑器

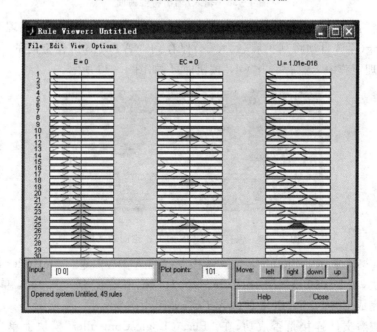

图 4 - 37　模糊规则浏览器

从图 4 - 38 中可以看出，输出变量 u 是关于两个输入变量 e、ec 的非线性函数 $u = F(e, ec)$，输入/输出特性曲面越平缓、光滑，系统的性能越好。

对模糊控制系统仿真模型进行仿真时，首先需要将 FIS 与 Simulink 连接。执行

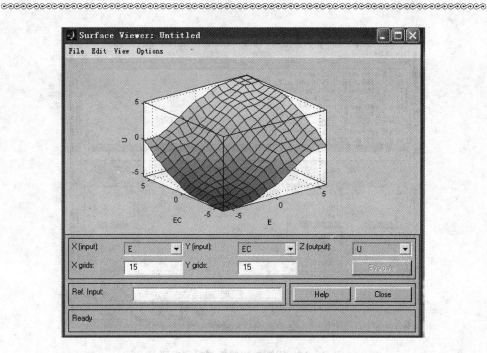

图 4 - 38　输入/输出特性曲面

FIS 编辑器的菜单命令"File→Export to Workspace",将当前的模糊推理系统以名字 wenkŏng(系统自动将其扩展名为. fis)保存到 MATLAB 工作空间的 wenkong. fis 模糊推理矩阵中。然后单击"OK"按钮即可,如图 4 - 39 所示。

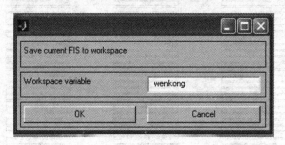

图 4 - 39　保存当前 FIS 到工作空间对话框

在图 4 - 29 所示的 Simulink 仿真系统中,双击 Fuzzy Logic Controller 模糊逻辑控制器模块,在"FIS File or Structure"参数对话框中输入"wenkong",单击"OK"按钮即可完成 FIS 与 Simulink 的嵌入工作,如图 4 - 40 所示。

接着查看文件连接是否成功,在"Fuzzy Logic Controller"模块上单击鼠标右键,将弹出快捷菜单,选择"Look Under Mask"选项,即可弹出检查嵌入对话框,如图 4 - 41 所示。

对话框中"FIS Wizard"模型框内写有"FIS",表明 FIS 嵌入成功,并且已和 Simulink 成功连接;如果写着"sffis",则表明连接失败,需要重新嵌入。

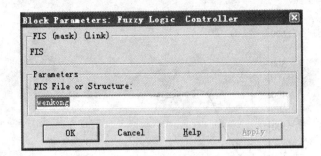

图 4 - 40　模糊逻辑控制器对话框

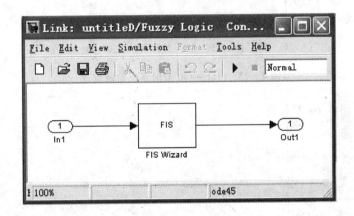

图 4 - 41　检查嵌入对话框

仿真过程是：

① 首先按照上面初选的一组参数 $K_e=0.3$，$K_{ec}=4.5$，$K_u=0.02$，$K_i=0.01$ 进行仿真，当系统输入为阶跃信号 $r(t)=400$ ℃时，其系统响应如图 4 - 42 所示。系统响应较快，无静差，最大超调 15 ℃。

② 将系数 K_e 变小，其他参数不变，即 $K_e=0.1$，$K_{ec}=4.5$，$K_u=0.02$，$K_i=0.01$，再次仿真，其系统响应如图 4 - 43 所示。系统超调明显减小，最大超调量为 2 ℃，这表明这组参数比初选参数更合理。

③ 在系统参数保持不变的情况下，$K_e=0.1$，$K_{ec}=4.5$，$K_u=0.02$，$K_i=0.01$，改变被控对象的模型，再次仿真。参看图 4 - 44 系统阶跃响应曲线。曲线 1 对应被控对象数学模型为 $G(s)=\dfrac{125}{100s+1}$，曲线 2 对应被控对象数学模型为 $G(s)=\dfrac{125}{75s+1}$，曲线 3 对应被控对象数学模型为 $G(s)=\dfrac{125}{1\,057s^2+30s+1}$。

可以看出，对于不同模型的被控对象，3 组曲线均达到了系统的性能指标设计要求，表明系统鲁棒性好，采用模糊控制是有效的。

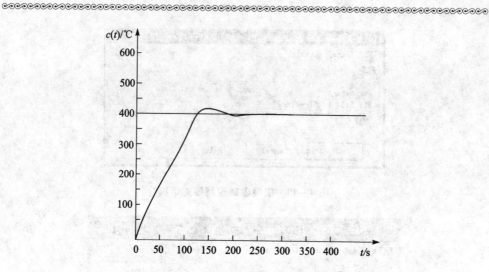

图 4 - 42　$r(t)=400$ ℃ 时系统阶跃响应

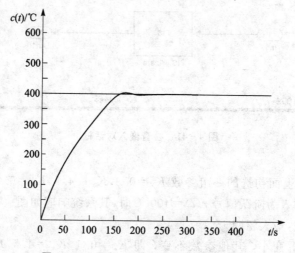

图 4 - 43　系数 K_e 变小时的系统阶跃响应

4.5.3　模糊控制器的实现

　　通过对控制系统的性能分析,可以看出模糊控制器的控制品质是优良的,设计的规则是合理的。

　　根据 4.3.7 节的介绍,模糊控制器可以采用在线推理实现。用高级语言(汇编语言、C 语言、Matlab 语言)编写模糊控制程序,计算机将程序转换成低级语言后可以直接移植到单片机、DSP 等微处理器中,实现在线推理、实时控制。

　　另一种实现方法是离线推理,即将控制表 4 - 6 作为查询表直接写入微处理器中,实现离线推理。这样,已知一个实测值,经适当转换后,即可从查询表中查到相应的控制值直接输出,这种方法实现比较简单。

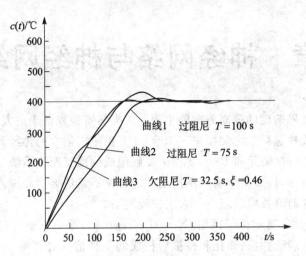

图 4-44　改变被控对象数学模型时系统阶跃响应

　　最后,设计硬件电路。硬件电路主要由 FPGA 控制器、数据采集电路、过流保护电路、隔离电路、驱动电路组成。各个模块在中央控制器 FPGA 的控制下协调工作。最后,联立闭环系统运行,如果控制效果不理想,需要修改参数,反复调试,直至满足设计要求。

第5章 神经网络与神经网络控制

人类是自然界造就的最高等智能生物。人类的智能来自于由大量神经元组成的大脑。根据现代神经科学之父拉蒙·卡哈尔 19 世纪末创立的神经元学说,人类大脑是由大约 10^{11} 亿个神经元和 $10^{14} \sim 10^{15}$ 个突触组成的巨型网络系统。长期以来,为揭开大脑机能的奥秘,许多科学家从不同角度进行了不懈地努力和探索,逐渐形成了一个多学科交叉的前沿技术领域——人工神经网络。

人工神经网络,简称神经网络(Neural Network),是对人脑神经网络的结构、功能以及特性进行理论抽象、简化和模拟后构成的一种信息处理系统。从系统的观点看,神经网络是由大量神经元通过极其丰富的连接构成的自适应非线性动态系统。神经网络特有的非线性自适应信息处理能力,使其在神经专家系统、模式识别、智能控制、组合优化、预测等领域得以成功应用。近年来,神经网络在模拟人类认知的研究上更加深入发展,并与模糊系统、遗传算法、进化机制等结合,形成计算智能,成为人工智能的一个重要方向,并在实际应用中快速发展。

基于神经网络的控制称为神经网络控制,简称神经控制(Neuro Control,NC)。这一术语最早源于 1992 年 H·Tolle 和 E·Ersu 出版的专著《Neuro Control》,后在国际自动控制联合会期刊《Automatica》1994 年第 11 期特刊上正式使用。神经网络控制已经发展成为智能控制的一个新分支,为解决复杂的非线性、不确定及不确知系统的控制问题开辟了新途径。本章将在介绍神经网络的发展史、分类、特点及应用等基础上,重点介绍典型神经网络的模型及神经网络控制的典型结构。

5.1 神经网络基础

5.1.1 生物神经元与人工神经元

1. 生物神经元的结构

生物神经元,也称神经细胞,是构成神经系统的基本单元。虽然神经元形态与功能多种多样,但都主要由细胞体、轴突、树突和突触构成,典型结构如图 5-1 所示。

(1)细胞体

根据生物学知识,细胞体由细胞核、细胞质和细胞膜等组成,其大小差异很大,小的直径仅 $5 \sim 6 \ \mu m$,大的可达 $100 \ \mu m$ 以上。细胞体是生物神经元的主体,也是生物神经元的新陈代谢中心,还负责接收并处理从其他生物神经元传递过来的信息。细胞体的内部是细胞核,外部是细胞膜。细胞膜外是许多外延的纤维,细胞膜内外有电位差,称为膜电位。电位极性膜外为正,膜内为负。

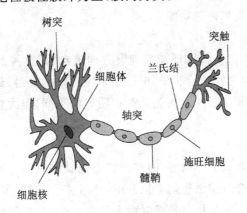

图 5-1 典型神经元结构

(2) 轴 突

轴突是神经细胞的细胞本体长出的突起,功能是传递细胞本体的动作电位至突触。在神经系统中,轴突是主要的神经信号传递渠道。大量轴突牵连一起,因其外型类似而称为神经纤维。单个轴突的直径大约在微米量级,但是其长度范围因类型而异。一些最长的轴突可长达 1 m 多。在脊椎动物中,许多神经元的轴突被髓鞘包裹。髓鞘的成分是施旺细胞。相邻的施旺细胞之间的轴突细胞膜没有髓鞘,这些裸露的部分称为兰氏结。动作电位在轴突上的传导速度因有无髓鞘而异。有髓鞘的轴突传导动作电位的速度较快,可达到 100 m/s 左右。

(3) 树 突

树突是神经元解剖结构的一部分,是从神经元的细胞本体发出的多分支突起。树突为神经元的输入通道,其功能是将自其他神经元所接收的动作电位(电信号)传送至细胞本体。其他神经元的动作电位借由位于树突分支上的多个突触传送至树突上。树突在整合自这些突触所接收到的信号以及决定此神经元将产生的动作电位强度上扮演了重要的角色。树突多呈树状分支,可接受刺激并将冲动传向胞体。通常一个神经元有一个或多个树突。

(4) 突 触

突触是轴突的终端,是生物神经元之间的连接接口,每一个生物神经元约有 $10^3 \sim 10^4$ 个突触。一个生物神经元通过其轴突的神经末梢,经突触与另一生物神经元的树突连接,以实现信息的传递。

2. 生物神经元的功能特点

从生物控制论的观点来看,作为控制和信息处理基本单元,生物神经元具有以下七个重要功能特点:

(1) 时空整合性

神经元对于不同时间通过同一突触传入的信息,具有时间整合功能;对于同一时间通过不同突触传入的信息,具有空间整合功能。两种功能相互结合,使生物神经元具有时空整合的输入信息处理功能。

（2）动态极化性

在每一神经元中,信息都以预知的确定方向流动,即从神经元的接收信息部分（细胞体、树突）传到轴突的起始部分,再传到轴突终端的突触,最后再传给另一神经元。尽管不同的神经元在形状及功能上都有明显的不同,但大多数神经元都按这一方向进行信息流动。

（3）兴奋与抑制状态

神经元具有两种常规工作状态,即兴奋状态与抑制状态。所谓兴奋状态是指神经元对输入信息经整合后使细胞膜电位升高,且超过了动作电位的阈值,此时产生神经冲动并由轴突输出。抑制状态是指对输入信息整合后,细胞膜电位值下降到低于动作电位的阈值,从而导致无神经冲动输出。

（4）结构的可塑性

由于突触传递信息的特性是可变的,也就是它随着神经冲动传递方式的变化,传递作用强弱不同,形成了神经元之间连接的柔性,这种特性又称为神经元结构的可塑性。

（5）脉冲与电位信号的转换

突触界面具有脉冲与电位信号的转换功能。沿轴突传递的电脉冲是等幅的、离散的脉冲信号,而细胞膜电位变化为连续的电位信号。这两种信号是在突触接口进行变换的。

（6）突触延期和不应期

突触对信息的传递具有时延和不应期,在相邻的两次输入之间需要一定的时间间隔,在此期间,无激励,不传递信息,称为不应期。

（7）学习、遗忘和疲劳

由于神经元结构的可塑性,突触的传递作用有增强、减弱和饱和的情况。所以,神经细胞也具有相应的学习、遗忘和疲劳效应（饱和效应）。

3. 人工神经元模型

由于人类目前对于生物神经网络的了解甚少,因此,人工神经网络远没有生物神经网络复杂,只是生物神经网络高度简化后的近似。生物神经元经抽象后,可得到如图 5-2 所示的一种人工神经元模型。它有连接权、求和单元、激发函数和阈值四个基本要素。

（1）连接权

连接权对应于生物神经元的突触,各个人工神经元之间的连接强度由连接权的权值表示,如图 5-2 中的 $\omega_{k1}, \omega_{k2}, \cdots, \omega_{kn}$。权值为正表示该神经元被激发,为负表示该神经元被抑制。

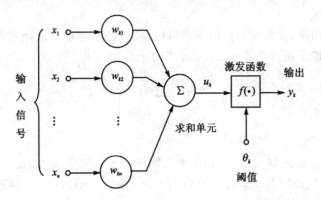

图 5-2　人工神经元模型

（2）求和单元

求和单元用于求取各输入信号的加权和（线性组合）。

（3）激发函数

激发函数起非线性映射作用，并将人工神经元输出幅度限制在一定范围内，一般限制在（0,1）或（-1,1）之间。人工神经元的激发函数有多种形式，最常见的有阶跃型、线性型、S 型和径向基函数型四种形式。它们的表达式和函数曲线分别见表 5-1和图 5-3 所列。

表 5-1　常见激发函数表达式

激发函数名称	表达式
阶跃型	$f(u_k) = \begin{cases} 1 & (u_k > 0) \\ 0 & (u_k \leqslant 0) \end{cases}$
线性型	$f(u_k) = cu_k$
S 型	$f(u_k) = \dfrac{1}{1 + \exp(-cu_k)}$
径向基函数	$f(u_k) = \exp\left[-\dfrac{(u_k - c_k)^2}{\sigma^2}\right]$

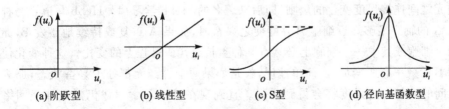

(a) 阶跃型　　　(b) 线性型　　　(c) S 型　　　(d) 径向基函数型

图 5-3　激发函数曲线

（4）阈　值

阈值的作用是，使激发函数的图形可以左右移动，增加解决问题的可能性，有时也称为偏差。该作用可用式（5.1）表示，即

$$\left.\begin{array}{l} u_k = \sum_{j=1}^{n} \omega_{kj} x_j \\ v_k = u_k - \theta_k \\ y_k = f(v_k) \end{array}\right\} \qquad (5.1)$$

式中，$x_1, x_2, \cdots, x_n$ 为输入信号，相当于生物神经元的树突；$\omega_{k1}, \omega_{k2}, \cdots, \omega_{kn}$ 为神经元 k 的权值；u_k 为线性组合结果；θ_k 为阈值；$f(\cdot)$ 为激发函数；y_k 为神经元 k 的输出，相当于生物神经元的轴突。

大量与生物神经元类似的人工神经元互连组成了人工神经网络。它的信息处理由神经元之间的相互作用来实现，并以大规模并行分布方式进行。信息的存储体现在网络中枢神经元互连的分布形式上。网络的学习和识别取决于神经元间连接权权值的动态演化过程。

5.1.2　神经网络的发展历史

人工神经网络的研究始于 20 世纪 40 年代，半个多世纪以来，经历了一条由兴起到衰退，又由衰退到兴盛的曲折发展过程。这一发展过程大致可以分为以下四个阶段。

1. 初始发展阶段

1943 年，美国心理学家 Warren S· McCulloch 与数学家 Water H·Pitts 合作，用逻辑数学工具研究客观事件在形式神经网络中的描述，开创了对神经网络的理论研究。他们在分析、总结神经元基本特性的基础上，首先提出了神经元的数学模型，简称 MP 模型。从脑科学研究来看，MP 模型不愧为第一个用数理语言描述脑的信息处理过程的模型。后来，MP 模型经过数学家的精心整理和抽象，最终发展成一种有限自动机理论，再一次展现了 MP 模型的价值。此模型沿用至今，直接影响着这一领域研究的进展。通常认为他们的工作是神经网络领域研究工作的起始。

1949 年，心理学家 D. O. Hebb 写了《行为的组织》一书，在这本书中他提出了神经元之间连接强度变化的规则，即后来著名的 Hebb 学习律。Hebb 写道："当神经细胞 A 的轴突足够靠近细胞 B 并能使之兴奋时，如果 A 重复或持续地激发 B，那么这两个细胞或其中一个细胞上必然有某种生长或代谢过程上的变化。这种变化使 A 激活 B 的效率有所增加"。简单地说，就是如果两个神经元都处于兴奋状态，那么它们之间的突触连接强度将会得到增强。直到现在，Hebb 学习律仍然是神经网络中的一个极为重要的学习规则。

1957 年，Frank Rosenblatt 首次提出并设计制作了著名的感知机。第一次从理论研究转入工程实现阶段，掀起了人工神经网络研究的高潮。感知机实际上是一个

连续可调的 MP 神经网络。他在 IBM704 计算机上进行了模拟,从模拟结果看,感知机有能力通过调整权值的学习达到正确分类的结果。它是一种学习和自组织的心理学模型,其中的学习律是突触的强化律。当时,世界上不少实验室仿效感知机,设计出各式各样的电子装置。

1962 年,Bernard Widrow 和 Marcian Hoff 提出了自适应线性元件网络,简称 Adaline。Adaline 是一种连续取值的线性加权求和阈值网络。他们不仅在计算机上对该网络进行了模拟,而且还做成了硬件。同时,为改进网络权值的学习速度和精度,他们还提出了 Widrow - Hoff 学习算法。后来,这个算法被称为 LMS 算法,即数学上的最速下降法。这种算法在以后的 BP 网络及其他信号处理系统中得到了广泛的应用。

在整个 20 世纪 60 年代,感知机非常流行,以至于人们认为它可以完成任何事。他们认为只要将感知机互连成一个网络,就可以由此模拟人脑的思维。

2. 低潮时期

盲目乐观的情绪并没有持续太久。1969 年,美国麻省理工学院著名的人工智能专家 M. Minsky 和 S. Papert 共同出版了《Perception》的专著。他们指出,单层的感知机只能用于线性问题的求解,而对于像 XOR(异或)这样简单的非线性问题却无法求解。他们还指出,能够求解非线性问题的网络,应该是具有隐层的多层神经网络,而将感知机模型扩展到多层网络是否有意义,还不能从理论上得到有力的证明。Minsky 的悲观结论对当时神经网络的研究是一个沉重的打击。由于当时计算机技术还不够发达,超大规模集成电路尚未出现,神经网络的应用还没有展开,而人工智能和专家系统正处于发展的高潮,从而导致很多研究者放弃了对神经网络的研究,致使在这以后的 10 年中,神经网络的研究进入了一个缓慢发展的低潮期。

值得庆幸的是,进入 20 世纪 70 年代后,虽然对神经网络理论的研究仍处于低潮时期,但仍有不少科学家在极其困难的条件下坚持不懈地努力工作。他们提出了各种不同的网络模型,开展了人工神经网络的理论研究和学习算法的研究。如 1972 年 Teuvo Kohonen 和 James Anderson 分别独立提出了能够完成记忆的新型神经网络,Stephen Grossberg 在自组织识别神经网络方面的研究也十分活跃。同时也出现了一些新的神经网络模型,如线性神经网络模型、自组织识别神经网络模型,以及将神经元的输出函数与统计力学中的玻耳兹曼分布联系的 Boltzmann 机等。

3. 复兴时期

在 20 世纪 60 年代,由于缺乏新思想和用于实验的高性能计算机,曾一度动摇了人们对神经网络的研究兴趣。到了 20 世纪 80 年代,随着个人计算机和工作站计算机能力的显著提高和广泛应用,以及新概念的不断引入,克服了摆在神经网络研究面前的障碍,人们对神经网络的研究热情空前高涨,其中有两个新概念对神经网络的复兴具有极大的意义。其一是用统计机理解释某些类型的递归网络的操作,这类网络可作为联想存储器。美国加州理工学院生物物理学家 John Hopfield 博士在 1982 年的研究论文中就论述了这些思想。在他提出的 Hopfield 网络模型中首次引入网络能量的概念，并给出了网络稳定性判据。Hopfield 网络不仅在理论分析与综合上均达到了相当的深度，最有意义的是该网络很容易用集成电路实现。Hopfield 网络引起了许多科学家的关注，也引起了半导体工业界的重视。1984 年，AT&T Bell 实验室宣布利用 Hopfield 理论研制成功了第一个硬件神经网络芯片。尽管早期的Hopfield 网络还存在一些问题，但不可否认，正是由于 Hopfield 的研究才点亮了神经网络复兴的火把，从而掀起了神经网络研究的热潮。其二是在 1986 年，Rumelhart和 McClelland 及其研究小组提出的 PDP 并行分布处理网络思想，为神经网络研究新高潮的到来起到了推波助澜的作用，其中最具影响力的误差反传算法就是他们二人提出的。该算法有力地回答了 20 世纪 60 年代 Minsky 和 Papert 对神经网络的责难，已成为至今影响最大、应用最广的一种网络学习算法。

4. 20 世纪 80 年代后期以来的热潮

20 世纪 80 年代中期以来，神经网络的应用研究取得很大的成绩，涉及面非常广泛。为了适应人工神经网络的发展，1987 年成立了国际神经网络学会，并于同年 6月在美国圣地亚哥召开了第一届国际神经网络会议。此后，神经网络技术的研究始终呈现出蓬勃活跃的局面，理论研究不断深入，应用范围不断扩大。尤其是进入 20世纪 90 年代后，随着 IEEE 神经网络会刊《IEEE Transactions on Neural Networks》的问世，各种论文专著逐年增加，在全世界范围内逐步形成了研究神经网络前所未有的新高潮。

从众多神经网络的研究和应用成果不难看出，神经网络的发展具有强大的生命力。尽管当前神经网络的智能水平不高，许多理论和应用性问题还未得到很好的解决，但是，随着人们对大脑信息处理机制认识的日益深化，以及不同智能学科领域之间的交叉与渗透，人工神经网络必将对智能科学的发展发挥更大的作用。

5.1.3　神经网络的分类

神经网络是以数学手段来模拟人脑神经网络的结构和特征的系统。利用人工神经元可以构成各种不同拓扑结构的神经网络，从而实现对生物神经网络的模拟和近似。

目前，神经网络模型的种类相当丰富，已有上百种神经网络模型。典型的有感知机、多层前向传播网络（BP 网络）、径向基函数网络、Hopfield 网络等神经网络。

根据神经网络的连接方式，神经网络可分为 3 种形式。

1. 前向型神经网络

前向型神经网络的结构如图 5-4 所示。

在前向型神经网络中，神经元分层排列，组成输入层、隐含层和输出层。每一层的神经元只接受前一层神经元的输入。输入模式经过各层的顺次变换后，由输出层输出。各神经元之间不存在反馈。感知机和误差反向传播 BP 网络属于前向型神经网络。

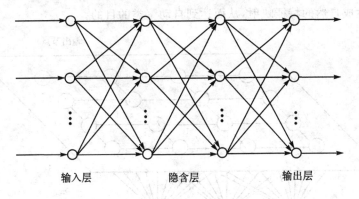

图 5 - 4 　前向型神经网络

2. 反馈型神经网络

反馈型神经网络结构如图 5 - 5 所示。

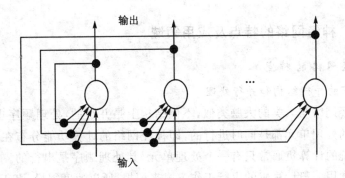

图 5 - 5 　反馈型神经网络

　　该网络结构在输出层到输入层间存在反馈,即每一个输入节点都有可能接受来自外部的输入和来自输出神经元的反馈。这种神经网络是一种反馈动力学系统,需要工作一段时间才能达到稳定。Hopfield 神经网络是反馈网络中最简单且应用最广泛的模型,具有联想记忆的功能,如果将 Lyapunov 函数定义为寻优函数,Hopfield 神经网络还可解决寻优问题。

3. 自组织型神经网络

该类型的神经网络结构如图 5 - 6 所示。

Kohonen 网络是最典型的自组织型神经网络。Kohonen 认为,当神经网络接受外界输入时,网络将分成不同的区域,不同区域具有不同的响应特征,即不同的神经元以最佳方式响应不同性质的信号激励,从而形成一种拓扑意义上的特征图。该特征图实际上是一种非线性映射。这种映射是通过无监督的自适应过程完成的,所以也称为自组织特征图。

Kohonen 网络通过无监督的学习方式进行权值的学习,稳定后的网络输出就对输入模式生成自然的特征映射,从而达到自动聚类的目的。

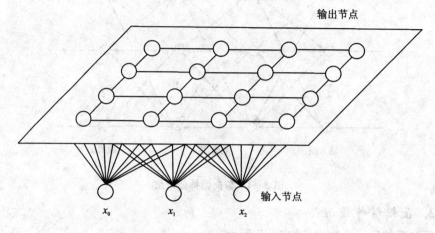

图 5 - 6   自组织型神经网络

5.1.4   神经网络的特点及应用领域

1. 神经网络的特点

(1) 固有的并行结构和并行处理

人工神经网络与人类的大脑类似,不但结构上是并行的,处理顺序也是并行的。在同一层内的处理单元都是同时进行的,即神经网络的计算功能分布在多个处理单元上。而传统的计算机通常只有一个处理单元,其处理顺序是串行的。目前的神经网络功能常常用一般计算机的串行工作方式来模拟,所以速度很慢,真正意义上的神经网络将大大提高处理速度,实现快速处理。

(2) 知识的分布存储

当一个神经网络输入一个激励时,它要在已存储的知识中寻找与该输入匹配最好的存储知识为其解。这犹如人们辨认潦草的笔迹,这些笔迹可以是变形的、失真的或缺损的,但人们善于根据上下文联想正确识别出笔迹,人工神经网络也具有这种能力。联想记忆的两个主要特点是存储语音的样本及可视图像等大量复杂数据的能力和可以快速将新输入图像进行归并分类为已存储图像的某一类。一般计算机善于高速串行运算,但不善于实时的图形识别。

(3) 容错性

人类大脑具有很强的容错能力,是因为大脑中的知识是存储在很多处理单元及与它们的连接上的。每天大脑的一些细胞都可能会自动死亡,但这并不影响人们的记忆和思考。

人工神经网络可以从不完善的数据和图形中进行学习和做出决定。由于知识存储在整个系统中,而不是在一个存储单元内,因此一定比例的节点不参与运算,对整个系统的性能不会产生重大影响。神经网络中承受硬件损坏的能力比一般计算机要强得多。

（4）自适应性与自学习性

人类有很强的适应外部的学习能力。小孩在周围环境的熏陶下可以学会很多事情。如通过学习可以认字、说话、走路、思考、判断等。人工神经网络也具有学习能力。一方面，通过有指导（或导师）的训练，将输入样本加到网络输入并给出相应的输出，通过多次训练和迭代获得连接权值。另一方面，通过无指导（或导师）的训练，网络通过训练自行调节连接权值，从而对输入样本分类。另外，神经网络的学习能力也表现在可以进行综合推理，如进行数字图形的识别时，对于不完善的数字图形或失真的数字图形仍能正确辨认。

2. 神经网络的性能优势

（1）模式分类

模式分类问题在神经网络中的表现形式为：将一个 n 维的特征向量映射为一个标量或向量表示的分类标签。分类问题的关键在于寻找恰当的分类面，将不同类别的样本区分开来。现实中的分类问题往往比较复杂，样本空间中相距较近的样本也可能分属不同的类别。

（2）聚　类

聚类与分类不同，分类需要提供已知其正确类别的样本，进行有监督学习。聚类则不需要提供已知样本，而是完全根据给定样本进行工作。如只需给定聚类的类别数 n，网络便自动按样本间的相似性将输入样本分为 n 类。

（3）回归与拟合

相似的样本输入在神经网络的映射下，往往能得到相近的输出。因此，神经网络对于函数拟合问题具有不错的解决能力。

（4）优化计算

优化计算是指在已知约束条件下，寻找一组参数组合，使得由该组合确定的目标函数达到最优值。BP 网络和其他网络的训练过程就是调整权值并使输出误差最小化的过程。神经网络的优化计算过程是一种软件计算，包含一定程度的随机性，对目标函数则没有过多的限制，计算过程不需要求导。

（5）数据压缩

神经网络将特定的知识存储于网络的权值中，相当于将原有的样本用更小的数据量进行表示，这实际上就是一个压缩过程。神经网络对输入样本提取模式特征，在网络的输出端恢复原有样本向量。

以上仅列举了神经网络的五个应用方面的性能优势。1988 年，《DARPA 神经网络研究报告》则详细列举了神经网络在不同行业中的应用实例，如表 5 - 2 所列。

表 5 - 2 神经网络的具体应用实例

应用行业	应用实例
航空航天	高性能飞机自动驾驶仪、飞行航线模拟、飞行器控制系统、自动驾驶增强、飞机构件模拟、飞机构件故障检测
汽车业	汽车自动驾驶系统、保单行为分析
银行业	支票和其他文档的读取、信用卡申请书评估
信用卡行为分析	用于辨别与遗矢的信用卡相关的不寻常的信用卡行为
国防工业	武器制造、目标跟踪与识别、脸部识别、新型传感器、声呐、雷达、图像处理与数据压缩、特征提取与噪声抑制
电 子	编码序列预测、集成电路芯片版图设计、过程控制芯片故障检测、机器人视觉、语音合成非线性建模
娱 乐	动画、特效、市场预测
金融业	房地产评价、货款指导、抵押审查、集团债务评估、信用曲线分析、有价证券交易程序、集团财政分析、货币价格预测等
工 业	预测熔炉产生的气体,取代复杂而昂贵的仪器
保 险	政策应用评估,产出最优化
制造业	制造业过程控制、产品设计与分析、过程及机器诊断、实时微粒识别、可视化质量检测系统、焊接质量分析、纸质预测、计算机芯片质量分析、化学产品设计分析、机器保养分析、工程投标、经营与管理、化学处理系统的动态建模等
医 学	乳腺癌细胞分析、EEG 和 ECG 分析、假体设计、移植时间最优化
石油天然气	勘探
机器人	行走路线控制、铲车机器人、操纵机器人、视觉系统等
语 音	语音识别、语音压缩、元音分类、文本－语音合成
有价证券	市场分析、自动债券评价、股票交易咨询系统等
电信业	图像与数据压缩、自动信息服务、实时语言翻译、用户付费处理系统
交 通	卡车诊断系统、车辆调度、行程安排系统等

近年来,随着神经网络的迅猛发展,人工神经网络将在越来越多的行业中发挥重要作用,应用前景更加广阔。

5.2 典型神经网络模型

自 1957 年 Frank Rosenblatt 构造了第一个人工神经网络模型感知机以来,据统计,已有上百种神经网络问世。其中,有 10 多种比较著名。限于篇幅,本节仅详细介绍最为常用的四种模型:感知机神经网络、BP 神经网络、RBF 神经网络和 Hopfield 神经网络。

5.2.1　感知机神经网络

感知机又称感知器（Perceptron），是美国神经学家 Frank Rosenblatt 在 1957 年提出的。1957 年，他成功地在 Cornell 航空实验室的 IBM704 机上完成了感知机的仿真，并于 1958 年发表《The Perceptron：A Probabilistic Model for Information Storage and Organization in the Brain》。两年后，他又成功实现了能够识别一些英文字母、基于感知机的神经计算机——Mark1，并于 1960 年 6 月 23 日展示公众。1962 年，他又出版了《Principles of Neurodynamics：Perceptrons and the theory of brain mechanisms》一书，向大众深入解释感知机的理论知识及背景假设。此书介绍了一些重要的概念及定理证明，例如感知机收敛定理。

虽然感知机最初被认为有着良好的发展潜能，但最终却被证明不能处理诸多的模式识别问题。1969 年，M. Minsky 和 S. Papert 在《Perceptrons》书中，仔细分析了以感知机为代表的单层神经网络系统的功能及局限，证明感知机不能解决简单的异或（XOR）等线性不可分问题，但 Rosenblatt 和 Minsky 及 Papert 等人在当时已经了解到多层神经网络能够解决线性不可分的问题。由于 Rosenblatt 等人没能够及时推广感知机学习算法到多层神经网络上，又由于《Perceptrons》在研究领域中的巨大影响及人们对书中论点的误解，造成了人工神经领域发展的长年停滞及低潮，直到人们认识到多层感知机没有单层感知机固有的缺陷及反向传播算法在 20 世纪 80 年代的提出后，有关研究才有所恢复。1987 年，《Perceptrons》中的错误得到了校正，并更名再版为《Perceptrons‐Expanded Edition》。

感知机至今仍是一种十分重要的神经网络模型，可以快速、可靠地解决线性可分的问题。理解感知机的结构和原理，也是学习其他复杂神经网络的基础。

1. 网络结构

图 5‐7 为感知机的两种网络结构：简单感知机和两层感知机。

从图中可以看出，在这种模型中，输入模式 $\boldsymbol{x}=[\ x_1,\ x_2,\cdots,\ x_n]^T$ 通过各输入节点分配给下一层的各节点。下一层可以是中间层（或称为隐含层），也可以是输出层。隐含层可以是一层也可以是多层。最后，通过输出层节点得到输出模式 $\boldsymbol{y}=[\ y_1,\ y_2,\cdots,\ y_m]^T$。在这类前馈网络中，既没有层内连接，也没有隔层的前馈连接。每一节点只能连接到其下一层的所有节点。

然而，对于含有隐含层的多层感知机，当时没有可行的训练方法，初期研究的感知机为一层感知机或称为简单感知机，通常就把它称为感知机。虽然简单感知机有其局限性，但人们对它进行了深入的研究，有关它的理论仍是研究其他网络模型的基础。如果在输入层和输出层单元之间加入一层或多层处理单元，即可构成多层感知机，如图 5‐7(b)所示。隐含层的作用相当于特征检测器，提取输入模式中包含的有效特征信息，使输出单元所处理的模式是线性可分的。但多层感知机模型只允许一层连接权值可调，原因是无法设计出一个有效的多层感知机学习算法。

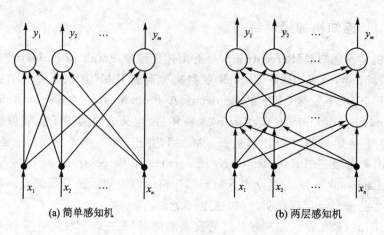

(a) 简单感知机　　　　　(b) 两层感知机

图 5-7　感知机神经网络结构图

值得注意的是,在神经网络中,由于输入层仅起输入信号的等值传输作用,而不对信号进行运算,故在定义神经网络层数时,一般不把输入层计算在内。也就是说,一般把隐含层称为神经网络的第一层,输出层称为神经网络的第二层(假如只有一个隐含层)。如果有两个隐含层,则第一个隐含层称为神经网络的第一层,第二个隐含层称为神经网络的第二层,而输出层称为神经网络的第三层。如果有多个隐含层,则依此类推。

2. 学习算法

感知机的学习是典型的有监督学习,可以通过样本训练达到学习的目的。训练的条件有两个:训练集和训练规则。感知机的训练集就是由若干个输入/输出模式对构成的一个集合。所谓输入/输出模式对是指由一个输入模式及其期望输出模式所组成的向量对,包括二进制值输入模式及其期望输出模式,每个输出对应一个分类。Frank Rosenblatt 已证明,如果两类模式是线性可分的(指存在一个超平面将它们分开),则算法一定收敛。

设有 n 个训练样本,在感知机训练期间,不断用训练集中的模式对训练网络。当给定某一个样本 p 的输入/输出模式对时,感知机输出单元会产生一个实际输出向量,再用期望输出与实际输出之差来修正网络连接权值。权值的修正采用简单的误差学习规则(即 δ 规则),它是一个有监督的学习过程,其基本思想是利用某个神经元的期望输出与实际输出之间的误差来调整该神经元与上一层中相应神经元的连接权值,最终减小这种偏差。也就是说,神经单元之间连接权值的变化正比于输出单元期望输出与实际输出的误差。

图 5-7(a)所示为具有 n 个输入、m 个输出的单层感知机神经网络。该网络通过一组权值 $w_{ij}(i=1,2,\cdots,m;j=1,2,\cdots,n)$ 与 m 个神经元组成。输出层第 i 个神经元的总输入与输出分别为

$$\mathrm{net}_i = \sum_{j=1}^{n} \omega_{ij} x_j - \theta_i \tag{5.2}$$

$$y_i = f(\mathrm{net}_i) \tag{5.3}$$

式中：θ_i 为输出层神经元 i 的阈值；n 为输入层的节点数；$f(\cdot)$ 为激发函数。感知机中的激发函数使用了阶跃限幅函数。因此，感知机能够将输入向量分为两个区域。简单感知机输出层的任意神经元 j 的连接权值 ω_{ij} 和阈值 θ_i 的修正公式为

$$\Delta\omega_{ij} = \eta(t_i^p - y_i^p) \cdot x_j^p = \eta e_i^p \cdot x_j^p, \quad i = 1,2,\cdots,m; j = 1,2,\cdots,n \tag{5.4}$$

$$\Delta\theta_i = \eta(t_i^p - y_i^p) = \eta e_i^p, \quad i = 1,2,\cdots,m; j = 1,2,\cdots,n \tag{5.5}$$

式中：t_i^p 表示在样本 p 作用下的第 i 个神经元的期望输出；y_i^p 表示在样本 p 作用下的第 i 个神经元的实际输出；η 为学习速率（$0 < \eta \leqslant 1$），用于控制权值调整速度。学习速率 η 较大时，学习过程加速，网络收敛较快。但 η 太大时，学习过程序易变得不稳定，且误差会加大。因此，学习速率的取值很关键。期望输出与实际输出之差为

$$e_i^p = t_i^p - y_i^p = \begin{cases} 1 & t_i^p = 1, \ y_i^p = 0 \\ 0 & t_i^p = y_i^p \\ -1 & t_i^p = 0, \ y_i^p = 1 \end{cases} \tag{5.6}$$

感知机神经网络学习算法的计算步骤如下：

① 初始化，置所有的加权系数为最小的随机数；

② 提供训练集，给出顺序赋值的输入向量 x_1，x_2，$\cdots$，x_n 和期望的输出向量 t_1，t_2，$\cdots$，t_n；

③ 计算实际输出，按式(5.2)和式(5.3)计算输出层各神经元的输出；

④ 按式(5.6)计算期望值与实际输出间的误差；

⑤ 按式(5.4)和式(5.5)调整输出层的加权系数 ω_{ij} 和阈值 θ_i；

⑥ 返回计算步骤③，直到误差满足要求为止。

3. 局限性

感知机的局限性是显而易见的。学者 Minsky 和 Papert 证明：建立在局部学习例子基础之上的 Rosenblatt 感知机没有进行全局泛化的能力。由于单层感知机可以变形为多层感知机，他们推测，这一点对于多层感知机也是一样的。这一悲观结论在一定程度上引起了对感知机乃至神经网络计算能力的怀疑。

感知机的几个缺陷可归纳如下：

① 感知机的激发函数使用阈值函数，使得输出只能取两个值(1，−1 或 0,1)，限制了在分类种类上的扩展。

② 感知机网络只对线性可分的问题收敛，这是最致命的一个缺陷。根据感知机收敛定理，只要输入向量是线性可分的，感知机总能在有限的时间内收敛。若问题不可分，则感知机无能为力。

③ 如果输入样本存在奇异样本，则网络的训练需要花费很长的时间。奇异样本就是数值上远远偏离其他样本的数据。这种情况下，感知机虽然也能收敛，但需要更

长的训练时间。

④ 感知机的学习算法只对单层有效,因此无法直接套用其规则设计多层感知机。

5.2.2 BP 神经网络

1986 年,Rumelhart 和 McClelland 等人完整而简明地提出了著名的误差反向传播算法(Error Back Propagation,简称 BP 算法),解决了多层神经网络的学习问题,极大地促进了神经网络的发展。这种神经网络就被称为 BP 神经网络。

BP 神经网络属于多层前向型神经网络。BP 网络是前向型神经网络的核心部分,也是整个人工神经网络体系中的精华,广泛应用于分类识别、逼近、回归、压缩等领域。在实际应用领域中,大约 80% 的神经网络模型采取了 BP 网络或 BP 网络的变化形式。

1. 结 构

BP 神经网络由输入层、输出层和隐含层组成。其中,隐含层可以为一层或多层。图 5-8 为含有一层隐含层 BP 神经网络的典型结构图。

BP 神经网络在结构上类似于多层感知机,但两者侧重点不同。BP 神经网络具有以下特点:

① 网络由多层构成。层与层之间全连接,同一层之间的神经元无连接。多层的网络设计使BP 网络能够从输入中挖掘更多的信息,完成更复杂的任务。

② BP 神经网络的传递函数必须可微分。因此,感知机的传

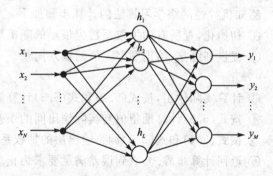

图 5-8 神经网络的结构

递函数——二值函数在这里不适用。BP 网络一般使用 S 型函数或线性函数作为传递函数。图 5-3 已给出 S 型函数的示意图。从图中可以看出,S 型函数是光滑可微分的函数,在分类时比线性函数更精确,容错性较好。它将输入从负无穷到正无穷的范围映射到 $(-1,1)$ 或 $(0,1)$ 区间内,具有非线性的放大功能。S 型函数可微分的特性使它可以利用梯度下降法。在输出层,如果采用 S 型函数,将会把输出限制在一个较小的范围。因此,BP 神经网络的典型设计是隐含层采用 S 型函数作为传递函数,而输出层则采用线性函数作为传递函数。

③ 采用误差反向传播算法进行学习。在 BP 神经网络中,数据从输入层经隐含层逐层向后传播。训练网络的权值时,则沿着减少误差的方向,从输出层经过中间各层逐层向前修正网络的连接权值。随着学习的不断进行,最终的误差越来越小。

2. 学习算法

确定 BP 网络的层数和每层的神经元个数以后,还需要确定各层之间的权值系数才能根据输入给出正确的输出值。BP 网络的学习属于有监督学习,需要一组已知目标输出的学习样本集。训练时先使用随机值作为权值,输入学习样本得到网络的实际输出。然后根据实际输出值与目标输出值计算误差,再由误差根据某种准则逐层修改权值,使误差减小。如此反复,直到误差不再下降,网络就训练完成了。修改权值有不同的规则。标准的 BP 神经网络沿着误差性能函数梯度的反方向修改权值,原理与 LMS 算法比较类似,属于最速下降法。此外,还有一些改进算法,如动量最速下降法、拟牛顿法等。

(1) 最速下降法

最速下降法又称梯度下降法,是一种可微分函数的最优化算法。最速下降法原理如下:对于实值函数 $F(x)$,如果 $F(x)$ 在某点 x_0 处有定义且可微,则函数在该点处沿着梯度相反的方向 $-\nabla F(x_0)$ 下降最快。因此,使用梯度下降法时,应首先计算函数在某点处的梯度,再沿着梯度的反方向以一定的步长调整自变量的值。

假设 $x_1 = x_0 - \eta \nabla F(x_0)$,当步长 η 足够小时,必有 $F(x_1) < F(x_0)$。因此,只需给定一个初始值 x_0 和步长 η,根据 $x_{n+1} = x_n - \eta \nabla F(x_n)$,就可以得到一个自变量 x 的序列,并满足

$$F(x_{n+1}) < F(x_n) < \cdots < F(x_1) < F(x_0)$$

反复迭代,就可以求出函数的最小值。根据梯度值可以在函数中画出一系列的等值线或等值面,在等值线或等值面上函数值相等。梯度下降法相当于沿着垂直于等值线方向向最小值所在位置移动。从这个意义上说,对于可微函数,最速下降法是求最小值或极小值最有效的一种方法。

最速下降法也有一些缺陷:

① 目标函数必须可微。对于不满足这个条件的函数,无法使用最速下降法进行求解。

② 如果最小值附近比较平坦,算法会在最小值附近停留很久,收敛缓慢。可能出现"之"字形下降。

③ 对于包含多个极小值的函数,所获得的结果依赖于初始值。算法有可能陷入局部极小值点,而没有达到全局最小值点。

对于 BP 神经网络来说,由于传递函数都是可微的,因此能满足最速下降法的使用条件。

(2) 最速下降 BP 法

标准的 BP 神经网络使用最速下降法来调整各层权值。下面以三层 BP 神经网络为例,推导标准 BP 神经网络的权值学习算法。

① 变量定义　以前面图 5-8 所示的典型三层 BP 神经网络为例,输入层神经元的个数为 N,隐含层的神经元的个数为 L,输出层神经元个数为 M;输入层、输出层和隐含层神经元的标记如图所示;从 x_N 到 h_L 的连接权值记为 w_{NL},从 h_L 到 y_M 的连接

权值为 w_{LM}；隐含层传递函数为 S 型函数，输出层传递函数为线性函数。

上述网络接受一个长为 N 的向量作为输入，最终输出一个长为 M 的向量。用 u 和 v 分别表示每一层的输入与输出，如 u_L^1 表示 L 层（即隐含层）第一个神经元的输入。网络的实际输出为

$$Y(n) = [v_M^1, v_M^2, \cdots, v_M^M]$$

网络的期望输出为

$$d(n) = [d_1, d_2, \cdots, d_M]$$

式中，n 为迭代次数。第 n 次迭代的误差信号定义为

$$e_m(n) = d_m(n) - Y_m(n) \tag{5.7}$$

将误差能量定义为

$$e(n) = \frac{1}{2} \sum_{m=1}^{M} e_m^2(n) \tag{5.8}$$

下一步，可以计算出工作信号的正向传播过程。输入层输出即整个网络的输入信号为

$$v_N^i(n) = x(n) \tag{5.9}$$

隐含层第 l 个神经元的输入等于 $v_N^i(n)$ 的加权和为

$$u_L^i(n) = \sum_{i=1}^{N} \omega_{il}(n) v_N^i(n) \tag{5.10}$$

由于 $f(\cdot)$ 为 S 函数，因此，隐含层第 l 个神经元的输出等于

$$v(n) = f(u_L^i(n)) \tag{5.11}$$

输出层第 m 个神经元的输入等于 $v_L^i(n)$ 的加权和为

$$u_M^m(n) = \sum_{i=1}^{L} \omega_{im}(n) v_L^i(n) \tag{5.12}$$

输出层的第 m 个神经元的输出等于

$$v_M^m(n) = g(u_M^m(n)) \tag{5.13}$$

输出层第 m 个神经元的误差为

$$e_m(n) = d_m(n) - v_M^m(n) \tag{5.14}$$

网络的总误差为

$$e(n) = \frac{1}{2} \sum_{m=1}^{M} e_m^2(n) \tag{5.15}$$

② 分析误差信号反向的传播过程　在权值调整阶段，沿着网络逐层反向进行调整。首先，要调整隐含层与输出层之间的权值 ω_{lm}。根据最速下降法，应计算误差对 ω_{lm} 的梯度 $\partial e(n)/\partial \omega_{lm}(n)$，梯度值可由偏导求得。再沿着反方向进行调整，即

$$\Delta \omega_{lm}(n) = -\eta \frac{\partial e(n)}{\partial \omega_{lm}(n)} \tag{5.16}$$

$$\omega_{lm}(n+1) = \Delta \omega_{lm}(n) + \omega_{lm}(n)$$

根据微分的链式规则,有

$$\frac{\partial e(n)}{\partial \omega_{lm}(n)} = \frac{\partial e(n)}{\partial e_m(n)} \cdot \frac{\partial e_m(n)}{\partial v_M^m(n)} \cdot \frac{\partial v_M^m(n)}{\partial u_M^m(n)} \cdot \frac{\partial u_M^m(n)}{\partial \omega_{lm}(n)} \tag{5.17}$$

由于 $e(n)$ 是 $e_m(n)$ 的二次函数,其微分为一次函数,即

$$\left. \begin{array}{l} \dfrac{\partial e(n)}{\partial e_m(n)} = e_m(n) \\[3mm] \dfrac{\partial e_m(n)}{\partial v_M^m(n)} = -1 \end{array} \right\} \tag{5.18}$$

输出层传递函数的导数为

$$\left. \begin{array}{l} \dfrac{\partial v_M^m(n)}{\partial u_M^m(n)} = g'(u_M^m(n)) \\[3mm] \dfrac{\partial u_M^m(n)}{\partial w_{lm}(n)} = v_M^m(n) \end{array} \right\} \tag{5.19}$$

因此,梯度值为

$$\frac{\partial e(n)}{\partial \omega_{lm}(n)} = -e_m(n)g'(u_M^m(n))v_L^l(n) \tag{5.20}$$

权值修正量为

$$\Delta \omega_{lm}(n) = \eta e_m(n)g'(u_M^m(n))v_L^l(n) \tag{5.21}$$

引入局部梯度定义

$$\delta_M^i = \frac{\partial e(n)}{\partial u_M^m(n)} = -\frac{\partial e(n)}{\partial e_m(n)} \cdot \frac{\partial e_m(n)}{\partial v_M^m(n)} \cdot \frac{\partial v_M^m(n)}{\partial u_M^m(n)} = e_m(n)g'(u_M^m(n))$$

因此,权值修正量可表示为

$$\Delta \omega_{ij}(n) = \eta \delta_j^i v_I^i(n) \tag{5.22}$$

局部梯度指明权值所需要的变化。神经元的局部梯度等于该神经元的误差信号与传递函数导数的乘积。在输出层,传递函数一般为线性函数,因此其导数为 1,即

$$g'(u_j^i(n)) = 1$$

代入式(5.21),可得

$$\Delta \omega_{ij}(n) = \eta e_j(n)v_I^i(n) \tag{5.23}$$

输出神经元的权值修正相对简单。

③ 误差信号向前传播,对输入层与隐含层之间的权值 ω_{il} 进行调整。与上一步类似,应有

$$\Delta \omega_{il}(n) = \eta \delta_L^l v_N^i(n) \tag{5.24}$$

$v_N^i(n)$ 为输入神经元的输出,$v_N^i(n) = x^i(n)$;δ_L^l 为局部梯度,定义为

$$\delta_L^l = -\frac{\partial e(n)}{\partial u_L^l(n)} = -\frac{\partial e(n)}{\partial v_L^l(n)} \cdot \frac{\partial v_L^l(n)}{\partial u_L^l(n)} = -\frac{\partial e(n)}{\partial v_L^l(n)} f'(u_L^l(n)) \tag{5.25}$$

式中 $f(g)$ 为 S 型传递函数。由于隐含层不可见,因此无法直接求解误差对该层输出值的偏导数 $\dfrac{\partial e(n)}{\partial v_L^l(n)}$。这里需要使用上一步计算中求得的输出层节点的局部梯度,即

$$\frac{\partial e(n)}{\partial v_L^l(n)} = \sum_{m=1}^{M} \delta_M^m \omega_{lm} \quad\quad (5.26)$$

故有

$$\delta_L^l = f'(u_L^l(n)) \sum_{m=1}^{M} \delta_M^m \omega_{lm} \quad\quad (5.27)$$

至此,三层 BP 网络的一轮权值调整就完成了。调整的规则可总结为:

权值调整量 $\Delta\omega$ = 学习率 η · 局部梯度 δ · 上一层输出信号 v

当输出层传递函数为线性函数时,输出层与隐含层之间的权值调整规则类似于线性神经网络的权值调整规则。BP 神经网络的复杂之处在于,隐含层与隐含层之间、隐含层与输入层之间调整权值时,局部梯度的计算需要用到上一步的计算结果。前一层的局部梯度是后一层局部梯度的加权和。正是这个原因,BP 网络学习权值时只能从后向前依次计算。

(3) 串行和批量训练方式

给定一个训练集,修正权值的方式有串行方式和批量方式两种。前面讲述了使用最速下降法逐层训练 BP 神经网络的过程。工作信号正向传播,根据得到的实际输出计算误差,再反向修正各层权值。因此,呈现的过程实际上是串行方式,它将每个训练样本依次输入网络进行训练。串行方式又可称为在线方式、递增方式或随机方式。网络每获得一个新样本就计算一次误差并更新权值,直到样本输入完毕。在串行运行方式中,每个样本依次输入,需要的存储空间更少。训练样本的选择是随机的,可以降低网络陷入局部最优的可能性。而批量方式时,网络获得所有的训练样本,计算所有样本均方误差的和作为总误差。批量学习方式比串行方式更容易实现并行化。由于所有样本同时参加运算,因此批量方式的学习速度往往远优于串行方式。

(4) 最速下降 BP 法的改进

标准的最速下降法在实际应用中有收敛速度慢的缺点。针对标准 BP 算法的不足,出现了几种改进方法,如动量 BP 算法、可变学习率 BP 算法、拟牛顿法等。

① 动量 BP 法　动量 BP 法是在标准 BP 算法的权值更新阶段引入动量因子 $\alpha(0 < \alpha < 1)$,使权值修正值具有一定惯性,即

$$\Delta\omega(n) = -\eta(1-\alpha) \nabla e(n) + \alpha\Delta\omega(n-1) \quad\quad (5.28)$$

与标准的最速下降 BP 法相比,更新权值时,式(5.28)多了一个因式 $\alpha\Delta w(n-1)$。它表示,本次权值的更新方向和幅度不仅与本次计算所得的梯度有关,还与上一次更新的方向和幅度有关。这一因式的加入使权值的更新具有一定惯性,且具有了一定的抗震荡能力和加快收敛的能力。原理如下:

● 如果前后两次计算所得的梯度方向相同,则按标准 BP 法,两次权值更新的方向相同。在式(5.28)中,表示本次梯度反方向的 $-\eta(1-\alpha) \Delta e(n)$ 项与上次的权值更新方向相加,得到的权值较大,可以加速收敛过程,不至于在梯度方向单一的位置停留过久。

● 如果前后两次计算所得梯度方向相反,则说明两个位置之间可能存在一个极小值。此时,应减小权值修改量,防止产生振荡。标准的最速下降法采用固定大小的学习率,无法根据情况调整学习率的值。在动量 BP 法中,由于本次梯度的反方向 $-\eta(1-\alpha)\nabla e(n)$ 与上次权值更新的方向相反,其幅度会被 $\alpha\Delta\omega(n-1)$ 抵消一部分,得到一个较小的步长,更容易找到最小值点,而不会陷入振荡。具体应用中,动量因子一般取 $0.1\sim0.8$。

② 学习率可变的 BP 算法　在标准的最速下降 BP 法中,学习率是一个常数。因此,学习率的选择对性能的影响巨大。如果学习率过小,则收敛速度慢;如果学习率过大,则容易出现振荡。对于不同的问题,只能通过经验来大致确定学习率。事实上,在训练的不同阶段,需要的学习率值是不同的;如方向较为单一的区域,可选用较大的学习率;在“山谷”附近,应该选择较小的学习率。如果能自适应地判断出不同情况下学习率的值,将会提高算法的性能和稳定性。

学习率可变的 BP 算法一般通过观察误差的增减来判断算法运行的阶段。当误差以减小的方式趋于目标时,说明修正方向是正确的,可以增加学习率。当误差增加超过一定范围时,说明前一步修正进行得不正确,应减小步长,并撤销前一步修正过程。

③ 拟牛顿法　牛顿法是一种基于泰勒级数展开的快速优化算法。迭代公式如下

$$\omega(n+1) = \omega(n) - \boldsymbol{H}^{-1}(n)g(n) \tag{5.29}$$

$\boldsymbol{H}$ 为误差性能函数的 Hessian 矩阵,包含了误差函数的导数信息。例如,对于二元可微函数 $f(x,y)$,其 Hessian 矩阵为

$$\boldsymbol{H} = \begin{bmatrix} \dfrac{\partial^2 f}{\partial x^2} & \dfrac{\partial^2 f}{\partial x \partial y} \\[3mm] \dfrac{\partial^2 f}{\partial y \partial x} & \dfrac{\partial^2 f}{\partial y^2} \end{bmatrix} \tag{5.30}$$

牛顿法具有收敛快的优点,但需要计算误差性能函数的二阶导数,计算较为复杂。如果 Hessian 矩阵非正定,可能导致搜索方向不是函数下降方向。因此,用一个不包含二阶导数的矩阵近似 Hessian 矩阵的逆矩阵就会得到相应的改进算法,即拟牛顿法。

拟牛顿法只需要知道目标函数的梯度,通过测量梯度的变化进行迭代,收敛速度大大优于最速下降法。拟牛顿法有 DFP 方法、BFGS 方法、SR1 方法和 Broyden 族方法。

④ LM (Levenberg-Marquardt)算法　LM 算法类似拟牛顿法,都是为避免修正速率时计算 Hessian 矩阵而设计的。当误差性能函数具有平方和误差的形式时,Hessian 矩阵可近似表示为

$$\boldsymbol{H} = \boldsymbol{J}^{\mathrm{T}}\boldsymbol{J} \tag{5.31}$$

梯度可表示为

$$g = J^T e \tag{5.32}$$

式中：J 包含误差性能函数对网络权值一阶导数的雅克比矩阵。LM 算法根据下式修正网络权值，即

$$\omega(n+1) = \omega(n) - [J^T J + \mu I]^{-1} J^T e \tag{5.33}$$

当 $\mu = 0$ 时，LM 算法退化为牛顿法。当 μ 很大时，式(5.33)相当于步长较小的梯度下降法。由于雅克比矩阵比 Hessian 矩阵易于计算，因此速度非常快。

3. 局限性

现已证明，BP 网络具有实现任何复杂非线性映射的能力，特别适合求解内部机制复杂的问题。在神经网络的实际应用中，大部分时候都使用 BP 神经网络。但 BP 神经网络也有一些难以克服的局限性，表现在以下几个方面：

① 需要的参数较多，且参数的选择没有有效的方法。确定一个 BP 神经网络需要知道网络的层数、每一层的神经元个数和权值。网络的权值由训练样本和学习率参数经过学习得到。隐含层神经元的个数如果太多，会引起过学习；而神经元太少，又导致欠学习。如果学习率过大，容易导致学习不稳定；学习率过小，又将延长训练时间。这些参数的合理值还要受具体问题的影响。到目前为止，只能通过经验给出一个粗略的范围，缺乏简单有效的确定参数的方法，导致算法很不稳定。

② 容易陷入局部最优。BP 算法理论上可以实现任意非线性映射，但在实际应用中，也可能陷入到局部极小值中。此时，可以通过改变初始值、多次运行的方式，获得全局最优值。也可以改变算法，通过加入动量项或其他方法，使连接权值以一定概率跳出局部最优点。

③ 样本依赖性。网络模型的逼近和推广能力与学习样本的典型性密切相关。如何选取典型样本是一个很困难的问题。算法的最终效果与样本都有一定关系，这一点在神经网络中体现得尤为明显。如果样本集合代表性差，矛盾样本多，存在冗余样本，网络就很难达到预期的性能。

④ 初始权重敏感性。训练的第一步是给定一个较小的随机初始权重，由于权重是随机给定的，BP 网络往往具有不可重现性。

下面通过一个手工算例演示 BP 网络权值的更新过程。

例 5.1　假设某多层感知器对于输入 $(x_1, x_2)^T = (1,3)^T$ 的期望输出为 $(d_1, d_2)^T = (0.95, 0.05)^T$，网络的初始权值如图 5-9 所示。如果采用 BP 算法更新网络权值，给出权值的一步更新过程。这里，神经元激活函数为 $f(x) = \dfrac{1}{1+e^{-x}}$，学习率为 $\eta = 1$。

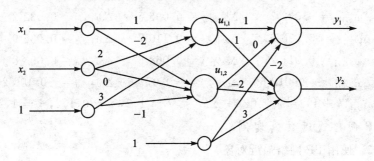

图 5 - 9　例 5.1 多层感知器

解　① 设定最大容许逼近偏差 E_{min} 和最大迭代次数 T_{max}，并令初始迭代次数 $t=0$。

② 计算在当前的网络连接权值下，对于网络输入的神经网络输出

$$\mathrm{Net}_{1,1} = \omega_{1,1,1} \cdot x_1 + \omega_{1,1,2} \cdot x_2 + \omega_{1,1,0} = 1 \cdot x_1 + (-2) \cdot x_2 + 3 = -2$$

$$\mathrm{Net}_{1,2} = \omega_{1,2,1} \cdot x_1 + \omega_{1,2,2} \cdot x_2 + \omega_{1,2,0} = 2 \cdot x_1 + 0 \cdot x_2 - 1 = 1$$

$$u_{1,1} = \frac{1}{1+e^{-\mathrm{Net}_{1,1}}} = \frac{1}{1+e^2} = 0.1192$$

$$u_{1,2} = \frac{1}{1+e^{-\mathrm{Net}_{1,2}}} = \frac{1}{1+e^{-1}} = 0.731$$

$$\mathrm{Net}_{2,1} = \omega_{2,1,1} \cdot u_{1,1} + \omega_{2,1,2} \cdot u_{1,2} + \omega_{2,1,0} = 1 \cdot u_{1,1} + 0 \cdot u_{1,2} - 2 = -1.8808$$

$$\mathrm{Net}_{2,2} = \omega_{2,2,1} \cdot u_{1,1} + \omega_{2,2,2} \cdot u_{1,2} + \omega_{2,2,0} = 1 \cdot u_{1,1} + (-2) \cdot u_{1,2} + 3 = 1.6572$$

$$y_1 = u_{2,1} = \frac{1}{1+e^{-\mathrm{Net}_{2,1}}} = 0.1323$$

$$y_2 = u_{2,2} = \frac{1}{1+e^{-\mathrm{Net}_{2,2}}} = 0.8399$$

③ 判断神经网络的逼近偏差是否满足要求或迭代次数是否达到最大迭代次数，即

$$\| d - y \| < E_{min} \quad \mathrm{or} \quad t \geqslant T_{max}$$

只要上述不等式中有一个满足，就退出网络权值更新过程；否则，进入权值更新。

本例中样本只有一个，根据式(5.23)和式(5.24)可知，输出层和隐含层之间连接权调整公式为

$$\Delta\omega_{2,q,j} = \eta\delta_{2,q}u_{2,q}(1-u_{2,q})u_{1,j} \quad j=0,1,2 \quad q=1,2$$

隐含层和输入层之间连接权调整公式为

$$\Delta\omega_{1,j,i} = \eta\delta_{1,j}u_{1,j}(1-u_{1,j})x_i \quad i=0,1,2 \quad j=1,2$$

计算结果为

$$\Delta\omega_{1,1,1} = 0.032\ 2 \qquad \Delta\omega_{1,1,2} = 0.096\ 5 \qquad \Delta\omega_{1,1,0} = 0.032\ 2$$

$$\Delta\omega_{1,2,1} = 0.036\ 9 \qquad \Delta\omega_{1,2,2} = 0.110\ 7 \qquad \Delta\omega_{1,2,0} = 0.036\ 9$$

$$\Delta\omega_{2,1,1} = 0.011\ 2 \qquad \Delta\omega_{2,1,2} = 0.068\ 6 \qquad \Delta\omega_{2,1,0} = 0.093\ 8$$

$$\Delta\omega_{2,2,1} = -0.012\ 66 \qquad \Delta\omega_{2,2,2} = -0.077\ 6 \qquad \Delta\omega_{2,2,0} = -0.106\ 2$$

$$\omega_{l,j,i}(k+1) = \omega_{l,j,i}(k) + \Delta\omega_{l,j,i} \quad l = 1,2,\ i = 0,1,2,\ j = 1,2$$

4. BP 网络逼近仿真实例

例 5.2　使用 BP 网络逼近对象:

$$y(k) = u(k)^3 + \frac{y(k-1)}{1 + y(k-1)^2}$$

采样时间取 1 ms,输入信号为 $u(k) = 0.5\sin(6\pi t)$。BP 神经网络输入层有 2 个节点,隐层有 6 个节点,输出层有 1 个节点。权值 ω_1,ω_2 的初始值取 $[-1,+1]$ 之间的随机值,取 $\eta = 0.50,\alpha = 0.05$。

采用 Matlab 实现的 BP 网络逼近程序如下,仿真结果如图 5-10~图 5-12 所示。

```
% BP identification
clear all;
close all;

xite = 0.50;
alfa = 0.05;

w2 = rands(6,1);
w2_1 = w2;w2_2 = w2_1;

w1 = rands(2,6);
w1_1 = w1;w1_2 = w1;

dw1 = 0 * w1;

x = [0,0]';

u_1 = 0;
y_1 = 0;
I = [0,0,0,0,0,0]';
Iout = [0,0,0,0,0,0]';
FI = [0,0,0,0,0,0]';

ts = 0.001;
for   k = 1:1:1000

time(k) = k * ts;

u(k) = 0.50 * sin(3 * 2 * pi * k * ts);

y(k) = u_1^3 + y_1/(1 + y_1^2);

for   j = 1:1:6
```

```
    I(j) = x' * w1(:,j);
    Iout(j) = 1/(1 + exp( - I(j)));
end

yn(k) = w2' * Iout;          % Output of NNI networks

e(k) = y(k) - yn(k);       % Error calculation

w2 = w2_1 + (xite * e(k)) * Iout + alfa * (w2_1 - w2_2);

for j = 1:1:6
  FI(j) = exp( - I(j))/(1 + exp( - I(j)))^2;
end

for i = 1:1:2
  for j = 1:1:6
    dw1(i,j) = e(k) * xite * FI(j) * w2(j) * x(i);
  end
end
w1 = w1_1 + dw1 + alfa * (w1_1 - w1_2);

%%%%%%%%%%%%%%% Jacobian %%%%%%%%%%%%%%%%%%%
yu = 0;
for j = 1:1:6
yu = yu + w2(j) * w1(1,j) * FI(j);
end
dyu(k) = yu;

x(1) = u(k);
x(2) = y(k);

w1_2 = w1_1;w1_1 = w1;
w2_2 = w2_1;w2_1 = w2;
u_1 = u(k);
y_1 = y(k);
end
figure(1);
plot(time,y,'r',time,yn,'b');
xlabel('times');ylabel('y and yn');
figure(2);
plot(time,y - yn,'r');
xlabel('times');ylabel('error');
figure(3);
plot(time,dyu);
xlabel('times');ylabel('dyu');
```

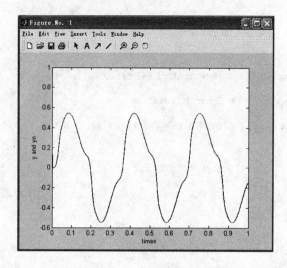

图 5 - 10　BP 网络逼近效果

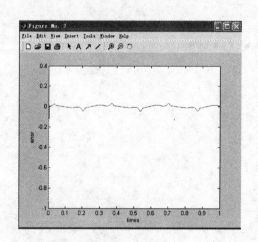

图 5 - 11　BP 网络逼近误差

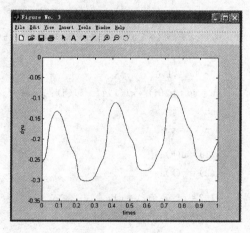

图 5 - 12　Jacobian 信息的辨识

5.2.3　RBF 神经网络

多层前向神经网络具有较强的函数逼近能力和学习能力,其理论分析也以函数逼近理论为基础。1985 年,英国剑桥的 Powell 提出了径向基函数插值与逼近方法(Radial Basis Function,简称 RBF)。RBF 是一类中心点径向对称且逐渐向外衰减的非线性函数,具有局部表征能力强、逼近性能优的特点,成为解决多元函数插值与逼近的有效工具。1988 年,Moody 和 Darken 在此基础上提出了 RBF 神经网络。RBF 神经网络属于前向型神经网络,能够以任意精度逼近任意连续函数,特别适合于解决分类问题。

1. 网络结构

RBF 神经网络的结构与 BP 神经网络类似,是一种由输入层、隐含层和输出层组成的三层前向网络,如图 5－13 所示。

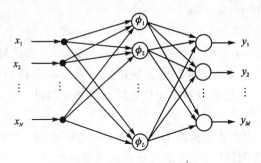

图 5－13　RBF 神经网络结构

在 RBF 神经网络中,第一层为输入层,仅起传输信号的作用,节点个数等于输入的维数;第二层为隐含层,节点的个数根据问题的复杂度而定;第三层为输出层,节点个数等于输出数据的维数。与前面所讲述的神经网络相比较,径向基神经网络的输入层和隐含层之间可以看作连接权值为 1 的连接;输出层是对线性权值进行调整,采用的是线性优化策略;而隐含层是对激发函数(格林函数或高斯函数,一般取高斯函数)的参数进行调整,采用的是非线性优化策略,因而学习速度较慢。

2. 学习算法

根据径向基函数中心确定方法的不同,RBF 神经网络有不同的学习策略。常见的有 4 种:随机选取固定中心、自组织选取中心、有监督选取中心和正交最小二乘法。

(1) 随机选取固定中心

在径向基函数网络中,需要训练的参数有三个,分别是隐含层中径向基函数的中心、隐含层中基函数的标准差及隐含层与输出层间的权值。

在随机选取固定中心的方法中,径向基函数的中心和标准差都是固定的,唯一需要训练的参数是隐含层与输出层间的权值。当输入的数据比较典型、有代表性时,这是一种简单可行的方法。隐含层基函数的中心随机地从输入的样本数据选取且固定不变。确定中心以后,基函数的标准差按下式选取

$$\sigma = \frac{d_{\max}}{\sqrt{2n}} \tag{5.34}$$

式中:$d_{\max}$是所选取的中心之间的最大距离,n 为隐含节点的个数。这样可以防止径向基函数出现太尖或太平的情况。

确定中心和标准差之后,得到基函数

$$\varphi(\parallel X_k - X_i \parallel) = \exp\left(-\frac{n}{d_{\max}^2} \parallel X_k - X_i \parallel^2\right), \quad i = 1,2,\cdots,n \tag{5.35}$$

下一步采用伪逆法求输出的权值 w。假设 $d = \{d_{kj}\}$ 为期望输出,d_{kj} 为第 k 个输

入向量在第 j 个输出节点的期望输出值，w_{ij} 为从第 i 个隐含节点到第 j 个输出节点的权值（$i=1,2,\cdots,I$；$j=1,2,\cdots,J$），则输出权值矩阵 ω 可用下式求得

$$\omega = G^+ d \tag{5.36}$$

式中，$G=\{g_{ki}\}$，矩阵 $\omega=\omega_{ij}$。其中

$$g_{ki} = \varphi(\|X_k - X_i\|^2), \quad k=1,2,\cdots,K; \quad i=1,2,\cdots,I$$

是第 k 个输入向量在第 i 个隐含节点的输出值，共有 K 个训练输入向量。$(\cdot)^+$ 表示伪逆，又称广义逆，可以通过奇异值分解（SVD）求得。奇异值分解是线性代数中一种重要的矩阵分解，是矩阵分析中正规矩阵酉对角化的推广。

（2）自组织选取中心

自组织选取中心的方法包括两个阶段：自组织学习阶段，估计出径向基函数的中心和标准差；有监督学习阶段，学习隐含层到输出层的权值。

① 学习中心　在随机选取中心的方法中，径向基函数的中心是从输入样本中随机选取的。在自组织选取中心方法中，则采用聚类的方法给出更为合理的中心位置。最常见的聚类方法是 K 均值聚类算法。它将数据点划分为几大类，同一类型内部有相似的特点和性质，从而使得选取的中心点更有代表性。

假设有 K 个聚类中心，第 n 次迭代的第 i 个聚类中心为 $t_i(n)$，$i=1,2,\cdots,K$，这里 K 值需根据经验确定，执行以下步骤：

● 初始化。从输入样本数据中随机选取 K 个不同的样本作为初始的聚类中心 $t_i(0)$。

● 输入样本。从训练数据中随机抽取训练样本 X_k 作为输入。

● 匹配。计算该输入样本距离哪个聚类中心最近，将它归为该聚类中心的同一类，即计算

$$i(X_k) = \arg \min_i \|X_k - t_i(n)\|$$

找到相应的 i 值，将 X_k 归为第 i 类。

● 更新聚类中心。由于 X_k 的加入，第 i 类的聚类中心会因此发生改变。新的聚类中心等于

$$t_i(n+1) = \begin{cases} t_i(n) + \eta[X_k(n) - t_i(n)], i = i(X_k) \\ t_i(n), \text{其他} \end{cases} \tag{5.37}$$

式中，η 为学习步长，$0<\eta<1$。每次只更新一个聚类中心，其他聚类中心不更新。

● 判断。判断算法是否收敛，当聚类中心不再变化时，算法就收敛了。实际中，常常设定一个较小的阈值。如果聚类中心的变化小于此阈值，那么就不再继续计算下去。如果判断结果没有收敛，则转到输入样本这一步，继续迭代。

② 学习标准差　选定聚类中心后，就可计算标准差。若径向基函数选用高斯函数

$$\phi(\|X_k - X_i\|) = \exp\left(-\frac{1}{2\sigma^2}\|X_k - X_i\|^2\right)$$

则标准差可以用下式进行计算

$$\sigma = \frac{d_{\max}}{\sqrt{2n}} \tag{5.38}$$

式中：n 为隐含节点的个数；$d_{\max}$ 为所选取的聚类中心之间的最大距离。

③ 学习权值　最简单的方法是最小均方算法（LMS），LMS 算法的输入为隐含层产生的输出。也可以用直接求伪逆的方法，即

$$w = G^+ d \tag{5.39}$$

伪逆矩阵的求法与"随机选取固定中心"中的求法相同。

（3）有监督选取中心

在有监督选取中心方法中，聚类中心及其他参数都通过监督学习获得。这个方法采用误差作为学习过程，可以很方便地采用梯度下降法。

定义代价函数

$$E = \frac{1}{2} \sum_{k=1}^{N} e_k^2 \tag{5.40}$$

E 为某一个输出节点的误差，N 为训练样本个数。e_k 为输入第 k 个训练样本所得结果与期望结果之间的误差，即

$$e_k = d_k - \sum_{i=1}^{I} \omega_i G(\parallel X_k - t_i \parallel c_i) \tag{5.41}$$

式中，I 为隐含节点的个数。学习时，寻找网络的自由参数 $t_i, w_i, \sum_i^{-1}$（与 c_i 有关，下文用 S_i 来表示）使代价函数 E 最小。若采用梯度下降法实现，则网络参数优化计算的公式为

① 输出权值 w_i

$$\frac{\partial E(n)}{\partial \omega_i(n)} = \sum_{k=1}^{N} e_k(n) G(\parallel X_k - t_i \parallel_{c_i}) \tag{5.42}$$

$$\omega(n+1) = \omega_i(n) - \eta_1 \frac{\partial E(n)}{\partial \omega_i(n)}, \quad i = 1,2,\cdots,I \tag{5.43}$$

② 隐含层的中心 t_i

$$\frac{\partial E(n)}{\partial t_i(n)} = 2\omega_i(n) \sum_{j=1}^{N} e_k(n) G'(\parallel X_k - t_i \parallel_{c_i} S_i (X_k - t_i(n))) \tag{5.44}$$

$$t_i(n+1) = t_i(n) - \eta_2 \frac{\partial E(n)}{\partial t_i(n)}, \quad i = 1,2,\cdots,M \tag{5.45}$$

③ 隐含层的中心扩展 S_i

$$\frac{\partial E(n)}{\partial t_i(n)} = -\omega_i(n) \sum_{k=1}^{N} e_k(n) G'(\parallel X_k - t_i \parallel_{c_i}) Q_{ki}(n) \tag{5.46}$$

$$Q_{ki}(n) = (X_k - t_i(n))(X_k - t_i(n))^T \tag{5.47}$$

$$S_i(n+1) = S_i(n) - \eta_3 \frac{\partial E(n)}{\partial S_i(n)}, \quad i = 1,2,\cdots,M \tag{5.48}$$

值得注意的是，E 对 ω_i 为凸函数，对后两者则是非凸的。因此，后两者可能会陷入局部极小值。学习率 η_1、η_2、η_3 应为不同的值。

（4）正交最小二乘法

正交最小二乘法（Orthogonal Least Square，OLS）是 RBF 网络的另一种重要学习方法。下面介绍用正交最小二乘法学习权值的过程。假设输出层只有一个节点，首先把径向基函数网络看成线性回归的一种特殊情况，即

$$d(n) = \sum_{i=1}^{I} p_i(n)w_i + e(n), \qquad n = 1, 2, \cdots, N \tag{5.49}$$

式中：I 为隐含层节点个数，N 为输入训练样本个数，w_i 为第 i 个隐含节点到输出节点的权值（假设只有一个输出节点），$d(n)$ 为模型的期望输出，$e(n)$ 为误差，$p_i(n)$ 为模型的回归因子，是网络在某种径向基函数下的响应。当基函数为高斯函数时，有

$$p_i(n) = \exp\left(-\frac{1}{2\sigma^2}\parallel X_n - t_i \parallel^2\right) \tag{5.50}$$

写成矩阵形式为

$$\boldsymbol{d} = \boldsymbol{P}\boldsymbol{w} + \boldsymbol{e} \tag{5.51}$$

$$\boldsymbol{d} = [d_1, d_2, \cdots, d_k]^{\mathrm{T}}$$
$$\boldsymbol{w} = [w_1, w_2, \cdots, w_I]^{\mathrm{T}}$$
$$\boldsymbol{P} = [p_1, p_2, \cdots, p_I]$$
$$\boldsymbol{p}_i = [p_{i1}, p_{i2}, \cdots, p_{ik}]^{\mathrm{T}}$$
$$e = [e_1, e_2, \cdots, e_k]^{\mathrm{T}}$$

为求解 $\boldsymbol{d} = \boldsymbol{P}\boldsymbol{w} + \boldsymbol{e}$，对 $\boldsymbol{P}$ 进行正交三角分解，即

$$P = UA \tag{5.52}$$

A 是一个 $I \times I$ 的上三角阵，主对角元素为 1；U 是一个 $K \times I$ 矩阵，各列正交，因此

$$\boldsymbol{U}^{\mathrm{T}}\boldsymbol{U} = \boldsymbol{H} \tag{5.53}$$

H 是对角元素为 h_i 的对角阵。

由上可得

$$\boldsymbol{d} = \boldsymbol{P}\boldsymbol{w} + \boldsymbol{e} = \boldsymbol{U}\boldsymbol{A}\boldsymbol{w} + \boldsymbol{e} = \boldsymbol{U}\boldsymbol{g} \tag{5.54}$$

两边同乘以 $\boldsymbol{U}^{\mathrm{T}}$，得

$$\boldsymbol{U}^{\mathrm{T}}\boldsymbol{d} = \boldsymbol{U}^{\mathrm{T}}\boldsymbol{U}\boldsymbol{g} = \boldsymbol{H}\boldsymbol{g} \tag{5.55}$$

因此，可以求得

$$\boldsymbol{g} = \boldsymbol{H}^{-1}\boldsymbol{U}^{\mathrm{T}}\boldsymbol{d} \tag{5.56}$$

同时，由于 $\boldsymbol{d} = \boldsymbol{P}\boldsymbol{w} + \boldsymbol{e}$，作为最小二乘估计时，应有 $\boldsymbol{A}\boldsymbol{w} = \boldsymbol{g}$，$\boldsymbol{A}$、$\boldsymbol{g}$ 均已求出，就可以根据该式求出 $\boldsymbol{w}$。综上，用 OLS 学习权值参数的基本步骤如下：

① 确定隐含层节点个数 I，确定各节点中心。

② 根据输入样本，得出回归矩阵 $\boldsymbol{P}$。

③ 正交化回归矩阵,得到矩阵 A 和 U。

④ 根据矩阵 U、向量 d 计算 g。

⑤ 根据 $Aw = g$ 求出权值 w。

3. 相关问题

① 理论上,RBF 神经网络和 BP 神经网络一样可逼近任何的连续非线性函数。两者的主要区别是,在非线性映射上采用了不同的作用函数。BP 神经网络中的隐含层节点使用的是 S 型函数,其函数值在输入空间中无限大的范围内为非零值,即作用函数为全局的;而 RBF 网络中的隐含层节点使用的是径向基函数,即它的作用函数是局部的。

② 已证明 RBF 网络具有唯一最佳逼近的特性,且无局部极小。

③ 求 RBF 网络隐含层节点的中心向量和标准化常数是一个困难的问题。

④ 径向基函数有多种。对于同一组样本,应如何选择合适的径向基函数,如何确定隐含层节点数,以便网络学习达到要求的精度,目前还无解决办法。当前,用计算机选择、设计、再检验是一种通用的手段。

⑤ RBF 网络用于非线性系统辨识与控制,虽具有唯一最佳逼近的特性以及无局部极小的优点,但隐含层节点的中心难求。这是该网络难以广泛应用的原因。

⑥ 与 BP 网络收敛速度慢的缺点相反,RBF 网络学习速度很快,适于在线实时控制。这是因为 RBF 网络把一个难题分解成了两个较易解决的问题。首先,通过若干个隐含层节点,用聚类方式覆盖全部样本模式;然后,修改输出层的权值,以获得最小映射误差。这两步都比较直观。

4. RBF 网络逼近仿真实例

例 5.3 利用 RBF 神经网络实现如下函数的逼近

$$F(x) = 1.1(1 - x + 2x^2)\exp\left(-\frac{x^2}{2}\right), \qquad x \in [-4, 4]$$

利用 Matlab 中的"newrb"神经网络函数编写的程序如下

```
% 给定要逼近的函数样本
X = -4:0.08:4;                        % 输入样本 P = 100
T = 1.1 * (1 - X + 2 * X.^2). * exp(-X.^2./2);
net = newrb(X,T,0.02,1);              % 利用 newrb( )函数建立 RBF 神经网络
X1 = -1:0.01:1;y = sim(net,X1);       % 仿真网络
figure;
plot(X1,y,X,T,´+´);                   % 绘制网络预测输出及其偏差
```

执行后结果如图 5 - 14 所示。

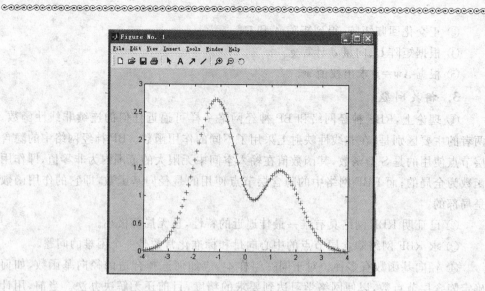

图 5－14　例 5.3 仿真结果及原始样本分布

5.2.4　Hopfield 神经网络

前面介绍的感知机神经网络、BP 神经网络与径向基函数神经网络都属于前向型神经网络(或前馈神经网络)。在这类网络中,各层神经元节点接收前一层输入的数据,经过处理输出到下一层,数据正向流动,没有反馈连接。从控制系统的观点看,它缺乏系统动态性能。反馈神经网络的输出除了与当前输入和网络权值有关以外,还与网络之前的输入有关。反馈神经网络具有比前向型神经网络更强的计算能力,最突出的优点是具有很强的联想记忆和优化计算功能。典型的反馈神经网络有 Hopfield 神经网络、Elman 神经网络、CG 网络模型、盒中脑模型和双向联想记忆等。这里我们重点讲述 Hopfield 神经网络。

在 1982 年和 1984 年,美国加州理工学院 John Hopfield 教授先后提出离散型和连续型 Hopfield 神经网络,引入"能量函数"的概念,给出了连续型 Hopfield 神经网络的硬件电路,同时开拓了神经网络用于联想记忆和优化计算的新途径。

1.　网络结构

最初提出的 Hopfield 网络是离散型网络,输出只能取 0 或 1,分别表示神经元的抑制和兴奋状态。离散型 Hopfield 神经网络的结构如图 5－15 所示。

由图 5－15 可以看出,它是一个单层网络,共有 n 个神经元节点,每个节点输出均连接到其他神经元的输入,同时所有其他神经元的输出均连接到该神经元的输入。对于每一个神经元节点,其工作方式仍同之前一样,即

$$\left.\begin{array}{l} s_i(k) = \sum \omega_{ij} x_j(k) - \theta_i \\ x_i(k+1) = f(s_i(k)) \end{array}\right\} \qquad (5.57)$$

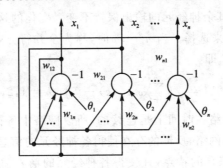

图 5-15　离散型 Hopfield 神经网络结构

式中：$\omega_{ij} = 0$；θ_i 为阈值；$f(\,\cdot\,)$ 是变换函数。对于离散 Hopfield 网络，$f(\,\cdot\,)$ 通常为二值函数，1 或 -1，0 或 1。

1984 年，Hopfield 采用模拟电子线路实现了 Hopfield 网络。该网络的输出层采用连续函数作为传输函数，被称为连续型 Hopfield 网络。连续型 Hopfield 网络的结构和离散型 Hopfield 网络的结构相同。不同之处在于其传输函数不是阶跃函数或符号函数，而是 S 型的连续函数。

对于连续型 Hopfield 网络的每一神经元节点，其工作方式为

$$\left.\begin{aligned} s_i &= \sum_{j=1}^{n} w_{ij}x_j - \theta_j \\ \frac{\mathrm{d}y_i}{\mathrm{d}t} &= -\frac{1}{\tau}y_i + s_i \\ x_i &= f(y_i) \end{aligned}\right\} \tag{5.58}$$

这里，同样假定 $\omega_{ij} = \omega_{ji}$，与离散型 Hopfield 网络相比，这里多了中间一个式子，该式是一阶微分方程，相当于一阶惯性环节。s_i 是该环节的输入，y_i 是该环节的输出。对于离散型 Hopfield 网络，中间的式子也可看作 $y_i = s_i$。它们之间的另一个差别是第三个式子一般不再是二值函数，而一般取 S 型函数。

2. 工作方式

离散型 Hopfield 网络的工作方式有以下两种。

(1) 异步方式

该方式又称串行工作方式。在某一时刻只有一个神经元按照式(5.57)改变状态，而其余神经元的输出保持不变。这一变化的神经元可以按照随机方式或预定的顺序来选择。例如，若达到第 i 个神经元，则有

$$\left.\begin{aligned} x_i(k+1) &= f\Big(\sum_{j=1}^{n} \omega_{ij}x_j(k) - \theta_i\Big) \\ x_j(k+1) &= x_j(k), \qquad j \neq i \end{aligned}\right\} \tag{5.59}$$

(2) 同步方式

该方式又称并行工作方式。在某一时刻有 $n_1(0 < n_1 \leqslant n)$ 个神经元按照

式(5.57)改变状态,而其余神经元的输出保持不变。变化的这一组神经元可以按照随机方式或预定的顺序来选择。当 $n_1 = n$ 时,称为全并行方式,此时所有神经元都按照式(5.57)改变状态,即

$$x_i(k+1) = f\left(\sum_{j=1}^{n}\omega_{ij}x_j(k) - \theta_i\right),\ i = 1,2,\cdots,n$$

连续型 Hopfield 网络在时间上是连续的,所以网络中各神经元是并行工作的。对连续时间的 Hopfield 网络,反馈的存在使得各神经元的信息综合不仅具有空间综合的特点,而且有时间综合的特点,并使得各神经元的输入输出特性为一动力学系统。当各神经元的激发函数为非线性函数时,整个连续 Hopfield 网络为一个非线性动力学系统。对连续的非线性动力学系统,可用非线性微分方程来描述。若用图 5-16 所示的硬件来实现,则这个求解非线性微分方程的过程将由该电路自动完成,求解速度非常快。

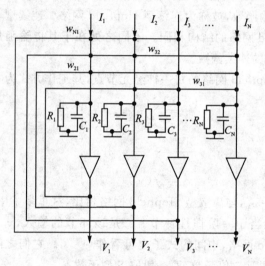

图 5-16　连续 Hopfield 网络的硬件实现

3. 稳定性

从上述工作方式中可以看出,离散型 Hopfield 网络实质上是一个离散的非线性动力学系统。如果系统是稳定的,则可以从任意初态收敛到一个稳定状态;若系统是不稳定的,由于网络节点输出点只有 1 和 -1(或 1 和 0)两种状态,因而系统不可能出现无限发散,只可能出现限幅的自持震荡或极限环。

在 Hopfield 网络的拓扑结构及权值矩阵均一定的情况下,网络的稳定状态与其初始状态有关。也就是说,Hopfield 网络是一种能储存若干个预先设置的稳定状态的网络。若将稳态视为一个记忆样本,则初态期稳态的收敛过程便是寻找记忆样本的过程。初态可认为是给定样本的部分信息,网络改变的过程可认为是从部分信息找到全部信息,从而实现了联想记忆的功能。

经证明,对于离散型 Hopfield 网络,若按异步方式调整状态,且连接权矩阵 $\boldsymbol{W}$ 为对称矩阵,则对于任意初态,网络都最终收敛到一个吸引子;若按同步方式调整状态,且连接权矩阵 $\boldsymbol{W}$ 为非负定对称矩阵,则对于任意初态,网络都最终收敛到一个吸引子。其中,吸引子的定义为:若网络的状态 x 满足 $x = f(\boldsymbol{W}x - \boldsymbol{\theta})$,则称 x 为网络的吸引子或稳定点。

连续 Hopfield 网络的能量函数可定义为

$$E = -\frac{1}{2} \sum_{i=1}^{n} \sum_{j=1}^{n} \omega_{ij} x_j x_i + \sum_{i=1}^{n} x_i \theta_i + \sum_{i=1}^{n} \frac{1}{\tau_i} \int_0^{x_i} f^{-1}(\eta) \, \mathrm{d}\eta =$$

$$-\frac{1}{2} x^T W x + x^T \theta + \sum_{i=1}^{n} \frac{1}{\tau_i} \int_0^{x_i} f^{-1}(\eta) \, \mathrm{d}\eta \qquad (5.60)$$

因此,可得到能量关于状态 x_i 的偏导为

$$\frac{\partial E}{\partial x_i} = -\sum_{j=1}^{n} \omega_{ij} x_j + \theta_i + \frac{1}{\tau_i} \int_0^{x_i} f^{-1}(x_i) = -\sum_{j=1}^{n} \omega_{ij} x_j + \theta_i + \frac{1}{\tau_i} \int_0^{x_i} y_i = -\frac{\mathrm{d} y_i}{\mathrm{d} t}$$

$$(5.61)$$

进而,可求得能量对时间的导数为

$$\frac{\mathrm{d}E}{\mathrm{d}t} = \sum_{i=1}^{n} \left(-\frac{\mathrm{d} y_i}{\mathrm{d} t} \frac{\mathrm{d} x_i}{\mathrm{d} t} \right) = -\sum_{i=1}^{n} \left(\frac{\mathrm{d} y_i}{\mathrm{d} x_i} \frac{\mathrm{d} x_i}{\mathrm{d} t} \frac{\mathrm{d} x_i}{\mathrm{d} t} \right) = -\sum_{i=1}^{n} \left(\frac{\mathrm{d} y_i}{\mathrm{d} x_i} \left(\frac{\mathrm{d} x_i}{\mathrm{d} t} \right)^2 \right) \quad (5.62)$$

由于 $x_i = f(y_i)$ 为 S 型函数,属于单调增函数。因此,反函数 $y_i = f^{-1}(x_i)$ 也是单调增函数,可知 $\mathrm{d} y_i / \mathrm{d} x_i > 0$,$\mathrm{d}E / \mathrm{d}t \leqslant 0$。

根据李雅普诺夫稳定性理论,该网络系统一定是渐进稳定的,即随着时间的演变,网络状态总是朝着 E 减小的方向运动,一直到 E 取得极小值,这时所有的 x_i 变为常数,即网络收敛到稳定状态。

5.3　神经网络控制

随着被控对象越来越复杂、被控对象及其环境的可知知识越来越少,而对控制精度的要求却越来越高,这些都对控制系统的设计提出了更高的要求,迫切希望控制系统具有自适应学习能力及良好的鲁棒性和实时性,传统控制理论面临巨大的挑战。人工神经网络是一种具有高度非线性信息处理能力的工具,具有大规模并行性、冗余性、容错性及自组织、自学习、自适应能力,给控制领域的发展带来生机。

由于神经网络本身具备传统的控制手段无法实现的一些优点和特征,使得神经网络控制器的研究迅速发展。从控制角度看,神经网络用于控制的优越性主要表现为:

① 神经网络能处理那些难以用模型或规则描述的对象;

② 神经网络采用并行分布式信息处理方式,具有很强的容错性;

③ 神经网络在本质上是非线性系统,可以实现任意非线性映射,神经网络在非线性控制系统中具有很大的发展前途;

④ 神经网络具有很强的信息综合能力,能够同时处理大量不同类型的输入,能够很好地解决输入信息之间的互补性和冗余性问题;

⑤ 神经网络的硬件实现愈趋方便,大规模集成电路技术的发展为神经网络的硬件实现提供的技术手段,为神经网络在控制中的应用开辟了广阔的前景。

根据神经网络在控制器中的不同作用,神经网络控制器可分为两类:一类为神经控制,是以神经网络为基础而形成的独立智能控制系统;另一类为混合神经网络控制,是指利用神经网络学习和优化能力来改善传统控制的智能控制方法,如自适应神经网络控制等。

目前,神经网络控制器尚无统一的分类方法。综合目前的各种分类方法,可将常用的神经网络控制结构归结为 7 类:神经网络监督控制、神经网络直接逆控制、神经网络自适应控制、神经网络内模控制、神经网络 PID 控制、神经网络预测控制和神经网络混合控制。

5.3.1　神经网络监督控制

通过对传统控制器的学习,可用神经网络控制器逐渐取代传统控制器的方法,称为神经网络监督控制。神经网络监督控制的结构如图 5 - 17 所示。

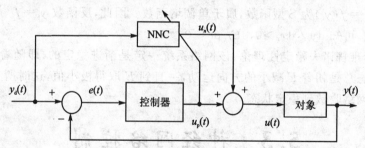

图 5 - 17　神经网络监督控制

神经网络控制器实际上是一个前馈控制器,建立的是被控对象的逆模型。神经网络控制器通过对传统控制器的输出型,在线调整网络的权值,使反馈控制输入 $u_p(t)$ 趋近零,从而使神经网络控制器逐渐在控制作用中占据主导地位,最终取消反馈控制器的作用。一旦系统出现干扰,反馈控制器重新起作用。因此,这种前馈加反馈的监督控制方法,不仅可以确保控制系统的稳定性和鲁棒性,而且可有效地提高系统的精度和自适应能力。

5.3.2　神经网络直接逆控制

神经网络直接逆控制就是将被控对象的神经网络逆模型直接与被控对象串联起来,以使期望输出与对象实际输出之间的传递函数为1。将此网络作为前馈控制器后,被控对象的输出为期望输出。

显然,神经网络直接逆控制的可用性在相当程度上取决于逆模型的准确精度。由于缺乏反馈,简单连接的直接逆控制缺乏鲁棒性。为此,一般应使其具有在线学习能力,即作为逆模型的神经网络连接权能够在线调整。

图 5 - 18 所示为神经网络直接逆控制的两种结构方案。

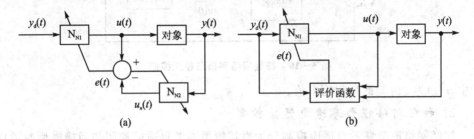

图 5 - 18 神经网络直接逆控制的两种结构

在图 5 - 18(a)中,N_{N1} 和 N_{N2} 为具有完全相同的网络结构,并采用相同的学习算法,分别实现对象的逆。在图 5 - 18(b)中,神经网络 N_{N1} 通过评价函数进行学习,实现对象的逆控制。

5.3.3 神经网络自适应控制

与传统自适应控制相同,神经网络自适应控制也分为神经网络自校正控制和神经网络模型参考自适应控制两种。自校正控制根据对系统正向或逆模型的结果调节控制器内部参数,使系统满足给定的指标,而在模型参考自适应控制中,闭环控制系统的期望性能由一个稳定的参考模型来描述。

1. 神经网络自校正控制

神经网络自校正控制分为直接自校正控制和间接自校正控制。间接自校正控制使用常规控制器,神经网络估计器需要较高的建模精度。直接自校正控制同时使用神经网络控制器和神经网络估计器。

① 神经网络直接自校正控制 神经网络直接自校正控制在本质上同神经网络直接逆控制相同,其结构如图 5 - 18 所示。

② 神经网络间接自校正控制 神经网络间接自校正控制的结构如图 5 - 19 所示。

假设被控对象为下面的单变量仿射非线性系统,即

$$y(t) = f(y_t) + g(y_t)u(t)$$

若利用神经网络对非线性函数 $f(y_t)$ 和 $g(y_t)$ 进行逼近,得到 $\hat{f}(y_t)$ 和 $\hat{g}(y_t)$,则常规控制器为

$$u(t) = [r(t) - \hat{f}(y_t)] / \hat{g}(y_t)$$

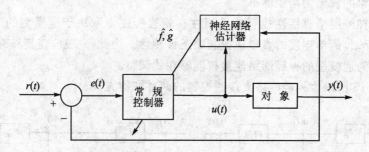

图 5 - 19　神经网络间接自校正控制

式中，$r(t)$ 为 t 时刻的期望输出值。

2. 神经网络模型参考自适应控制

神经网络模型参考自适应控制分为直接模型参考自适应控制和间接模型参考自适应控制两种。

① 直接模型参考自适应控制　神经网络直接模型参考自适应控制的结构如图 5 - 20 所示。

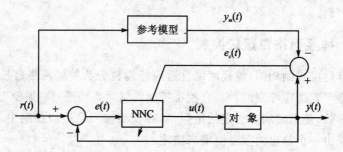

图 5 - 20　神经网络直接模型参考自适应控制

神经网络控制器的作用是使被控对象与参考模型输出之差最小，但该方法需要知道对象的 Jacobian 信息 $\partial y / \partial u$。

② 间接模型参考自适应控制　神经网络间接模型参考自适应控制如图 5 - 21 所示。

神经网络辨识器 NNI 向神经网络控制器 NNC 提供对象的 Jacobian 信息，用于控制器 NNC 的学习。

5.3.4　神经网络内模控制

内模控制由 Carcia 和 Morari 于 1982 年提出。经典的内模控制将被控系统的正向模型和逆模型直接加入反馈回路。由于控制器本身包括被控对象模型，故名为内模控制。内模控制的正向模型作为被控对象的近似模型与实际对象并联，两者输出之差被用做反馈信号。该反馈信号又经过前向通道的滤波器及控制器进行处理。控

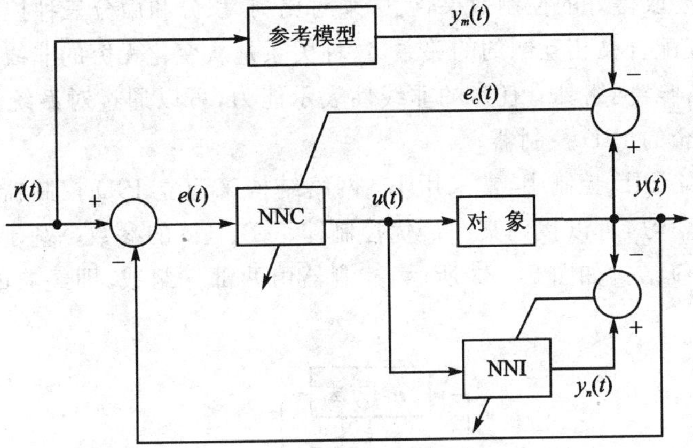

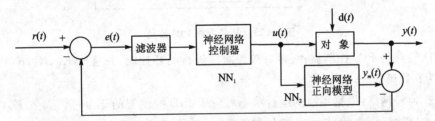

图 5 - 21　神经网络间接模型参考自适应控制

制器直接与系统的逆有关,并通过引入滤波器来提高系统的鲁棒性。图 5 - 22 所示为神经网络内模控制结构。

图 5 - 22　神经网络内模控制

该结构中神经网络作为被控对象的近似模型与实际被控对象并行设置,系统输出与神经网络正向模型输出间的差值用于反馈作用,同期望的给定值比较后的差值经线性滤波器处理后,送到神经网络控制器。然后,神经网络控制器经过多次训练,将间接学习到对象逆动态特性。此时,系统误差趋于零。被控对象的正向模型及控制器均由神经网络来实现,NN_1 实现对象的逆,NN_2 实现对象的逼近。图中的滤波器通常为线性滤波器,可设计成满足必要的鲁棒性和闭环系统跟踪响应。

5.3.5　神经网络 PID 控制

传统的 PID 调节器具有结构简单、调整方便和参数整定与工程指标联系密切的优点。但是传统 PID 控制器也有一定的局限性:当控制对象不同时,控制器的参数难以自动调整以适应外界环境的变化,且难于对一些复杂的过程和参数慢时变系统进行有效控制。神经网络的适应能力、并行处理能力和鲁棒性,使得采用神经网络的控制系统具有更强的适应性和鲁棒性。将神经网络技术与传统 PID 控制相结合,可以在一定程度上解决传统 PID 控制器不易进行在线实时参数整定等方面的缺陷,充分发挥 PID 控制的优点。

PID 控制要取得好的控制效果,就必须对比例、积分和微分三种控制作用进行调整,以形成相互配合又相互制约的关系,这种关系是从变化无穷的非线性组合中找出最佳的关系。神经网络具有任意的非线性表示能力,可以通过对系统性能的学习实现具有最佳组合的 PID 控制器。

在神经网络 PID 控制中,常采用 BP 网络结构来建立 PID 控制器。通过 BP 神经网络自身的学习,可以找到某一最优控制律下 P、I、D 的参数。基于 BP 神经网络的 PID 控制系统结构如图 5-23 所示,控制器由两部分组成,即经典的 PID 控制器和神经网络。

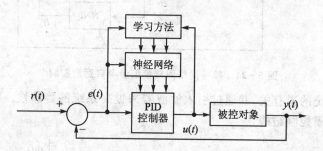

图 5-23 神经网络 PID 控制

① 经典的 PID 控制器:直接对被控对象进行闭环控制,并且使 K_P、K_I、K_D 三个参数为在线整定。

② 神经网络:根据系统的运行状态对应于 PID 控制器的三个可调参数 K_P、K_I、K_D。通过神经网络的自学习、调整权系数,从而使其稳定状态对应于某种最优控制律下的 PID 控制器参数。

PID 的控制算式为

$$u(k) = u(k-1) + K_P \Delta e(k) + K_I e(k) + K_D \Delta^2 e(k)$$

式中,K_P、K_I、K_D 分别为比例、积分、微分系数。将 K_P、K_I、K_D 看为依赖于系统运行状态的可调系数时,上式可描述为

$$u(k) = f[u(k-1), K_P, K_I, K_D, e(k), \Delta e(k), \Delta^2 e(k)]$$

式中,$f[\cdot]$ 是与 K_P、K_I、K_D、$u(k-1)$ 和 $y(k)$ 等有关的非线性函数,可以用神经网络通过训练和学习来找出一个最佳控制规律。

5.3.6 神经网络预测控制

预测控制又称基于模型的控制,是 20 世纪 70 年代后期发展起来的一类新型计算机控制方法,具有预测模型、滚动优化和反馈校正等特点。

神经网络预测控制的结构如图 5-24 所示。神经网络预测器建立了非线性被控对象的预测模型,并可在线进行学习修正。利用此预测模型,可以由当前的系统控制信息预测出在未来一段时间 $(t+k)$ 范围内的输出值 $\hat{y}(t+k)$。通过设计优化性能指

标,利用非线性优化器可求出优化的控制作用 $u(t)$。

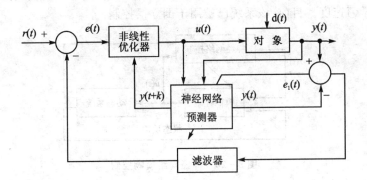

图 5-24　神经网络预测控制

5.3.7　神经网络混合控制

该控制结构集成人工智能各分支的优点,由神经网络技术与模糊控制、专家系统等相结合而形成的一种具有很强学习能力的智能控制系统。

专家系统基于知识性表达,适合逻辑推理。神经网络反映的则是一种输入输出的数学映射关系,擅长直觉推理。把两者结合起来,发挥各自的优势,可产生更好的控制效果。图 5-25 所示的系统运行状态有三种:专家系统控制器单独运行;神经网络控制器单独运行;神经网络控制器与专家系统控制器同时运行。运行监控器负责进行切换。

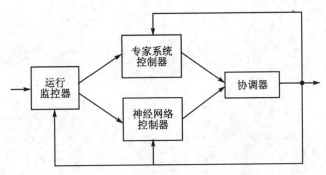

图 5-25　神经网络专家系统控制

神经网络和模糊系统在对信息的加工处理过程中,均表现出很强的容错能力,它们在处理和解决问题时,不需要知道对象的精确数学模型。一般地,神经网络不能直接处理结构化的知识,需要用大量的训练数据,通过自学习的过程,并以并行分布结构来估计输入输出的映射关系。但是模糊系统可以直接处理结构化知识,将神经网络的学习机制引入模糊系统,使模糊系统也具有自学习、自适应能力,以及并行分布处理结构完成模糊推理过程。图 5-26 所示为神经网络模糊控制的典型结构。图中,神经网络控制器进行学习,模糊控制器进行似然推理,使得输出控制信号平滑,同时加快了学习速度。目前,该系统已被用于倒立摆控制。

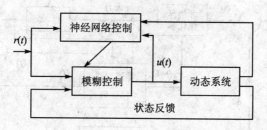

图 5 – 26　神经网络模糊控制

第6章 专家控制技术

6.1 专家系统

6.1.1 专家系统发展历史

作为人工智能一个重要分支的专家系统(Expert System,ES)是在 20 世纪 60 年代初期产生和发展起来的一门新兴的应用科学,而且正随着计算机技术的不断发展而日臻完善和成熟。1982 年美国斯坦福大学教授费根鲍姆给出了专家系统的定义:"专家系统是一种智能的计算机程序,这种程序使用知识与推理过程,求解那些需要杰出人物的专门知识才能求解的复杂问题。"

一般认为,专家系统是针对解决某一专门领域问题的计算机软件系统。是由知识工程师通过知识获取的手段,将领域专家解决特定领域的知识,采用某种知识表示方法编辑或自动生成某种特定表示形式,存放在知识库中,用户再通过人机接口输入信息、数据或命令等形式,运用推理机制控制知识库及整个系统,如能同专家一样解决困难的和复杂的实际问题一样。

专家系统有三个特点,即:启发性,能运用专家的知识和经验进行推理和判断;透明性,能解决本身的推理过程,能回答用户提出的问题;灵活性,能不断地增长知识,修改原有的知识。

从本质上讲,专家系统是一类包含着知识和推理的智能计算机程序,人们习惯于把每一个利用了大量的大而复杂的人工智能系统统称为专家系统。专家系统可以解决的问题一般包括解释、预测、诊断、设计、规划、监视、修理、指导和控制等。专家系统和传统的计算机"应用程序"最本质的不同之处在于,专家系统所要解决的问题一般没有算法解,并且经常要在不完全、不精确或不确定的信息基础上做出结论。

专家系统按其发展过程大致可分为三个阶段:初创期(1971 年前),成熟期(1972—1977 年),发展期(1978 年至今)。

1. 初创期

人工智能早期工作不都是学术性的研究,很多程序都是用来开发游戏的。如国际象棋、跳棋等有趣的游戏。这些游戏的真实目的在于计算机编码中加入人的推理能力,以达到更好的理解游戏的目的。在此阶段的另一个重要应用领域是计算逻辑。如 1957 年诞生了第一个自动定理证明程序,称为逻辑理论家。20 世纪 60 年代初,人工智能研究者便集中精力开发通用的方法和技术,通过研究一般的方法来改变知识的表示和搜索,并且使用它们来建立专用程序。到了 60 年代中期,知识在智能行为中的地位受到了研究者的重视,这就为以专门知识为核心求解具体问题的基于知识的专家系统的产生奠定了思想基础。

1965 年在美国国家航空航天局要求下,斯坦福大学研制成功了 DENRAL 系统,DENRAL 的初创工作引导人工智能研究者意识到智能行为不仅依赖于推理方法,更依赖于其推理所用的知识。该系统具有非常丰富的化学知识,是根据质谱数据帮助化学家推断分子结构,被广泛地应用于世界各地的大学及工业界的化学实验室。这个系统的完成标志着专家系统的诞生。在此之后,麻省理工学院开始研制 MAC-SYMA 系统,它作为数学家的助手使用启发式方法变换代数表达式,并经过不断扩充,能求解 600 多种数学问题,其中包括微积分、矩阵运算、解方程和解方程组等。同期,还有美国卡内基—梅隆大学开发的用于语音识别的专家系统 HEARSAY,该系统表明计算机在理论上可按编制的程序同用户进行交谈。20 世纪 70 年代初,匹兹堡大学的鲍波尔和内科医生合作研制了第一个用于医疗的内科病诊断咨询系统 INTERNIST。这些系统的研制成功使得专家系统受到学术界及工程领域的广泛关注。

2. 成熟期

到 20 世纪 70 年代中期,专家系统已逐步成熟起来,其观点也逐渐被人们所接受,并先后出现了一批卓有成效的专家系统。其中,最为代表的是肖特立夫等人的 MYCIN 系统。该系统用于诊断和治疗血液感染和脑炎感染,可给出处方建议(提供抗菌剂治疗建议),不但具有很高的性能,而且具有解释功能和知识获取功能。MYCIN 系统是专家系统的经典之作,它的知识表示系统用带有置信度的"IF – THEN"规则来表示,并使用不确定性推理方法进行推理。它是一个面向目标求解的系统,使用反向推理方法,并利用了很多的启发式信息。MYCIN 由 LISP 语言写成,所有的规则都表达成 LISP 表达式。

另一个非常成功的专家系统是 PROSPCTOR 系统,它用于辅助地质学家探测矿藏,是第一个取得明显经济效益的专家系统。PROSPCTOR 系统的性能据称完全可以同地质学家相比拟。它在知识的组织上,运用了规则与语义网相结合的混合表示方式,在数据不确定和不完全的情况下,推理过程运用了一种似然推理技术。除这些成功实例以外,在这一时期另外两个影响较大的专家系统是斯坦福大学研制的 AM 系统及 PUFF 系统。AM 是一个用机器模拟人类归纳推理、抽象概念的专家系统,而 PUFF 是一个肺功能测试专家系统,经过对多个实例进行验证,成功率达 93%。诸多专家系统成功开发,标志着专家系统逐渐走向成熟。

3. 发展期

从 20 世纪 80 年代初,医疗专家系统占了主流,主要原因是它属于诊断类型系统且开发比较容易。但是到了 20 世纪 80 年代中期,专家系统的发展在应用上最明显的特点是出现了大量的投入商业化运行的系统,并为各行业产生了显著的经济效益。其中一个著名的例子是 DEC 公司与卡内基—梅隆大学合作开发的 XCON – R1 专家系统,它用于辅助数据设备公司(DEC)的计算机系统的配置设计,每年为DEC公司节省数百万美元。专家系统的应用日益广泛,处理问题的难度和复杂度不断增大,导致了传统的专家系统无法满足较为复杂的情况,迫切需要新的方法和技术去支持。

从20世纪80年代后期开始,一方面随着面向对象、神经网络和模糊技术等新技术迅速崛起,为专家系统注入了新的活力;另一方面计算机的运用也越来越普及,而且对智能化的要求也越来越高。由于这些技术发展的成熟,并成功运用到专家系统之中,使得专家系统得到更广泛的运用。在这期间开发的专家系统按其处理问题的类型可以分为:解释型、预测型、诊断型、设计型、规划型、监视型、调试型、修正型、教学型和控制型。其应用领域也涉及农业、商业、化学、通信、计算机系统、医学等多个方面,并已成为人们常用的解决问题的手段之一。

4. 专家系统的发展趋势

近年来,专家系统的发展不仅要采用各种定性的模型,而且要将各种模型综合运用,如通用型专家系统、分布式专家系统和协同式专家系统等。

(1) 通用型专家系统

专家系统的开发是需要领域专家和知识工程师共同的努力,而领域专家绝大多数只对自己领域范围的知识了解,这就导致现阶段开发的专家系统只适用于某一特定问题领域。用户越来越希望有一种以用户为中心的通用性专家系统。这就需要通用性专家系统具有各种不同的并行算法和知识获取模块,能够采用多种推理策略。

通用型专家系统作为一种新型专家系统,其特点如下:

① 集成多种模型的专家系统,根据用户的需要,可以选择其中的任何一种或多种,形成某一类型的专家系统。

② 通过多种模型的综合运用,能提高专家系统的准确率和效率。

③ 经过长期的使用,可以探索出针对某一问题的最佳模式(多种模型的综合运用),获得最优的专用专家系统。

(2) 分布式专家系统

分布式专家系统具有分布处理信息的特征,其主要目的在于把一个专家系统的功能经分解后分布到多个处理器上去并行工作,从而在整体上提高系统的处理效率。这种专家系统比常规的专家系统具有较强的可扩张性和灵活性。分布式专家系统可以将各个子系统联系起来,即使不同的开发者只要针对同一研究对象也可以有效地进行交流和共享。特别是随着Internet的发展与普及,建立远程分布式专家系统可以实现异地多专家对同一对象进行控制或诊断,极大地提高了准确率和效率。

分布式专家系统作为一种新型专家系统,其特点如下:

① 根据系统数据的来源,分门别类地对不同来源的数据进行管理,同时保证系统的数据完整、准确、实用性强。

② 系统开发工具多样,开发环境与应用环境分离,使开发完善过程与应用过程可以独立地异步进行。

③ 可以同时完成多用户、多个并发请求的推理。

④ 借助辅助数据库，对推理过程可以进行有效控制与监测，并能整合推理结果，以多种形式反馈给用户。

（3）协同式专家系统

协同式专家系统的概念目前尚无一个明确的定义。一般认为，协同式专家系统是能综合若干相关领域（或某一个领域）多个方面的各个专家系统互相协作共同解决一个更广领域问题的专家系统，这样的系统亦可称之为"群专家系统"。在系统中，多个专家系统协同合作，各专家系统间可以互相通信，或者一个或多个专家系统的输出可能成为另一个专家系统的输入，有些专家系统的输出还可以作为反馈信息输入到自身或其先辈系统中去，经过迭代求得某种"稳定"状态。

协同式专家系统作为一种新型专家系统，其特点如下：

① 将总任务合理分解为几个分任务，分别由几个分专家系统来完成。

② 把解决各个分任务所需要知识的公共部分提炼出来形成一个公共知识库，供各子专家系统共享。而分专家系统中专用的知识，则存放在各自的专用知识库中。

③ 为了统一协调解决问题，有一个供各个分专家系统讨论交流的平台。

目前将分布式专家系统与协同式专家系统相结合，提出了一种分布协同式专家系统。分布协同式专家系统是指逻辑上或物理上分布在不同处理节点上的若干专家系统协同求解问题的系统。现实中，有很多复杂的任务需要一个群体（一些专家）来协同解决问题，当单个专家系统难于有效地求解问题时，使用分布协同式专家系统求解是一个有效的途径。

6.1.2　专家系统的结构与类型

1. 专家系统的结构

专家系统是一个具有大量专门知识与经验的程序系统，根据某个领域的专家提供的知识和经验进行推理和判断，模拟人类专家的决策过程。一般专家系统由知识库、数据库、推理机、解释器及知识获取器、人机接口等部分组成，它的结构如图 6-1 所示。

（1）知识库（Knowledge Base）

知识库是专家系统的启发式知识模块。知识库里存放着许多专家常年积累的专业经验和设计技巧。知识库里的知识是用规则、事实及其关系、断言和提问的形式表示。知识库是专家系统的核心，知识库的容量、质量决定了专家系统的性能，即解决问题的能力。

对知识库的设计，主要在于设计知识库的结构及其知识组织形式。知识库的结构，一般取层次结构或网状结构模式。该结构模式是把知识按某种原则进行分类，然后分块分层组织存放。诸如按元知识、专家知识、领域知识等分层组织，而每一块和每一层还可以再分块分层。这样，整个知识库就呈树形或网状结构。这种层次结构，

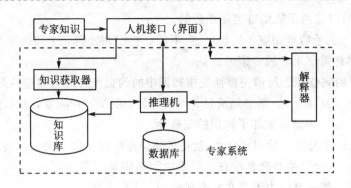

图 6 - 1　专家系统结构

可方便知识的调度和搜索,加快推理速度,提高效率;采用分块存放,便于更经济地利用知识库空间。

知识库的知识可以通过规则、框架和逻辑三种形式建立。最常用的形式是规则,可用下述 IF - THEN 形式表示:

IF(前提)事实 1,事实 2,……, THEN(结论)事实 1,事实 2,…;

举一个汽车制动器的例子可以说明规则:

IF(制动踏板行程不符和要求[行程太长或行程太短]);

THEN(调整踏板的行程;

调整主缸[总泵]的尺寸;

调整助力器尺寸;

调整主缸、助力器、踏板支承的刚度;

调整制动器[包括轮缸]尺寸;

调整制动器[包括轮缸的刚度等])。

此外还应该保证知识库中知识的一致性、完整性、冗余性等。

① 知识的一致性。所谓知识的一致性,是指知识库中的知识必须是相容的,即无矛盾。例如,下面的两条规则:

r1:if P then Q

r2:if P then ~ Q

它们就是矛盾的。

再如,设有如下产生式规则

r1:if P then Q

r2:if Q then R

r3:if R then S

r4:if P then T

r5:if T then ~ S

其中,r1,r2,r3 是一条规则链;r4,r5 是另一条规则链。由于它们有相同的初始条件,即 P,所以这两条规则链也是矛盾的。

对于这样的矛盾规则或矛盾规则链,不能让它们共处同一个知识库中,必须从中舍弃一个,具体需征求领域专家的意见。

② 知识的完整性。所谓完整性是指知识中的约束条件应为完整性约束。

例如,小王身高 x 米,则必须满足 $x<3$;又如,弟弟今年 m 岁,哥哥今年 n 岁,则必须满足 $m<n$。否则就破坏了知识的完整性。

③ 知识的冗余性。所谓冗余性,就是指知识库中存在多余的知识或者存在多余的约束条件。冗余性检查就是检查知识库中的知识是否存在冗余,并对冗余内容进行修改或删除,使得系统中不存在冗余现象。

例如,下面的三条规则:

r1:if P then Q

r2:if Q then R

r3:if P then R

若它们同时存在于一个知识库中就出现了冗余。因为,由 r1 和 r2 就可推出 r3。所以,r3 实际是多余的。

(2) 推理机(Inference Engine)

推理机是能辅助解决和回答需要推理问题的解释程序。主要解决知识的选择和应用问题。它根据输入的目标性能指标及参数选择范围,利用知识库和数据库进行一定的计算和推理、进行优化和方案优选。

推理机的主要任务是根据需要推理的问题,选择哪种知识(规则),应用哪种知识,按什么样的顺序进行分析,从而协调控制整个系统,模拟领域专家的思维过程,控制并执行对问题的求解。它能根据当前已知的事实,利用知识库中的知识,按一定的推理方法和控制策略进行推理,求得问题的答案或证明某个假设的正确性。知识库和推理机构成了一个专家系统的基本框架,同时,这两部分又是相辅相成、密切相关的,因为不同的知识表示不同的推理方式,所以,推理机的推理方式和工作效率不仅与推理机本身的算法有关,还与知识库中的知识以及知识库的组织有关。

(3) 数据库(Data Base)

数据库里存放着各种参数、实验数据和统计数据资料。它为知识库和推理机提供数据支持。

(4) 对话窗口(人—机接口 Man-Machine Interface)

人—机接口提供用户和计算机之间的对话平台。目前的专家系统装有菜单、鼠标器或者自然语言等,并且有解释功能,允许用户质问和查询系统答案和潜在的推理过程。系统也可以向用户提出各种问题,请求用户交互地给予回答,其目的是专家系统在执行过程中对任何需要的而系统中不能自身解决的问题都可求助于向用户提问。该窗口完成的主要功能有:

① 各种问题求解结论的输出(显示、打印或绘图等)可以是文字或图表等以实现

对用户要求的解释信息的输出。

② 提供专家系统与知识工程师或领域专家的接口。

③ 能够输入知识，包括对知识库内容的插入、删除和修改等，以便扩充、更新知识库；能够显示知识库的内容，以便于进行检索和抽取，并对知识库进行维护。

（5）解释接口

专家系统一般具有解释功能，回答用户在推理过程中"为什么"之类的问题及在推理结束后回答"怎么样"之类的问题。从系统功能上讲，一般是将解释作为一个独立的模块来处理，但在结构上，由于要解释就必须对推理进行实时跟踪，因此，解释机构常与推理机的设计同时考虑和进行。也就是说，解释机构模块应作为推理机的一部分进行设计。

（6）知识获取模块

知识获取是指通过人工方法或机器学习的方法，将某个领域内的事实性知识和领域专家所特有的经验性知识转化为计算机程序的过程。

对知识库的修改和扩充也是在系统的调试和验证中进行的，是一件很困难的工作。知识获取被认为是专家系统中的一个"瓶颈"问题。

2. 专家系统特点

与常规的计算机程序系统比较，专家系统具有如下特点：

① 具有专家水平的知识：能表现出专家的技能和高度的技巧以及足够的鲁棒性。不管数据正确与否，都能够得到正确的结论或者指出错误。

② 能进行有效的推理：能够运用专家的经验和知识进行搜索推理。

③ 具有透明性：在推理时，不仅能够得到答案，而且还能给出推理的依据。

④ 具有灵活性：知识的更新和扩充灵活方便，专家系统的知识库与推理机制既相互联系又相互独立。

⑤ 具有复杂性：人类的知识可以定性或定量表示，专家系统经常表现为定性推理和定量计算的混合形式，比较复杂。

专家系统与传统程序的区别如表 6-1 所列，专家系统的特点还有：专家系统不像人那样容易疲劳、遗忘、易受环境、情绪的影响，它可始终如一地以专家级的高水平求解问题。因此，从这个意义上讲，专家系统可以超过专家本人。

专家系统便于保存和大面积推广各种专家的宝贵知识，更有效地发挥各种专业人才的作用，克服人类专家供不应求的矛盾。专家系统还可以综合许多专家的知识和经验，从而博采众长。专家系统作为一种计算机系统，便于发挥计算机快速、准确的优势，在某些方面比专家更可靠、更灵活，可以不受时间、地域及人为因素的影响。另外，由于专家系统具有解释功能，系统设计者和领域专家可方便地找出系统隐含的错误，便于对系统进行维护。

表 6 - 1　专家系统及与传统程序的区别

比较方面	传统程序	专家系统
编程思想	依据某一算法	依据启发式方式
编程方法	知识使用和知识本身混合在一起	知识和知识的使用分离
处理对象	数值量	符号量
执行过程	顺序方式或批处理方式执行	人机交互方式执行
可修改性	难修改,需改动整个程序并重新编译	易修改,只需改动知识库
操作解释	不能	可能
结　论	正确,不容许不确定性	满意,容许不确定性

3. 专家系统的分类

从不同的角度可以把专家系统分为以下不同的类型。

（1）按用途分类

按用途分类,专家系统可分为:诊断型、解释型、预测型、决策型、设计型、规划型、控制型、调度型等几种类型。

1)解释型专家系统

该专家系统通过对已知信息和数据的分析,确定并解释其涵义。解释型专家系统具有以下特点:

① 系统处理的数据量很大,而且往往是不准确的、有错误的或不完全的。

② 系统能够从不完全的信息中得出解释,并能对数据做出某些假设。

③ 系统的推理过程可能很复杂和很长,因而要求系统具有对自身的推理过程做出解释的能力。

典型的例子有解释图像的分析系统,解释地质结构和化学结构的分析系统等,以及著名的地质勘探咨询专家系统 PROSPECTOR 等。

2)预测型专家系统

这是根据现状预测未来可能发生的情况的专家系统。应用于气象预报、地震灾害预测、人口预测、工农业产量估计及水文、经济、军事形势预测等方面。其特点为:

① 系统处理的数据随时间变化,而且可能是不准确和不完全的。

② 系统需要有适应时间变化的动态模型,能够从不完全和不准确的信息中,得出预报,并达到要求的时效性。

如台风路径预报专家系统 TYT 就是一例。

3)诊断型专家系统

该系统可以根据诊断对象的表征现象,例如病人的临床症状,机器故障的声光现象等,推断出该对象机能失常或发生故障的原因。诊断专家系统具有下列特点:

① 能够了解被诊断对象或客体各组成部分的特性以及它们之间的联系。

② 能够区分一种现象及其所掩盖的另一种现象。

③ 能够向用户提出测量的数据,并从不确切信息中得出尽可能正确的诊断。

如著名的 MYCIN 系统,就能对传染性疾病做出专家水平的诊断和治疗选择。

4)设计型专家系统

这是一种根据任务要求,计算出满足约束问题的目标配置系统。设计型专家系统具有下列特点:

① 善于从多方面的约束中得到符合要求的设计结果。

② 系统需要检索较大的可能解空间。

③ 善于分析各种问题,并处理好子问题间的相互关系。

④ 能够试验性地构造出可能设计,并易于对所得设计方案进行修改。

⑤ 能够使用已被证明是正确的设计来解释当前的新设计。

例如,DAC 公司用来帮助用户提出最佳计算机配置方案的 R1 系统。

5)规划型专家系统

规划型专家系统是用来制定行动规划的一类专家系统。应用于机器人动作规划、制订生产规划等问题。其具体特点有:

① 由于所要规划的目标可能是动态的或静态的,因而需要对未来动作做出预测。

② 因为所涉及的问题可能很复杂,所以要求系统能够抓住重点,处理好各子目标之间的关系和不确定的数据信息,并通过实验性动作得出可行规划。

6)监视型专家系统

该系统是用来对某些行为、状况进行监视,并与其正常情况进行比较,当发现异常可以发出告警或进行干预的系统。如森林火警监视、机场监视等。监视专家系统具有下列特点:

① 系统应具有快速反应能力,在造成事故之前及时发出警报。

② 系统发出的警报要有很高的准确性。在需要发出警报时发警报,在不需要发出警报时不得轻易发警报(假警报)。

③ 系统能够随时间和条件的变化而动态地处理其输入信息。

7)控制型专家系统

该系统是一种用以自适应地管理受控对象,使之满足预期要求的系统。其特点为:能够解释当前情况,预测未来可能发生的情况;诊断可能发生的问题及其原因,不断修正计划,控制系统的运行。控制型专家系统具有解释、预报、诊断、规划和执行等功能。

8)调试型专家系统

调试型专家系统的任务是对失灵的对象给出处理意见和方法。调试专家系统的特点是同时具有规划、设计、预报和诊断等专家系统的功能。

9)教学型专家系统

教学型专家系统能根据学生的知识点掌握情况、性情特点等,以最适当的教案和教学方法对学生进行教学和辅导。教学专家系统的特点为：

① 同时具有诊断和调试等功能。

② 具有良好的人机界面。

10）维护型专家系统

该专家系统能对发生故障的对象（系统或设备）进行处理，使其恢复正常工作。该类型专家系统具有诊断、调试、计划和执行等功能。

（2）按输出结果分类

按输出结果分类，专家系统可分为分析型和设计型。

（3）按知识分类

知识可分为确定性知识和不确定性知识，所以，按知识分类，专家系统又可分为精确推理型专家系统和不精确推理型专家系统（如模糊专家系统）。顺便指出，关于知识处理的技术和方法已形成一个称为"知识工程"（Knowledge Engineering）的学科领域。专家系统促使了知识工程的诞生和发展，知识工程又是为专家系统服务的。正是由于这两者的密切关系，所以，现在的"专家系统"与"知识工程"几乎已成为同义语。

（4）按技术分类

按采用的技术分类，专家系统可分为符号推理专家系统和神经网络专家系统。前面讲的内容均属于基于符号推理的专家系统。

（5）按规模分类

按规模分类，可分为大型协同式专家系统和微专家系统。

（6）按结构分类

按结构分类可分为集中式专家系统和分布式专家系统，单机型专家系统和网络型专家系统（即网上专家系统）。

6.1.3　知识的表示

知识表示就是知识的形式化，就是研究用机器表示知识的可行的、有效的、通用的原则和方法。目前常用的知识表示方法有逻辑表示法、语义网络法、产生式规则表示法、状态空间表示法、特征表示法、框架表示法、"与或图"表示法、过程表示法、黑板模型、Petri 网络法、神经网络法等。下面主要介绍几种常用的知识表示方法。

1. 产生式规则表示

为了针对指定的符号串产生替换运算，美国数学家 Post 于 1943 年首次提出产生式系统（Production System）概念；后来，学者们又依据这种按指定方式产生输出符号的思想，构建了 POST 自动机，明确地提出了一种用"规则"进行信息加工的系统模型。随后，产生式不断发展。Markov 提出了产生式系统的控制策略；Chomskey 提出了文法分层概念和类似产生式生成的语言重写规则；在此基础上，计算机界学者成功地构造了 ALGOL60 高级计算机语言；20 世纪 70 年代，Newell 和 Simon 等学者在对人类认知模型研究中,开发了基于规则的产生式系统。从此,产生式知识表示在人工智能中得到广泛的应用,尤其 Feigenbaum 等人运用产生式知识表示,成功构造了专家系统,取得了卓越的成就,推动了人工智能发展。

在专家系统的知识表示中,产生式表示是一种最常用的方法。一般情况下,产生式系统由产生式规则(Production Rules)、综合数据库(Global Database)和控制策略(Control Strategy)三部分组成,如图 6－2 所示。由图可见,综合数据库、产生式规则是系统的具体知识与信息的存储处理部件,是产生式系统的基础部分;控制策略是系统的协同处

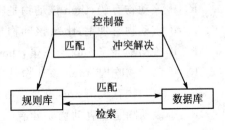

图 6－2　产生式系统的基本结构

理机构,是产生式系统的指挥控制中心。产生式系统的知识表示主要体现于综合数据库与产生式规则的各自表示。

(1) 规则库

规则库存放了若干规则,每条产生式规则是一个以"如果满足这个条件,就应当采取这个操作"形式表示的语句。所有规则之间没有很大的相互作用。一般来说,规则有如下形式:

IF

　　(触发事实 1 是真)
　　(触发事实 2 是真)
　　　⋮　　　⋮　　　⎬条件部分
　　(触发事实 n 是真)

THEN

　　(结论事实 1)
　　(结论事实 2)
　　　⋮　　　⋮　　　⎬操作部分
　　(结论事实 n)

在产生式系统的执行过程中,如果某条规则的条件部分被满足,那么,这条规则就可以被应用,即系统的控制部分可以执行规则的操作部分。

可以看到,专家系统的产生式规则与模糊逻辑控制规则非常相似,两者的不同在于产生式规则如果前提是真,规则就被激活。即如果对一组输入,仅有一个规则被激活,那么这个规则就完全控制了专家系统的输出;模糊逻辑控制规则不是开关式响应,而是可以不同程度地被激活,即如果其前提是非零值,即某种程度的真,规则就被激活。

下面给出一个典型例子介绍产生式系统规则库的建立及推理过程:

例 6.1　建立一个动物系统的知识库,用以识别虎、金钱豹、斑马、长颈鹿、企鹅、

鸵鸟、信天翁等 7 种动物。

解　为了识别这些动物,可以根据动物识别的特征,建立下面的规则库:

R_1:if 该动物有毛发,then 该动物是哺乳动物;

R_2:if 该动物有奶,then 该动物是哺乳动物;

R_3:if 该动物有羽毛,then 该动物是鸟;

R_4:if 该动物会飞 and 会下蛋,then 该动物是鸟;

R_5:if 该动物吃肉,then 该动物是食肉动物;

R_6:if 该动物有犬齿 and 有爪 and 眼盯前方,then 该动物是食肉动物;

R_7:if 该动物是哺乳动物 and 有蹄,then 该动物是有蹄类动物;

R_8:if 该动物是哺乳动物 and 是反刍动物,then 该动物是有蹄类动物;

R_9:if 该动物是哺乳动物 and 是食肉动物 and 是黄褐色 and 身上有暗斑点,then 该动物是金钱豹;

R_{10}:if 该动物是哺乳动物 and 是食肉动物 and 是黄褐色 and 身上有褐色条纹,then 该动物是虎;

R_{11}:if 该动物是有蹄动物 and 有长脖子 and 有长腿 and 身上有暗斑点,then 该动物是长颈鹿;

R_{12}:if 该动物是有蹄动物 and 身上有黑色条纹,then 该动物是斑马;

R_{13}:if 该动物是鸟 and 有长脖子 and 有长腿 and 不会飞 and 有黑白二色,then 该动物是鸵鸟;

R_{14}:if 该动物是鸟 and 会游泳 and 不会飞 and 有黑白二色,then 该动物是企鹅;

R_{15}:if 该动物是鸟 and 善飞,then 该动物是信天翁。

由上述产生式规则可以看出,虽然该系统是用来识别 7 种动物的,但是它并没有简单地仅仅设计 7 条规则,而是设计了 15 条。规则设计的基本思想是:首先,把动物分为若干类,如哺乳动物、鸟、食肉动物、有羽毛等,根据所分的"类",按识别特征建立相应规则,如规则 $R_1 \sim R_8$,然后对属于各类动物根据其个性的识别特征建立各自相应的规则,如规则 $R_9 \sim R_{15}$。这有两个好处:第一个是,当已知的事实不完全时,虽不能推出最终结论,但可以得到分类结果;另外一个是,当需要增加对其他动物(如牛、马等)的识别时,规则库中只需要增加关于这些动物个性方面的知识即可,如规则 $R_9 \sim R_{15}$,而规则 $R_1 \sim R_8$ 可直接利用,这样增加的规则就不会太多。

规则库的另一个问题是对知识进行合理的组织与管理。对规则库中的知识进行适当的组织,采用合理的结构形式,可使推理避免访问那些与当前问题求解无关的知识,从而提高求解问题的效率。

对上面的规则库而言,可根据哺乳动物、鸟,这两类动物的识别规则将上面的 15 条规则分为下面的两个子集,即

$$\{R_1, R_2, R_5, R_6, R_7, R_8, R_9, R_{10}, R_{11}, R_{12}\}$$
$$\{R_3, R_4, R_{13}, R_{14}, R_{15}\}$$

这样,要识别动物属于其中一个子集时,另一个子集的知识在当前的问题求解过程中就可不考虑,从而节约了查找所需知识的时间。当然,这种划分还可以逐级进行下去,使相关的知识构成一个子集或子子集,构成一个层次型的规则库。

(2)数据库

数据库是产生式规则表示的中心,每个产生式规则的左部表示在启用这一规则之前数据库内必须准备好的条件。执行产生式规则的操作会引起数据库的变化,这就使得其他产生式规则的条件可能被满足。

数据库中的已知事实通常用字符串、向量、集合、矩阵、表等数据结构表示。

一般使用三元组(对象、属性、值)来表示事实,如小李事实年龄是 20 岁,可写成(Li,Age,20),如果考虑不确定性可以用四元组表示,即

$$(对象,属性,值,可信度因子)$$

"可信度因子"是指对该事实为真的相信程度。例如,小李大约是 20 岁,可表示为:(Li,Age,20,0.9),用可信度因子 0.9 表示对"小李是 20 岁"的可信程度,反映了由"大约"表示出来的不确定程度。

(3)推理机

推理机也称为执行机构,也可以看成是一个控制器。它是一个程序模块,负责产生式规则的前提条件测试或匹配,规则的调度与选取,规则的解释和执行。即推理机实施推理,并对推理进行控制,它也是规则的解释程序。其作用是说明下一步应该选用什么规则,如何运用规则。它主要做以下几项工作:

第一,按一定的策略从规则库中选择规则与综合数据库中的已知事实进行匹配。所谓匹配是指把规则的前提条件与综合数据库中的已知事实进行比较,如果两者一致,或者近似一致且满足预先规定的条件,则称匹配成功,相应的规则可被激活;否则称为匹配不成功。

第二,匹配成功的规则可能不止一条,这称为发生了冲突。此时,推理机构必须调用相应的解决冲突策略进行消解,以便从中选出一条执行。

第三,在执行某一条规则时,如果该规则的右部是一个或多个结论,则把这些结论加入动态数据库中;如果规则的右部是一个或多个操作,则执行这些操作。

第四,对于不确定性知识,在执行每一条规则时还要按一定算法计算结论的不确定性。

第五,随时掌握结束产生式系统运行的时机,以便在适当的时候停止系统的运行。

以上各点中的每一项都有许多工作要做。

下面以前面的动物识别系统为例,介绍产生式系统求解问题的过程,看一下动物识别系统是如何工作的。

设在动态数据库中存放有下列已知事实。该动物身上有暗斑点,有长脖子,有长腿,有奶,有蹄,并假设动态数据库中的已知事实与规则库中的知识是从第一条(即

R_1)开始,逐条进行匹配的,则当推理开始时,推理机构的工作过程是:

首先,从规则库中取出第一条规则 R_1,检查其前提是否可与动态数据库中的已知事实匹配成功。由于动态数据库中没有该动物有毛发这一事实,所以匹配不成功,R_1 不能用于推理。然后取第二条规则 R_2 进行同样的工作。显然,R_2 的前提该动物有奶可与动态数据库中的已知事实匹配,因为在综合数据库中存在该动物有奶这一事实。此时,R_2 被执行,并将其结论部分"该动物是哺乳动物"加入到动态数据库中。此时动态数据库的内容变为:

该动物身上有暗斑点,有长脖子,有长腿,有奶,有蹄,是哺乳动物。

接着,分别用 R_3,R_4,R_5,R_6 与综合数据库中的已知事实进行匹配,均不成功。但当 R_7 与之匹配时,获得了成功,此时执行 R_7 并将其结论部分"该动物是有蹄类动物"加入到数据库中,动态数据库的内容变为:

该动物身上有暗斑点,有长脖子,有长腿,有奶,有蹄,是哺乳动物,是有蹄类动物。

在这以后,发现 R_{11} 又可以与综合数据库中的已知事实匹配成功,并且推出了"该动物是长颈鹿"这一最终结论。至此,问题的求解过程就可以结束了。

由这个例证,可以得到产生式系统求解问题的一般步骤:

① 初始化综合数据库,把问题的初始已知事实送入动态数据库中。

② 若规则库中存在尚未使用过的规则,而且它的前提可与动态数据库中的已知事实匹配,则转步骤③;若不存在这样的事实,则转步骤⑤。

③ 执行当前选中的规则,并对该规则做上标记,把该规则执行后得到的结论送入动态数据库中。如果该规则的结论部分指出的是某些操作,则执行这些操作。

④ 检查动态数据库中是否已包含了问题的解,若已包含,则终止问题的求解过程;否则转步骤②。

⑤ 要求用户提供进一步关于问题的已知事实,若能提供,则转步骤②;否则终止问题的求解过程。

⑥ 若规则库中不再有未使用过的规则,则终止问题的求解过程。

可见问题的推理求解过程是一个不断地从规则库中选取可用规则与综合数据库中的已知事实进行匹配的过程,规则的每一次成功匹配都使综合数据库增加了新的内容,并朝着问题的解决方向前进一步。

最后需要说明的是,问题的求解过程与推理的控制策略有关,通常从选择规则到执行规则可分为匹配、冲突解决和操作三步。

匹配　把数据库和规则的条件部分相匹配。如果两者完全匹配,则把这条规则称为触发规则。在按规则的操作部分去执行时,把这条规则称为被启用规则。被触发的规则不一定总是被启用的规则。因为可能同时有几条规则的条件部分被满足。

冲突解决　当有一个以上的规则条件部分和当前数据库相匹配时,就需要决定首先使用哪一条规则,这称为冲突解决。

操作　操作就是执行规则的操作部分,经过操作以后,当前数据库将被修改。然后,其他的规则有可能被使用。

2. 状态空间表示法

状态空间表示法是知识表达的基本方法。所谓"状态"是用来表示系统状态、事实等叙述性知识的一组变量或数组,即

$$Q = \{q_1, q_2, \cdots, q_n\} \tag{6.1}$$

所谓"操作"就是用于表示引起状态变化的过程性知识的一组关系或函数,即

$$F = \{f_1, f_2, f_3, \cdots, f_m\} \tag{6.2}$$

状态空间是利用状态变量和操作符号,表示系统或问题的有关知识的符号体系,通常可以用三元组表示为

$$< \{Q_s\}, F, \{Q_g\} > \tag{6.3}$$

式中:Q_s表示初始状态,Q_g表示目标状态,F表示操作。

3. 框架表示法

1975 年,美国著名人工智能学者明斯基(Minsky)在其论文"A framework for representing knowledge"中提出了框架理论。其基本思想是人脑知识存储结构是一个框架,框架是一个嵌套的连接表,用于表达问题的状态和操作过程及其相互联系。框架系统的嵌套式结构便于表达不同层次的知识。通过扩充子框架,可以进一步描述问题的细节。

一个框架由唯一的一个框架名字进行标识,一个框架可以拥有任意数目的槽,每个槽又可以拥有任意多个的侧面,每个侧面可以拥有任意数目的值,把它们放到一起就得到一个框架结构,即

```
(<框架名>)(<槽 1>(<侧面 l>(<值 1>)
                         (<值 2>)
                            ⋮ )
              (<侧面 2>(<值 1>)
                         (<值 2>)
                            ⋮ )
                 ⋮ )
         (<槽 2>(<侧面 l>(<值 1>)
                    ⋮ )
             ⋮ )
      ⋮ )
```

利用框架中的槽,可以填入相应的说明,补充新的事实、条件、数据或结果,修改问题的表达形式和内容,便于表达对行为和系统状态的预测和猜想。

例 6.2　一个描述"控制系统"的框架。

框架名:(控制系统)

用途：范围（工业、农业）

默认：工业

运行环境：（微机种类）

开发工具：（软件名）

开发时间：单位：（年、月、日）

从此例可以看出，这个框架的名字是"控制系统"；框架下设有 4 个槽，槽名分别为"用途"、"运行环境"、"开发环境"、"开发工具"、"开发时间"；槽的侧面分别为单位、范围、默认；槽值是对槽的进一步解释说明的信息。槽的侧面为槽值限定了具体的填写标准；单位（年、月、日）按年月日顺序填写；范围（工业、农业）指出槽值只能在规定的范围内挑选；默认：表示槽值不填入时为默认值。

4. 综合知识的表达方法

在专家控制中，由于其研究对象的复杂性决定了知识表达与处理模式的多样化，因而有效的途径应当是根据实际背景和环境条件，研究综合集成的知识表达方法。这种综合集成方法是在集成各种知识模型基础上进行的，能够综合多种知识模型的优点，既能表达类似于经验型的非结构化定性知识，又能表达系统变量间定量的动态解析型深层知识，以便将控制理论中成熟的控制策略加以利用。

在综合型知识表达中，应当考虑的关键问题主要有：

① 符号值与数值变量、模糊变量之间的转换。这可以通过神经网络知识模型和定性物理模型的有效配合来实现。

② 对规则型知识的赋值和时序匹配。

③ 各种不同的知识模型间的转换关系及其协调性原理和方法。

④ 知识的组织应当按照自上而下，逐步求精的原则设计综合型表达及其相应的调度和处理策略。

6.1.4　知识的获取

用户在做了需求分析之后，就要开始寻找该领域内合适的专家以及相应的资料来获取知识。知识获取需要知识工程师与领域专家的密切配合和支持，否则是不可能成功的。从某种意义上来说，知识是决定专家系统性能好坏的主要因素，知识获取成功几乎就使系统成功了一半。这是一个反复进行，不断修改、扩充、测试与评价、管理与维护的过程。知识的获取主要有手工知识获取、半自动获取、自动知识获取和人工神经网络知识获取等方式。

1. 手工知识获取

该方法是知识工程师与领域专家合作，对有关领域知识和专家知识，进行挖掘、搜集、分析、综合、整理、识别、理解、筛选、归纳等处理后将有关知识抽取出来，以便用于知识库的建立的过程。

专家系统中的知识可能来自多个知识源，如报告、论文、课本、数据库、实例研究、经验数据以及系统自身的运行实践等,其中主要知识源是领域专家。知识工程师通过与专家的直接交互来获取知识。知识工程师的主要任务是与领域专家交谈,阅读有关文献,获取专家系统所需要的原始知识;对获得的原始知识进行分析、归纳、整理,形成用自然语言表达的知识条款,然后交领域专家审查。经反复交流,最后把知识条款确定下来;把最后确定的知识条款用知识表示语言表示出来,交给知识编辑器进行编辑输入。从领域专家抽取知识的技术如表 6-2 所列。

表 6-2　从领域专家抽取知识的技术

方　法	描　述
现场观察	观察专家如何解决工作中的实际问题
问题讨论	探索解决特定问题所需数据、知识及过程类型
问题描述	请专家为领域中的每类答案描述出其问题原型
问题分析	给专家一系列实际问题去求解,探求专家推理的每一步基本原理
问题精化	由专家给出一系列问题,然后使用从访问中获取的规则进行解答
系统检查	由专家检查和评价原型系统的规则和控制结构
系统验证	把专家和原型系统所解答的问题交给其他领域专家加以验证

2. 半自动获取

该方法是利用某种专门的知识获取系统(如知识编辑软件),采取提示、指导或问答的方式,从知识源中总结和提取出来并转换成某种形式的表示,主要内容包括心理学法、知识工程语言和知识获取工具等。

3. 自动知识获取

自动知识获取又可分为两种形式:一种是系统本身具有一种机制,使得系统在运行过程中能不断地总结经验,并修改和扩充自己的知识库;另一种是开发专门的机器学习系统,让机器自动地从实际问题中获取知识,并填充知识库。它不仅可以直接与领域专家对话,从专家提供的原始信息中学习专家系统所需要的知识,而且还能从系统运行实践中总结、归纳出新的知识,发现和改正自身存在的错误,并通过不断地自我完善,使知识库逐步趋于完整、一致。按照知识源提供信息的结构化程度差异,可将机器学习分为机械学习、类比式学习、解释学习、归纳式学习等。机器学习系统具备如下能力:具有语音、文字、图像的识别能力;具备理解、分析、归纳问题的能力;具有从自身运行过程中学习的能力。

4. 人工神经网络知识获取

人工神经网络是一种具有学习、联想和自组织能力的智能系统。在专家系统中,可利用人工神经网络的学习、联想、并行分布等功能解决专家系统开发中的知识获取、表达和并行推理等问题。通过神经网络可使机器进行自组织、自学习,不断地充实、丰富专家系统中原有的知识库,使专家系统中最困难的知识获取问题得到很好的解决。在范例十分丰富的情况下,还可以借助人工神经网络的学习机制来解决非精确推理中构造知识库的问题。

6.1.5　专家系统的推理机制

专家系统中的自动推理是知识推理,而知识推理是指在计算机或智能机器中,在知识表达的基础上,进行机器思维,求解问题的智能操作过程。在专家系统中,可以依据专家所具有的知识特点来选择知识表示的方法,而知识推理技术同知识表示方法有密切关系。

根据知识表示的特点,知识推理方法可分为图搜索方法和逻辑论证方法;根据问题求解的推理过程中是否运用启发性知识,知识推理方法可分为启发推理和非启发推理;根据问题求解的推理过程中特殊和一般的关系,知识推理方法可分为演绎推理和归纳推理。其中演绎推理方式根据问题求解的推理过程中推理的方向,可分为正向推理、反向推理和正反向混合推理三类。

1. 正向推理

正向推理是由原始数据出发,按照一定策略,运用知识库中专家的知识,推断出结论的方法。这种推理方式,由于是由数据到结论,称为数据驱动策略。正向推理的步骤是,首先由用户提供的事实,存放到数据库中,然后:

① 用这批事实与知识库中规则的前提事实进行匹配;

② 把匹配成功的规则的结论部分的事实作为新的事实加到数据库中;

③ 再用更新后的数据库中的所有事实,重复①、②两步骤,如此反复进行,直到结论出现或不再有新的事实加到数据库中为止。

根据上述推理步骤,正向推理框图如图 6-3 所示,图中 K 为规则的总数目。

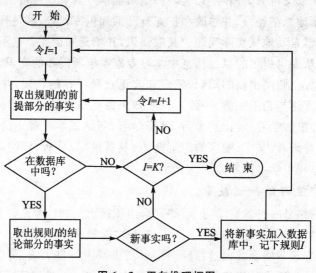

图 6-3　正向推理框图

2. 反向推理

反向推理是先提出假设(结论),然后去找支持这个结论的证据的方法。这种由结论到数据的策略称为目标驱动策略。反向推理的步骤是:

① 先验证假设是否在数据库中,若在,则假设成立,推理过程结束或验证下一个假设;否则,进行下一步。

② 判断所验证的假设是否是证据节点,若是,系统就提问用户,让用户来回答;否则就进行下一步。

③ 找出结论部分包含这个假设的那些规则,把它们的所有前提部分的事实都作为新的假设。

④ 重复①、②、③步骤直到某一个假设成立为止,若所有假设都不成立,系统回答 FAIL。根据上述推理过程,反向推理设计框图如图 6 - 4 所示。

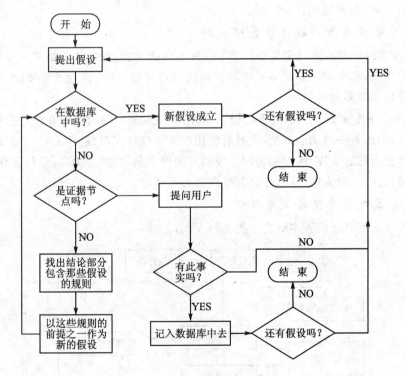

图 6 - 4 反向推理框图

3. 正反向混合推理

正反向混合推理是先根据原始数据通过正向推理提出假设,再用反向推理进一步寻找支持假设的证据,反复这个过程。正反向混合推理集中了正向和反向推理的优点,但其控制策略较前两者复杂。

6.2　专家控制系统

6.2.1　专家控制系统原理

专家控制系统具有全面的专家系统结构、完善的知识处理功能和实时控制的可靠性能。这种系统采用黑板等结构,知识库庞大,推理机复杂。它包括知识获取子系统和学习子系统,人—机接口要求较高。另一种是专家式控制器,多为工业专家控制器,是专家控制系统的简化形式。它针对具体的控制对象或过程,着重于启发式控制知识的开发,具有实时算法和逻辑功能。它具有设计较小的知识库、简单的推理机制,可以省去复杂的人—机接口。由于专家式控制器结构较为简单,又能满足工业过程控制的要求,因而应用日益广泛。

1. 专家控制与一般专家系统区别

① 通常的专家系统只完成专门领域问题的咨询功能,它的推理结果一般用于辅助用户的决策;而专家控制则要求能对控制动作进行独立的、自动的决策,它具有连续的可靠性和较强的抗扰性。

② 通常的专家系统一般处于离线工作方式,而专家控制则要求在线地获取动态反馈信息,因而是一种动态系统,它具有使用的灵活性和实时性,即能联机完成控制。

从性能指标的角度看,专家控制系统的控制要求是:决策能力强;运行可靠性高;使用的通用性好;拟人能力强;控制与处理具有灵活性。

2. 专家控制系统的基本结构

一般专家控制系统基本结构如图 6-5 所示。

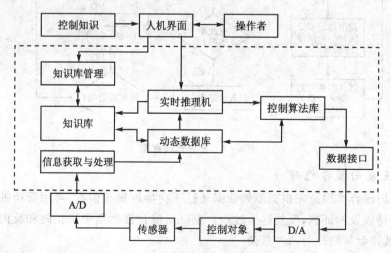

图 6-5　一般专家控制系统基本结构

① 知识库　该库由事实集和经验数据、经验公式、规则等构成。事实集包括对象的有关知识,如结构、类型及特征等。控制规则有自适应、自学习、参数自调整等方面的规则。经验数据包括对象的参数变化范围、控制参数的调整范围及其限幅值、传感器特性、系统误差、执行机构特征、控制系统的性能指标以及经验公式等。

② 控制算法库　该库存放控制策略及控制方法,如 PID、PI、Fuzzy、神经控制、预测控制算法等,是直接控制方法集。

③ 实时推理机　根据一定的推理策略(正向推理)从知识库中选择有关知识,对控制专家提供的控制算法、事实、证据以及实时采集的系统特性数据进行推理,直到得出相应的最佳控制决策,再由决策的结果指导控制作用。

④ 信息获取与处理　信息获取是通过闭环控制系统的反馈信息及系统的输入信息,获取控制系统的误差及误差变化量、特征等信息。信息处理包括特征识别、信号滤波等。

⑤ 动态数据库　该库用来存放推理过程中的数据、中间结果、实时采集与处理等数据。

3. 专家控制器的控制任务

专家控制器的控制任务包括:

① 如何解决好知识的获取问题、以及如何进行实时性的搜索及实时控制问题。

② 用什么知识表示方法描述一个系统的特征知识。

③ 怎样从传感器数据中获取相关识别定的知识。

④ 如何把定性推理的结果量化成执行器定量的控制信号。

⑤ 如何将过程的深层与浅层知识合理地结合起来,构造知识库。有效地自动修改知识库。

⑥ 如何进行专家控制系统的稳定性、可控性分析。

⑦ 怎样获取控制知识和学习规则。

⑧ 如何建造通用的满足过程控制的专家开发工具。

6.2.2　专家控制系统的类型

根据系统结构的复杂程度,人们通常把专家控制分为两种类型,一种是专家控制系统,另一种是工业专家控制器。专家控制系统的主要代表是黑板专家控制系统;工业专家控制器有时也称为基于知识的控制器。以基于知识的控制器在整个系统中的作用为基础,可把工业专家控制器分为直接专家控制器和间接专家控制器。

1. 黑板专家控制系统

黑板系统提供了一种用于组织知识应用和知识源之间合作的工具。它是一种强功能的专家系统结构和问题求解模型。它的最大优点在于能够提供控制的灵活性和具有综合各种不同知识表示和推理技术的能力。例如,一个产生式规则系统或基于框架的系统可能作为黑板系统的一部分。

黑板专家控制系统由黑板、知识源和控制器组成,系统结构如图6-6所示。

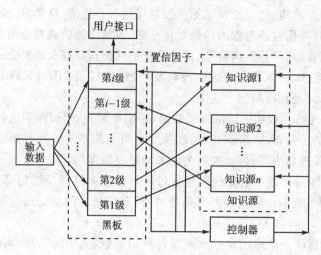

图6-6　黑板专家控制系统结构

（1）黑　板

黑板是共享数据区,用来执行各种知识源之间的交互任务。它的全局数据结构被用于组织问题求解数据,并处理各知识源之间的通信问题。存储于黑板上的对象可以是输入数据、局部结果、最后结果、假设和选择方案等。一个黑板可被分割为若干个子黑板,也就是说,按照求解问题的相异点,可以把黑板分为若干个黑板层,如图6-6中的第1层至第i层。因此,各种对象可被递阶地组织到不同的黑板层级中。

黑板上的每一条记录均有一个相关的置信因子,这是系统处理知识不确定性的一种方案。黑板的机理可以保证在每个知识源与已求得的局部解之间存在一个统一的接口。

（2）知识源

知识源用来存储各种相关知识,是领域知识的自选模块。每个知识源可被看作是用于处理某一特定类型的较狭窄领域信息或知识的独立程序,而且可以决定是否应该提供自身信息到问题求解过程中。黑板系统中的每个知识源都是独立分开的,不同知识源具有各自不同的工作过程或规则集合和自有的数据结构,它们通过黑板进行通信。知识源具有"条件—动作"的形式,条件部分描述了知识源可用于求解的情形,动作部分执行实际的问题求解,并产生黑板的变化。对黑板进行增加或修改问题的解。知识源能够遵循各种不同的知识表示方法和推理机制。因此,可以把知识源的动作部分看作一个含有正向/逆向搜索的产生式规则系统,或者一个具有填槽过程的基于框架的系统。当黑板上逐渐变化的事件信息满足其他知识源触发条件时,就触发一个或多个知识源。对每一个被触发的知识源,系统建立一个知识源活动记录,放到一个待执行的动作表中,由控制器进行调度。当一个记录被选中时就执行相应知识源的动作。

（3）控制器

控制器由黑板监督程序和调度程序组成,是一个含有控制数据项的数据库,这些控制数据项被控制器用来从一组潜在可执行的知识源中挑选出一个供执行的知识源。黑板系统的主要求解机制是从某个知识源向黑板增添新的信息开始的。当一个知识源所感兴趣的黑板变化类型出现时,它的条件部分即被放入调度队列中。当一个知识源的条件部分成立时,它的动作部分即被放入调度队列中。被触发了的知识源被选中后执行向黑板增添信息的任务,这个过程不断地循环下去。而调度队列中的各个活动的执行次序由调度程序根据调度原则计算出的优先级确定。因此,在问题求解的每一步,都是自底向上的综合、自顶向下的目标生成、解释评价等活动。

2. 工业专家控制器

（1）直接专家控制器

当基于知识的控制器直接影响被控对象时,这种控制称为直接专家控制。在直接专家控制中,专家系统代替原来的传统控制器,直接给出控制信号。直接专家控制一般用于高度非线性或过程描述困难的场合。因为这些场合传统控制器设计方法很难使用。

直接专家控制系统根据测量到的过程信息及知识库中的规则,导出每一采样时刻的控制信号。直接专家控制器的结构如图 6-7 所示。直接专家控制器(EC)以知识库(KB)为基础,由经验数据库(DB)和学习与适应装置(LA)组成。其中,知识库用于存放工业过程控制的领域知识;经验数据库主要存储经验事实;学习与适应装置的功能是根据在线获取的信息,增添或修正知识库内容,改进性能,以便提高问题的求解能力。

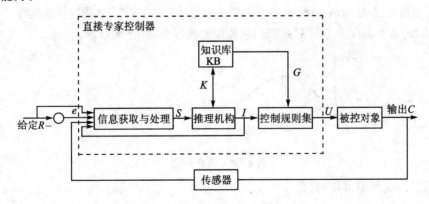

图 6-7 直接专家控制系统结构

① 知识库建立 一般根据工业控制的特点及实时控制要求,采用产生式规则描述过程的因果关系,并通过带有调整因子的模糊控制规则建立控制规则集。

直接专家控制知识模型可用如下形式表示,即

$$E = (R,e,C,U) \atop e = R - C \Bigg\} \tag{6.4}$$

式中:R 为参考控制输入;e 为误差信号;C 为受控输出;U 为控制器的输出集。

图中 I,G,U,K 和 E 之间的关系又可表示为

$$U = f(E,K,I,G) \tag{6.5}$$

式中,f 为智能算子,它是几个算子的复合运算,即

$$f = g \cdot h \cdot p \tag{6.6}$$

式中,g,h,p 也是智能算子,而且有

$$\begin{aligned} g &: E \rightarrow S \\ h &: S \times K \rightarrow I \\ p &: I \times G \rightarrow U \end{aligned} \Bigg\} \tag{6.7}$$

这里,S 为特征信息输出集;G 为规则修改指令。

这些智能算子都具有"IF A THEN B"的形式。其中智能算子 f 的基本形式为

IF E AND K THEN (IF I AND G THEN U)

式中:$E = \{e_1, e_2, \cdots, e_m\}$ 为控制器输入信息集;$K = \{k_1, k_2, \cdots, k_n\}$ 为知识库中的经验数据与事实集;$I = \{i_1, i_2, \cdots, i_p\}$ 为推理机构的输出集;$U = \{u_1, u_2, \cdots, u_n\}$ 为控制规则输出集。

智能算子 f 的含义是:根据输入信息(E)和知识库中的经验数据与规则(K)进行推理,然后根据推理结果(I),输出相应的控制行为(U)。算子 f 是可解析型运算和非解析型运算的结合。

② 控制知识的获取　控制知识(规则、事实)是从控制专家或专门操作人员的操作过程基础上概括、总结归纳而成的。控制知识总结为"IF THEN"形式的启发式规则。

例如:某个温度专家控制系统的系统误差曲线如图 6-8 所示。

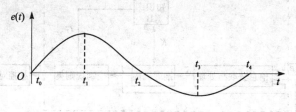

图 6-8　误差曲线

由误差曲线图可得到

$$e(t) \Delta e(t) > 0, t \in (t_0, t_1) \text{ 或 } t \in (t_2, t_3)$$
$$e(t) \Delta e(t) < 0, t \in (t_1, t_2) \text{ 或 } t \in (t_3, t_4)$$

$e(t) \Delta e(t-1) < 0$,在 t_1, t_3 处有极值点,$\Delta e(t) \Delta e(t-1) > 0$,无极值点。

根据以上分析,在系统响应远离设定值区域时,可采用开关模式进行控制,使系统快速向设定值回归;在误差趋势增大时,采取比例模式,加大控制量以尽快校正偏

差；在极值附近时减少控制量，直到误差趋势减小时，再保持控制量，靠系统惯性回到平衡点。此外，采用强比例控制作为启动阶段的过渡。控制输入量为温度曲线（给定值）与热电偶测量反馈信号，输出量为调功双向可控硅导通率。

选取 $\{e(t),e(t)\Delta e(t),\Delta e(t)\Delta e(t-1)\}$ 作为特征量，控制规则集总结如下：

- if $e(t)>M_1$ then $U(t)=U_{\max}$
- if $e(t)<-M_1$ then $U(t)=0$
- if $(e(t)\Delta e(t)>0)$ or $(\Delta e(t)=0$ and $e(t)\neq0)$ and $|e(t)|\geqslant M_2$ then $U(t)=U(t-1)+K_1K_pe(t)$
- if $(e(t)\Delta e(t)>0)$ or $(\Delta e(t)=0$ and $e(t)\neq0)$ and $|e(t)|<M_2$ then $U(t)=U(t-1)+K_2K_pe(t)$
- if $(e(t)\Delta e(t)<0)$ and $(\Delta e(t)\Delta e(t-1)>0$ or $e(t)=0)$ then $U(t)=U(t-1)$
- if $e(t)\Delta e(t)<0$ and $\Delta e(t)\Delta e(t-1)<0$ and $|e(t)|\geqslant M_2$ then $U(t)=U(t-1)+K_1K_2K_pe(t)$
- if $e(t)\Delta e(t)<0$ and $\Delta e(t)\Delta e(t-1)<0$ and $|e(t)|<M_2$ then $U(t)=U(t-1)+K_2K_pe(t)$
- if $M_1<e(t)|<M_2$ then $U(t)=K_3e(t)$

式中：M_1，M_2 为误差界限，K_p，K_3 为比例增益，K_1，K_2 为增益系数。

③ 推理方法的选用 在实时控制中，必须要在有限的采样周期内将控制信号确定出来。直接专家控制可以采用一种逐步改善控制信号精度的推理方式。逐步推理是把专家知识分成一些知识层，不同的知识层用于求解不同精度的解，这样就可以随着知识层的深入、逐步改善问题的解。对于简单的知识结构，可采用以数据驱动的正向推理方法，逐次判别各规则的条件，若满足条件则执行该规则，否则继续搜索。

（2）间接专家控制器

专家系统间接地对控制信号起作用，或者说，当基于知识的控制器仅仅间接影响控制系统时，把这种专家控制称为间接专家控制系统，或监控专家控制。间接专家控制器由专家控制器和常规控制器两部分构成，其结构如图 6-9 所示。在间接专家控

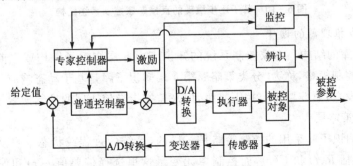

图 6-9 间接专家控制系统框图

制系统中,专家控制器是一个常规控制器(比如 PID 控制)的参数优化"专家"。它能利用专家的经验,根据现场响应及环境条件,对常规控制器的参数进行优化,使之实现更有效的控制。对 PID 控制参数优化的专家控制器也称为专家 PID 控制器。

6.2.3 专家控制系统的设计

1. 直接专家控制系统

(1) 系统结构设计

这里以基于逐步推理的直接专家控制系统为例介绍专家控制系统的设计过程。直接专家控制系统的专家控制器由推理机、知识库、数据库、调度员、用户接口等几部分组成。推理机可以由用户进行选择,完成前向推理和后向推理过程。数据库分为静态数据库和动态数据库。静态数据库又分成短期数据库和长期数据库。接口包含应用程序与数据库的接口以及控制系统与用户的交互对话接口。知识库由 5 个知识子库构成。系统结构如图 6-10 所示。

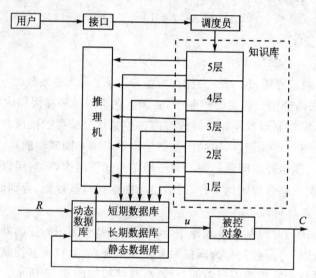

图 6-10 基于逐步推理的直接专家控制系统结构

(2) 逐步推理器的设计

① 知识库的结构 专家控制系统的知识库由 5 层知识子库构成。前 3 层采用完全相同的控制策略,称为"分类策略",第 4 层知识子库是基于动态响应过程专家的工作经验而设立,第 5 层为监控策略级,用来监控指导前 4 层的控制搜索策略。

1) 分类策略层

前 3 层知识子库采用的控制策略是一样的,系统的过程或状态信息从信息采集环节获取,包括 $R(t)$ 和 $C(t)$,而控制单元变量这里选择偏差值 $e(t)$ 和偏差变化量 $\Delta e(t)$ 作为专家控制器的输入信息。

　　a. 状态的描述　系统的过程或状态信息从信息采集环节获取,包括 $R(t)$ 和 $C(t)$,而控制单元变量可以选择偏差值 $e(t)$ 和偏差变化量 $\Delta e(t)$ 作为专家控制器的输入信息。一般情况下,设计者采用定性的语言来表达专家控制系统的知识,采用符号来描述相应的专家控制规则,这也是专家控制系统不同于传统控制系统的一个方面,故必须将系统过程数字化的变量转换成符号表示的值,例如偏差负、偏差小、偏差正且大等。

　　b. 规则的确定　用产生式规则描述行为的基本形式为:

　　IF 偏差正且大 AND 偏差变化量正且小 THEN 加大少许控制信号量。

　　c. 控制信号的产生　通常控制信号的表达形式有如下 3 种方式:

$$
\left.\begin{aligned}
u(t) &= \alpha U_{max} & (0 \leqslant \alpha \leqslant 1)\\
u(t) &= \alpha U_{min} & (\alpha > 1)\\
u(t) &= u(t-1) + \beta U_{max} & (-1 \leqslant \beta \leqslant 1)
\end{aligned}\right\} \tag{6.8}
$$

式中:U_{max} 是控制器最大输出量;U_{min} 是控制器最小输出量;$u(t)$ 为当前时刻的控制量;$u(t-1)$ 为前一时刻的控制量;α,β 为加权因子。

　　专家控制器的表现是:根据状态变化量的变化,适当地选择知识库中的控制规律表达式,确定相应的加权因子值,通过控制信号表达式获得控制信号的值。

　　2) 模型参考策略层

　　第 4 层知识子库的控制策略与前 3 层完全不同,它采用模型参考策略。在控制过程中,专家控制系统通过第 4 层知识库的控制规律实现对控制专家所预期的运行规律进行跟踪,直到达到控制目标。模型参考策略层只在系统的动态过程起控制作用,当系统处于稳定状态后,模型参考策略层就不工作了。

　　3) 监控策略层

　　监控策略层不直接对被控对象进行控制,而是对控制系统的运行状态进行监控,能够在宏观上考查控制系统的性能后,有效地对第 1 层到第 3 层的分类控制策略和第 4 层模型参考层进行恰当地调整,改善专家控制系统的控制策略。

　　② 推理过程　推理机从下至上逐层进行推理,低层的知识库结构简单,推理速度快,控制精度低;知识库逐级复杂,推理速度逐级变慢,控制精度逐级增强。控制系统开始运行时,从采样周期开始,系统通过信息处理和特征获取环节对控制系统的状态采样,一般选择被控对象的输出量 C 和控制系统的给定量 R,将其放入短期数据库中。接着,由调度员启动推理机,调度员的功用是对系统的工作进行协调。首先,推理机利用知识库的第 1 层的知识子库进行推理,推理得到控制结果设为 u_t,并将 u_t 存到短期数据库中,当采样时间 T 到达时,推理机就从短期数据库中取出 u_t,然后输出控制信号 u_t;倘若采样结束时间未到,表明仍然有时间继续推理,则转向上一层的推理,如此重复这一过程。当采样周期结束时间到来时,推理立即终止,取出当前的输出值 u_t 送给受控对象。从而保证在每个采样周期内都有控制信号输出,不会出现失控现象。

2. 间接专家控制系统

这里简要介绍专家 PID 控制系统的设计过程。

（1）专家 PID 控制系统结构

专家 PID 控制系统结构如图 6-11 所示。这种控制将 PID 控制与专家系统结合，实现专家经验对 PID 参数的优化，完成动态参数的 PID 控制。

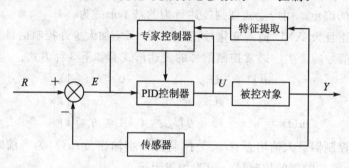

图 6-11　专家 PID 控制系统结构

（2）性能指标

在优化 PID 控制器参数时，需根据被控对象或工业生产过程对控制系统的要求，选用不同的性能指标。常用的系统误差型目标函数及其性能指标如下。

① 误差平方的积分函数

$$H = \int_0^\infty e^2(t)\,\mathrm{d}t \tag{6.9}$$

该系统的性能特征是系统的响应速度快、有振荡、超调量大、稳定性较差。

② 时间与误差平方乘积的积分函数

$$H = \int_0^\infty t\,e^2(t)\,\mathrm{d}t \tag{6.10}$$

该系统的性能特征有利于消除动态响应的后期偏差，使系统响应快、精确性好。

③ 绝对误差的积分函数

$$H = \int_0^\infty |e(t)|\,\mathrm{d}t \tag{6.11}$$

该系统的性能特征是系统的响应快、超调量较大。

④ 时间与绝对误差乘积的积分函数

$$H = \int_0^\infty t\,|e(t)|\,\mathrm{d}t \tag{6.12}$$

该系统的性能特征是系统的动态响应超调量小、阻尼较大、响应较慢。

（3）特征识别

当系统呈现扰动时，控制系统的输出量就会有不同程度的波动，比如衰减振荡、等幅振荡、振荡发散等状况，通过特征识别环节，专家控制器能够提取输出信号响应曲线的特征信息。该信息可以是超调量 O_v、峰值时间 T_p、衰减比 D_p、振荡次数 N、上

升时间 T_r 等。可根据特定的参数描述不同的曲线，详见图 6-12。专家控制器可识别该特征信息，并依据它们进行 PID 参数的调整。

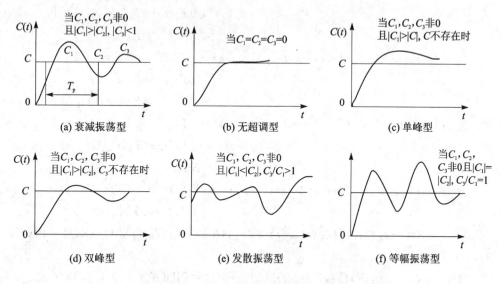

图 6-12　特征识别基本图形

（4）实时控制规则和参数调整规则的建立

数学模型与知识模型的结合是构成专家 PID 控制的基础，正确处理控制模态的选择与决策推理之间的关系是实现理想智能控制的关键。因此，根据长期以来人们在 PID 控制应用中积累的控制理论和经验知识，可以为专家智能控制系统的知识库构造出一种广义知识模型（数学模型＋知识模型），归纳出控制规则集和参数自校正规则集，以建立知识库。控制规则归纳如下：

① $\{e(t) > M_1 R\} \to u(t) = u_{\max}$

② $\{e(t) \leqslant -M_1 R\} \to u(t) = u_{\min}$

③ $\{(-R < e(t) < R) \bigcap (e(t)ec(t) < 0) \bigcap (|e(t)/ec(t)| > a_1)\} \to u(t) = u(t-1) + K_P(t)e(t)$

④ $\{(M_2 < |e(t)| \leqslant M_3) \bigcap (e(t)ec(t) < 0)\} \to \begin{bmatrix} K_p(t) = 0.45K_c \\ T_i(t) = 0.85T_c \\ T_d(t) = 0.12T_c \end{bmatrix}$

⑤ $\{(M_3 < |e(t)| \leqslant M_4) \bigcap (e(t)ec(t) < 0)\} \to \begin{bmatrix} K_p(t) = 0.6K_c \\ T_i(t) = T_i(t-1) \\ T_d(t) = T_d(t-1) \end{bmatrix}$

⑥ $\{(|e(t)| < M_5) \bigcap (|e(t) - e(t-1)| < \varepsilon_1)\} \to \begin{bmatrix} K_p(t) = 0.89K_p(t-1) \\ T_i(t) = T_i(t-1) \\ T_d(t) = T_d(t-1) \end{bmatrix}$

⑦ $\{(|e(t)|\leqslant M_5)\bigcap(|e(t)-e(t-1)|>\varepsilon_1)\}\rightarrow\begin{bmatrix}K_p(t)=0.35K_p(t-1)\\T_i(t)=0.5T_i(t-1)\\T_d(t)=T_d(t-1)\end{bmatrix}$

⑧ $\{(|e(t)|<M_6)\bigcap(|e(t)-e(t-1)|<\varepsilon_2)\}\rightarrow\begin{bmatrix}K_p(t)=K_p(t-1)\\T_i(t)=0.5T_i(t-1)\\T_d(t)=T_d(t-1)\end{bmatrix}$

⑨ $\{(|e(t)|\leqslant M_6)\bigcap(|e(t)-e(t-1)|<\varepsilon_2)\}\rightarrow\begin{bmatrix}K_p(t)=K_p(t-1)\\T_i(t)=0.85T_i(t-1)\\T_d(t)=T_d(t-1)\end{bmatrix}$

⑩ $\{(|e(t)|>M_6)\bigcap(|e(t)|>|e(t-1)|)\}\rightarrow\begin{bmatrix}K_p(t)=K_p(t-1)\\T_i(t)=0.2T_i(t-1)\\T_d(t)=0.12T_d(t-1)\end{bmatrix}$

⑪ $\{(-R<e(t)\leqslant R)\bigcap(e(t)ec(t)<0)\bigcap(b_1>|e(t)/ec(t)|)\}\rightarrow u(t)=\mathrm{PI}(K_p(t),T_i(t))$

⑫ $\{(-R<e(t)<R)\bigcap(e(t)ec(t)>0)\}\rightarrow u(t)=\mathrm{PID}(K_p(t),T_i(t),T_d(t))$

⑬ $\{(|ec(t)|<a_1)\bigcap(|ec(t)|<\varepsilon_1)\}\rightarrow u(t)=u(t-1)+K_p(t)e(t)+T_i(t)\sum_{j=1}^{i}e_j(t)$

⑭ $\{((u(t-1)>u_{max})\bigcup(u(t-1)<u_{min}))\bigcap(e(t)<0)\}\rightarrow u(t)=\mathrm{PD}(K_p(t),T_d(t))$

⋮

⑫ $\{(u(t-1)>u_{max})\bigcap(e(t)>0)\bigcup(u(t-1)<u_{min})\bigcap(e(t)<0)\}\rightarrow u(t)=u(t-1)+K_p(t)e(t)+T_i(t)\sum_{j=1}^{i}e_j(t)+T_d(t)ec(t)$

式中：$e(t)$表示系统误差，$ec(t)$表示误差变化率，对于常数 $R,M_1\sim M_6,\varepsilon_1,\varepsilon_2,a_1\sim a_3,b_1\sim b_3$ 及参数均根据要求的性能指标和专家理论知识和经验确定，并在调试过程中加以修改，以达到期望值。

（5）推理过程

通常使用前向推理方式，推理过程可分为动态过程和静态过程，动态过程包括控制系统的启动、扰动作用过程以及制动过程等。专家控制器通过采集控制对象的输出量或偏差及偏差变化量提取特征参数，在知识库中搜索调试规则，给出相应的 PID 控制参数的修正量大小，完成对控制器参数的优化。静态过程是指在控制系统接近系统稳定状态时，专家控制系统通过性能识别环节得到的预期性能指标为依据，在知识库中搜索 PID 优化参数的过程。

例 6.3 某三阶系统的单位阶跃响应输出曲线和误差曲线如图 6-13 所示。已知被控对象传递函数为 $G_p(s)=\dfrac{523\,500}{s^3+87.35s^2+1\,047s}$，对象采样时间为 1 ms。试根据其响应误差制定专家控制规则，设计一个专家 PID 控制器，通过 Matlab 仿真求出系统的阶跃响应。

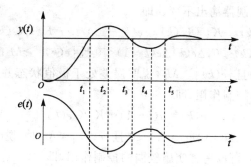

图 6 - 13　系统输出曲线及误差曲线

解　① 首先通过传递函数离散取样,采样时间间隔为 1 ms。

② 然后取 PID 控制参数初始值:$K_p=0.6$;$K_i=0.03$;$K_d=0.01$;

③ 二阶系统阶跃过程分析如下,取阶跃信号 $\text{rin}(k)=1$。

令 $e(k)$ 表示离散化的当前采样时刻的误差值,$e(k-1)$、$e(k-2)$ 分别表示前一个和前两个采样时刻的误差值,则有

$$\Delta e(k)=e(k)-e(k-1)$$
$$\Delta e(k-1)=e(k-1)-e(k-2)$$

根据误差及其变化,对二阶系统单位阶跃响应误差曲线做如下定性分析:

首先定义如下参数:

误差界限,$M_1>M_2>0$;其中 M_1 可取 0.8,0.6,0.4 三个值,设 $M_2=0.1$;

增益放大系数,$K_1>1$;$K_1=2$;

增益抑制系数,$0<K_2<1$;$K_2=0.5$;

PID 控制系数,K_p,K_i,K_d:

第 k 次和第 $k-1$ 次控制器输出为 $u(k)$,$u(k-1)$;

$\varepsilon=0.001$,表示任意小正实数。

第一,当 $|e(k)|>0.8$ 时,说明误差的绝对值已经很大。不论误差变化趋势如何,都应考虑控制器按定值 0.7 输出。以达到迅速调整误差,使得误差绝对值以最大速度减小,同时避免超调的目的。此时,它相当于开环控制。同理,当 $|e(k)|>0.6$ 时,定值输出 0.5;当 $|e(k)|>0.4$ 时,定值输出 0.2。

第二,当 $e(k)\Delta e(k)>0$ 或 $|e(k)|\geqslant M_2$ 时,说明误差很大,并且在朝着误差绝对值增大方向变化,这时可以考虑由控制器实施较强的控制作用,使得误差绝对值朝减小方向变化,迅速减小误差的绝对值,控制器的输出为 $u(k)=u(k-1)+K_1K_pe(k)$。

当 $e(k)\Delta e(k)>0$ 且 $|e(k)|<M_2$ 时,说明误差一般大,并且在朝着误差绝对值增大的方向变化,这时可以考虑实施一般的控制作用,扭转误差变化的趋势,使其朝误差绝对值减小的方向变化,控制器的输出为 $u(k)=u(k-1)+K_2K_pe(k)$。

第三,当 $e(k)\Delta e(k)<0$,$\Delta e(k)\Delta e(k-1)>0$ 或 $e(k)=0$ 时,即 $e(k)<e(k-1)<e$

$(k-2)$或 $e(k)=0$,说明误差向着绝对值减小的方向变化或者已经达到平衡状态。此时可以考虑保持控制器输出不变。即

$$u(k) = K_p * e(k) + K_d * (e(k) - e(k-1))/t_s + K_i * (e(k) + e(k) * t_s)。$$

第四,当 $e(k)\Delta e(k)<0, \Delta e(k)\Delta e(k-1)<0$ 且 $|e(k)|\geqslant M_2$ 时,即 $e(k-1)>e(k)$ 且 $e(k-1)>e(k-2)$ 且 $|e(k)|\geqslant M_2$,说明误差处于极值状态并且误差绝对值较大,可以考虑实施较强的控制作用,即

$$u(k) = u(k-1) + K_1 K_p e(k)$$

当 $e(k)\Delta e(k)<0, \Delta e(k)\Delta e(k-1)<0$ 且 $|e(k)|<M_2$ 时,说明误差处于极值状态并且误差绝对值较小,可以考虑实施较弱的控制作用,即

$$u(k) = u(k-1) + K_2 K_p e(k)$$

第五,当 $|e(k)|\leqslant \varepsilon$(精度)时,说明误差绝对值很小,此时加入积分环节,减小稳态误差。此时控制器输出为:$u(k) = K_p * e(k) + K_i * (e(k) + e(k) * t_s)$。

综上所述,在 $(0,t_1)$、(t_2,t_3)、(t_4,t_5) 这几个区域,误差朝绝对值减小的方向变化,此时可以采取等待措施,相当于实施开环控制;在 (t_1,t_2)、(t_3,t_4) 这几个区域,误差朝着绝对值增大的方向变化,根据误差的大小分别实施较强或者一般的控制作用,以抑制动态误差。

④ 最后写出线性模型及当前采样时刻的误差值:

$$y(k) = -\text{den}(2) \times y(k-1) - \text{den}(3) \times y(k-2) + \text{num}(1) \times u(k) + \text{num}(2) \times$$
$$u(k-1) + \text{num}(3) \times u(k-2) e(k) = \text{rin}(k) - y(k)$$

⑤ 循环以上见第 3 到第 4 步,循环次数为 1 000,得到最佳优化参数。

专家 PID 控制器的 matlab 程序代码如下:

```
% 专家 PID 控制器
clear all;
close all;
ts = 0.001;          % 设定采样时间
sys = tf(5.235e005,[1,87.35,1.047e004,0]);   % tf 表示给出分子和分母系数生成一个
                                             % 传递函数 sys

dsys = c2d(sys,ts,'z');              % 将连续形式 sys 转化为离散形式 dsys,
                                     % z 表示零阶保持器

[num,den] = tfdata(dsys,'v');        % num 表示分子,den 表示分母,tfdata
                                     % 表示取离散形式 dsys 的分子分母,
                                     % v 表示取出的数据保存为行向量的形式

u_1 = 0.0;u_2 = 0.0;u_3 = 0.0;
y_1 = 0;y_2 = 0;y_3 = 0;
x = [0,0,0];                         % x(1) x(2) x(3)分别对应 PID 中比例、
                                     % 微分、积分项

x2_1 = 0;
kp = 0.6;
```

```
ki = 0.03;
kd = 0.01;

error_1 = 0;
for k = 1:1:500
time(k) = k * ts;

rin(k) = 1.0;                              % 输入阶跃信号

u(k) = kp * x(1) + kd * x(2) + ki * x(3);  % PID 控制器

% 专家控制规则
if abs(x(1))>0.8                           % Rule1:Unclosed control firstly
    u(k) = 0.45;
elseif abs(x(1))>0.40
    u(k) = 0.40;
elseif abs(x(1))>0.20
    u(k) = 0.12;
elseif abs(x(1))>0.01
    u(k) = 0.10;
end

if x(1) * x(2)>0|(x(2) = = 0)              % Rule2
  if abs (x(1))> = 0.05
    u(k) = u_1 + 2 * kp * x(1);
  else
    u(k) = u_1 + 0.4 * kp * x(1);
  end
end

if (x(1) * x(2)<0&x(2) * x2_1>0)|(x(1) = = 0)   % Rule3
    u(k) = u(k);
end
if x(1) * x(2)<0&x(2) * x2_1<0              % Rule4
    if abs(x(1))> = 0.05
    u(k) = u_1 + 2 * kp * error_1;
    else
    u(k) = u_1 + 0.6 * kp * error_1;
    end
end
if abs(x(1))< = 0.001             % Rule5:Integration separation PI control
    u(k) = 0.5 * x(1) + 0.010 * x(3);
end

% 控制器输出限制,防止程序跑飞
if u(k)> = 10
    u(k) = 10;
end
```

```
if u(k) < = - 10
    u(k) = - 10;
end
```

% 系统差分方程

```
yout(k) = - den(2) * y_1 - den(3) * y_2 - den(4) * y_3 + num(1) * u(k) + num(2) * u_1 + num
(3) * u_2 + num(4) * u_3;
    error(k) = rin(k) - yout(k);
```

% 完成迭代,PID 参数的返回

```
u_3 = u_2;u_2 = u_1;u_1 = u(k);
y_3 = y_2;y_2 = y_1;y_1 = yout(k);
```

```
x(1) = error(k);                              % 计算 P
x2_1 = x(2);
x(2) = (error(k) - error_1)/ts;               % 计算 D
x(3) = x(3) + error(k) * ts;                  % 计算 I
```

```
error_1 = error(k);
end
figure(1);
plot(time,rin,'b',time,yout,'r');
xlabel('time(s)');ylabel('rin,yout');
figure(2);
plot(time,rin - yout,'r');
xlabel('time(s)');ylabel('error');
```

该系统阶跃响应曲线如图 6 - 14 和图 6 - 16 所示,误差响应曲线如图 6 - 15 和图 6 - 17 所示。可以看出采用专家 PID 控制器的控制效果明显优于采用传统 PID 控制器的效果。

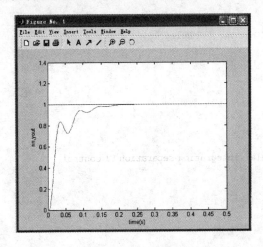

图 6 - 14　传统 PID 控制器阶跃响应曲线

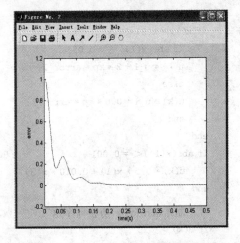

图 6 - 15　传统 PID 控制器误差响应曲线

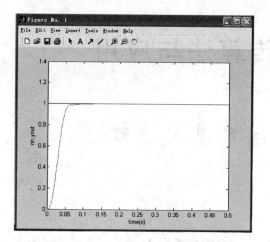

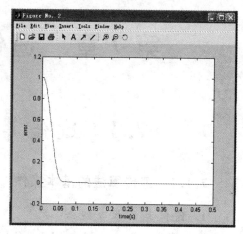

图 6 - 16 专家 PID 控制器阶跃响应曲线　　　图 6 - 17 专家 PID 控制器误差响应曲线

第7章 遗传算法与应用

7.1 遗传算法的基本原理

7.1.1 遗传算法的基本操作

1. 遗传算法基本概念

遗传算法(Genetic Algorithms,GA)是 1962 年由美国 Michigan 大学 Holland 教授提出的模拟自然界遗传机制和生物进化论的一种自适应全局优化概率搜索算法。遗传算法是以达尔文的自然选择学说为基础发展起来的。自然选择学说主要包括以下三个方面:

① 遗传 这是生物的普遍特征,亲代把生物信息交给子代,子代总是和亲代具有相同或相似的性状。生物有了这个特征,物种才能稳定存在。

② 变异 亲代和子代之间以及子代的不同个体之间的差异,称为变异。变异是随机发生的,变异的选择和积累是生命多样性的根源。

③ 生存斗争和适者生存 具有适应性变异的个体被保留下来,不具有适应性变异的个体被淘汰,通过一代代生存环境的选择作用,性状渐渐与祖先有所不同,演变为新的物种。

与达尔文的自然选择学说相对应,遗传算法引入了如下遗传学概念:

串(String):它是个体(Individual)的形式,在算法中可以为二进制串,对应于遗传学中的染色体(Chromosome)。

种群(Population):个体的集合称为种群,串是种群的元素。

种群大小(Population Size):在种群中个体的数量称为群体的大小。

基因(Gene):基因是串中的元素,基因用于表示个体的特征。

基因位(Gene Position) :一个基因在串中的位置。

适应值(Fitness):也称适应度,表示该基因型个体生存与选择的能力。适应值是大于零的实数,适应值越大表示生存能力越强。

遗传算法的出发点是一个简单的种群遗传模型,该模型基于如下假设:

① 染色体由一固定长度的字符串组成,其中的每一位具有有限数目的等位基因。

② 种群由有限数目的基因型个体组成。

③ 每一基因型个体有一相应的适应值。

2. 遗传算法的基本操作

Goldberg 总结了一种统一的最基本的遗传算法,即(Simple Genetic Algorithms,SGA),它是其他各种遗传算法的基本框架。基本遗传算法只使用选择算子、交叉算子和变异算子。

(1) 选择(Selection Operator)

选择又称复制(Reproduction),它是从一个旧种群中选择生命力强的个体位串产生新种群的过程。具有高适应值的位串更有可能在下一代中产生一个或多个后代。

目前最常用的选择算子是"适应值比例方法",这种方法也称为轮赌法。在该方法中,每个个体的选择概率与其适应值成正比。

设种群大小为 n,其中个体 i 的适应值为 f_i,则 i 被选择的概率 P_{si} 为

$$P_{si} = \frac{f_i}{\sum_{i=1}^{n} f_i} \tag{7.1}$$

概率 P_{si} 反映了个体适应值在整个个体适应值总和中所占的比例,个体适应值越大,其被选择的概率就越高。按式(7.1)计算出种群中各个个体的选择概率后,就可以决定哪些个体被选出。这种选择方法可采用轮赌法的转盘来表示:将转动的圆盘按选择概率 P_{si} 分成 n 份,其中第 i 个扇形中心角为 $2\pi P_{si}$。进行选择时,可假想转动一下转盘,若某参照点(骰子)落入到第 i 个扇形内,则选择个体 i。容易看出,扇区的面积越大,被选中的概率也越大,即个体的适应值越大,从而该个体基因被遗传到下一代的可能性也越大。

此外,选择算子还有最佳个体保留法、联赛选择法、期望值法、排序选择法等。

(2) 交叉(Crossover Operator)

选择操作能从旧种群中选择出优秀者,但不能创造新的染色体。而交叉模拟了生物进化过程中的繁殖现象,通过两个染色体的交换组合,来产生新的优良品种。遗传算法的有效性主要来自选择和交叉操作,尤其是交叉操作在遗传算法中起着重要的作用。

交叉的过程为:在匹配池中任选两个染色体,随机选择一点或多点作为交换点位置;交换双亲染色体交换点右边的部分,即可得到两个新的染色体数字串。最基本的交叉操作方法是单点交叉,是指染色体切断点只有一处,例如染色体 A 与 B 单点交叉如下

$$A: \quad 101100 \quad 1110 \rightarrow 101100 \quad 0101$$
$$\times$$
$$B: \quad 001010 \quad 0101 \rightarrow 001010 \quad 1110$$

除单点交叉外,交叉操作还有多点交叉、均匀交叉、两点交叉、周期交叉、自适应交叉等。

(3) 变异(Mutation Operator)

变异操作用来模拟生物在自然的遗传环境中由于某种偶然因素引起的基因突变，它以很小的概率随机地改变遗传基因(表示染色体的符号串的某一位)的值。变异的作用是补偿群体在某一位可能缺失的基因，保证遗传算法可以搜索到空间的所有点。若只有选择和交叉，而没有变异，则无法在初始基因组合以外的空间进行搜索，使进化过程在早期就陷入局部解而进入终止过程，从而影响解的质量。为了挖掘种群中个体的多样性，在尽可能大的空间中获得质量较高的优化解，必须采用变异操作。

对于二进制编码而言，最基本的变异操作就是将染色体的某一个基因由 1 变为 0，或由 0 变为 1，这种变异称为基本位变异。

此外，变异操作还有均匀变异、逆转变异、非一致变异、自适应变异等。

3. 遗传算法手工算例

为了更好地理解遗传算法的运算过程，下面介绍一个手工算例演示遗传算法的主要执行步骤。

例 7.1　求函数 $f(x)=x^2$ 的最大值，$x \in [0,31]$。

解　① 编码：本例采用二进制数来对变量进行编码，可用 5 位数来表示，它们的对应关系有

$$x = 0 \Rightarrow 00000$$
$$x = 1 \Rightarrow 00001$$
$$\vdots$$
$$x = 31 \Rightarrow 11111$$

② 产生初始种群：设种群大小为 4，即含有 4 个个体，随机生成 4 个 5 位二进制串：

01101、11000、01000、10011。

③ 计算适应值和选择概率 P_s：

1) 对初始种群中的个体解码，得到相应的参数 x 值；

2) 计算每个个体适应值 $f(x_i)=x_i^2$，$i=1,2,3,4$；

3) 根据式 7.1 计算相应的选择概率 P_s，即

$$P_s = \frac{f_i}{\sum_{i=1}^{n} f_i}, \quad n = 1,2,3,4$$

④ 选择：选择时，先计算出种群中所有个体的适应值总和 $\sum f_i$；其次计算出每个个体的选择概率 P_s，它即为每个个体被遗传到下一代种群中的概率，每个概率组成一个区域，全部概率之和为 1；最后再产生一个 0 到 1 之间的随机数，依据该随机数出现在上述哪一个概率区域内来确定各个个体被选中的次数。本例根据计算出的选择概率 P_s，可以绘制图 7-1 所示的赌轮。经过 4 次随机选择，可产生 4 个子代个

体。本例中,经选择后的新的个体为 01101、11000、11000、10011,串 1 被选择了一次、串 2 被选择了两次、串 3 被淘汰、串 4 也被选择了一次。选择操作结果如表 7-1 所列。

表 7-1　种群的初始个体及其选择后数据

序号	初始个体	x 值	个 体适应值	选择概率 $\dfrac{f_i}{\sum\limits_{i=1}^{n} f_i}$	实际得到的选择数	选择结果
1	01101	13	169	0.14	1	01101
2	11000	24	576	0.49	2	11000
3	01000	8	64	0.06	0	11000
4	10011	19	361	0.31	1	10011
适应值总和 $\sum\limits_{i=1}^{n} f_i$						1170
平均适应值 $\bar{f} = \sum\limits_{i=1}^{n} f_i/n$						293
最大适应值						576

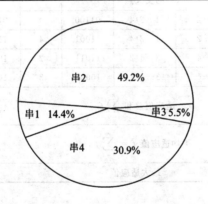

图 7-1　按适应值比例划分的赌轮

⑤ 交叉:交叉操作是以某一个概率相互交换某两个个体之间的部分染色体。本例采用单点交叉操作。具体过程是:设个体的字符长度为 l,随机地从 $[1, l-1]$ 中选取一个整数值 k 作为交叉点,将两个父代个体从位置 k 后的所有字符进行交换,而形成两个新的子代个体。本例中初始种群的两个个体

$$A_1 = 0110 \vdots 1$$
$$A_2 = 1100 \vdots 0$$

个体字符长度为 $l=5$,假定从 $1 \sim 4$ 间选取随机数,得到交叉点位是 $k=4$,那么经过交叉操作之后将得到如下两个新个体

$$A'_1 = 01100$$
$$A'_2 = 11001$$

为了演示交叉过程,另两个个体 11000、10011 也进行交叉操作,交叉操作结果如表 7-2 所列。

⑥ 变异:变异操作是对个体的某一个或某一些基因座上的基因值按某一较小的概率进行改变。如果取变异概率 $P_m=0.001$,即每 1000 位中才有 1 位变异,种群位数为 4×5 位 $=20$ 位,则变异的期望值为 20 位 $\times0.001=0.02$ 位。由于本例的种群规模太小,所以变异几率很小,但为了演示算法步骤,现将 4 个个体均设定变异,变异操作如表 7-2 所列。

⑦ 经过一代遗传后,第二代的平均适应值和最大适应值均有较大提高,即

平均适应值　　$293\rightarrow421$

最大适应值　　$576\rightarrow729$

如此循环迭代,随着进化代数的增加,种群逐渐进化到最优解邻域,由于问题的目标为严格单调函数,故遗传算法可稳定地搜索到问题的最优解,即 $x^*=31,f(x^*)=961$。

表 7-2　交叉与变异操作

选择后的配对个体("："为交叉点)	配对情况	随机选择的交叉点	交叉结果	变异点	变异结果	x 值	适应值 $f(x)$
0110：1	1—2	1—2：4	01100	4	01110	14	196
1100：0	1—2	1—2：4	11001	4	11011	27	729
11：000	3—4	3—4：2	11011	2	10011	19	361
10：011	3—4	3—4：2	10000	3	10100	20	400
适应值总和 $\sum\limits_{i=1}^{n}f_i$							1 686
平均适应值 $\overline{f}=\sum\limits_{i=1}^{n}f_i/n$							421
最大适应值							729

7.1.2　遗传算法的优化设计

1. 遗传算法的构成要素

（1）染色体编码方法

编码是应用遗传算法时要解决的首要问题,也是设计遗传算法时的一个关键步骤。编码是把一个问题的可行解从其解空间转换到遗传算法所能处理的搜索空间的转换方法。编码方法除了决定个体的染色体排列形式之外,还决定了个体从搜索空间的基因型变换到解空间的表现型时的解码方法,同时编码方法也影响到交叉操作、变异操作等遗传操作的运算。

基本遗传算法使用二进制编码方法,即使用固定长度的二进制符号来表示群体中的个体,其等位基因是由二值符号集{0,1}所组成。初始个体基因值可用均匀分布的随机值生成,如

$$X = 100111001000101101$$

就可表示一个个体 X，该个体的染色体长度是 18。

二进制编码符号串的长度与问题所要求的求解精度有关。假设某一参数的取值范围是 $[U_{\min}, U_{\max}]$，可用长度为 l 的二进制编码符号串来表示参数，则它总共能够产生 2^l 种不同的编码，参数编码时的对应关系如下：

$$0000000 \cdots 0000000 = 0 \rightarrow U_{\min}$$
$$0000000 \cdots 0000001 = 1 \rightarrow U_{\min} + \delta$$
$$\vdots \quad \vdots \quad \vdots \quad \vdots \quad \vdots \quad \vdots$$
$$1111111 \cdots 1111111 = 2^l - 1 \rightarrow U_{\max}$$

式中：δ 称为二进制编码精度，则有

$$\delta = \frac{U_{\max} - U_{\min}}{2^l - 1} \tag{7.2}$$

假设某一个体 X 的编码是

$$X: b_l b_{l-1} b_{l-2} \cdots b_2 b_1$$

则对应的解码公式是

$$x = U_{\min} + \left[\sum_{i=1}^{l} b_i \cdot 2^{i-1} \right] \cdot \frac{U_{\max} - U_{\min}}{2^l - 1} \tag{7.3}$$

例如，对于参数 x，$x \in [0, \ 1023]$，若用 10 位长的二进制编码来表示该参数的话，则下述符号串为

$$X: 0010101111$$

就可表示一个个体，它所对应的参数值是 $x = 175$。此时的编码精度为 $\delta = 1$。

二进制编码符合最小字符集编码原则，简单易行，便于实现遗传操作，也便于理论分析。其他编码方式还有浮点数编码、符号编码、实数编码、多参数映射编码等。

（2）个体适应值评价

基本遗传算法按与个体适应值成正比的概率来决定当前种群中每个个体遗传到下一代种群中的概率多少。为正确计算这个概率，要求所有个体的适应值必须为正数或零。为满足适应值取非负值的要求，基本遗传算法一般采用下面两种方法之一将目标函数值 $f(x)$ 变换为个体适应值 $F(x)$。

方法一：对于求目标函数最大值的优化问题，变换方法为

$$F(x) = \begin{cases} f(x) + C_{\min} & \text{if } f(x) + C_{\min} > 0 \\ 0 & \text{if } f(x) + C_{\min} \leqslant 0 \end{cases} \tag{7.4}$$

式中，$C_{\min}$ 为一个相对较小的数。$C_{\min}$ 可以预先设定，也可以是当前代或最近几代种群中的最小目标函数值。

方法二：对于求目标函数最小值的优化问题，变换方法为

$$F(x) = \begin{cases} C_{\max} - f(x), & \text{if } f(x) < C_{\max} \\ 0 & \text{if } f(x) \geqslant C_{\max} \end{cases} \tag{7.5}$$

式中，C_{max} 为一个相对较大的数。C_{max} 可以预先设定，也可以是当前代或最近几代种群中的最大目标函数值。

（3）遗传算法的运行参数

遗传算法有下述 4 个运行参数需要提前设定：

种群大小（N）：即种群中所含个体的数量，当种群规模太小时，遗传算法的优化性能一般不会太好；采用较大种群时，可减少遗传算法陷入局部最优解的危险，但较大的种群规模会使计算量大大增加。种群规模一般取为 20～100。

遗传算法的终止进化代数（G）：遗传算法的终止进化代数的确定可以有如下几种方法。首先采用设定最大代数的方法，该方法简单易行，但不准确。其次，可根据种群的收敛程度来判断，通过计算种群中的基因多样性测度，即所有基因位的相似性程度来进行控制。第三，根据算法的离线性能和在线性能的变化进行判断。最后，在采用精英保留选择策略的情况下，按每代最佳个体适应值的变化情况确定。一般情况下，G 取为 100～500。

交叉概率（P_c）：较大的交叉概率可增强遗传算法开辟新的搜索区域的能力，但新性能的模式遭到破坏的可能性也增大。若交叉概率太低，遗传算法搜索可能陷入迟钝状态。一般 P_c 取为 0.25～1.0。

变异概率（P_m）：一般低频度的变异可防止群体中重要、单一基因的丢失，高频度的变异将使遗传算法趋于纯粹的随机搜索。通常 P_m 取为 0.001～0.1。

2. 遗传算法的应用步骤

对于一个需要进行优化的实际问题，一般可按下述步骤构造遗传算法：

第一步，确定决策变量及各种约束条件，即确定出个体表现型 x 和问题的解空间。

第二步，建立优化模型，即确定出目标函数的类型及数学描述形式或量化方法。

第三步，确定表示可行解的染色体编码方法，即确定出个体的基因型 X 及遗传算法的搜索空间。

第四步，确定解码方法，即确定出由个体基因型 X 到个体表现型 x 的对应关系或转换方法。

第五步，确定个体适应值的量化评价方法，即确定出由目标函数值到个体适应值的转换规则。

第六步，设计遗传算子，即确定选择运算、交叉运算、变异运算等遗传算子的具体操作方法。

第七步，确定遗传算法的有关运行参数，即确定 N,G,P_c,P_m 等参数。

以上操作过程可以用图 7-2 表示。

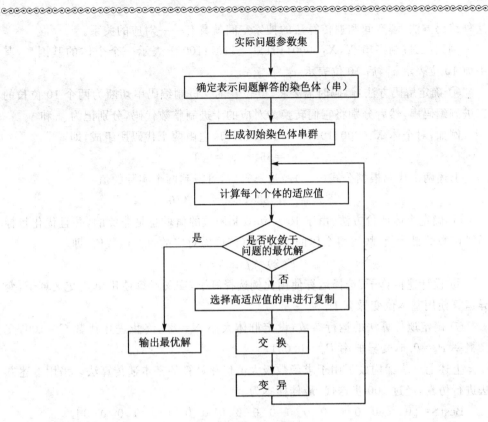

图 7-2 遗传算法流程图

7.1.3 遗传算法优化函数实例

问题:采用二进制编码遗传算法求 Rosenbrock 函数的极大值,即

$$\begin{cases} f_2(x_1,x_2) = 100(x_1^2 - x_2)^2 + (1 - x_1)^2 \\ -2.048 \leqslant x_i \leqslant 2.048 \qquad i = 1,2 \end{cases}$$

求解该问题的遗传算法构造过程如下:

① 确定决策变量和约束条件:用二进制编码串分别表示两个决策变量 x_1, x_2。约束条件是决策变量的定义域:$-2.048 \leqslant x_i \leqslant 2.048, i = 1,2$。

② 建立优化模型:由于求目标函数极大值,所以目标函数本身即可作为优化模型。

③ 确定编码:用长度为 10 位的二进制编码串分别表示两个决策变量 x_1, x_2。10 位二进制编码串可表示从 0~1 023 之间的 1 024 个不同的数,故将 x_1, x_2 的定义域离散化为 1 023 个均等的区域,包括两个端点在内共有 1 024 个不同的离散点。从离散点 -2.048 到离散点 2.048,分别对应于从 0000000000(0)到 1111111111(1 023)之间的二进制编码。将分别表示 x_1, x_2 的两个 10 位长的二进制编码串连接在一起,组成一个 20 位长的二进制编码串,这就构成了该函数优化问题的染色体编码。使用

这种编码方法,解空间和遗传算法的搜索空间就具有一一对应的关系。

例如:二进制字串 X,X:0000110111　1101110001 表示一个个体的基因型,其中前 10 位表示 x_1,后 10 位表示 x_2。

④ 确定解码方法:解码时需要将 20 位长的二进制编码串切断为两个 10 位长的二进制编码串,然后分别将它们转换为对应的十进制整数代码,分别记为 y_1 和 y_2。

例如,对个体 X:0000110111　1101110001,它由两个代码所组成,即
$$y_1=55,\quad y_2=881$$
上述两个代码根据公式(7.3)经过解码后,可得到两个实际的值
$$x_1=-1.828,\quad x_2=1.476$$

⑤ 确定个体评价方法:由于 Rosenbrock 函数的值域总是非负的,并且优化目标是求函数的最大值,故可将个体的适应值直接取为对应的目标函数值,即
$$F(x)=f(x_1,x_2)$$

⑥ 设计遗传算子:选择运算使用比例选择算子,交叉运算使用单点交叉算子,变异运算使用基本位变异算子。

⑦ 确定遗传算法的运行参数:设定群体大小 $N=80$,终止进化代数 $G=100$,交叉概率 $P_c=0.6$,变异概率 $P_m=0.001$。

上述七个步骤构成了用于求函数极大值优化计算的基本遗传算法。采用上述方法进行仿真,经过 100 步迭代,最佳样本为

BestS$=\begin{bmatrix}0 & 0 & 0 & 0 & 0 & 0 & 0 & 0 & 0 & 0 & 0 & 0 & 0 & 0 & 0 & 0 & 0 & 0 & 0 & 0\end{bmatrix}$

即当 $x_1=-2.048\,0,x_2=-2.048\,0$ 时,Rosenbrock 函数具有极大值,极大值为 3905.9。

Matlab 仿真程序如下所示,仿真结果如图 7-3 和图 7-4 所示。图 7-4 横轴表示进化代数,纵轴表示适应值,图中的两条曲线分别为各代种群中个体适应值的最大值和平均值。可以看出,随着进化过程的进行,群体中适应度较低的一些个体被逐渐淘汰掉,而适应度较高的一些个体会越来越多,并且它们都集中在所求问题的最优点附近,从而搜索到问题的最优解。

Matlab 仿真程序

```
% To calculate the maximal value of the function
% F( x1 , x2 ) = 100 * ( x1^2 - x2 )^2 + ( 1 - x1 )^2
% s.t - XRang <= x1 , x2 <= XRang

clear all
close all

% Some parameters of the Simple Genetic Algorithm
PopulationSize = 80 ; % The population of the colony
MaxGeneration = 100 ; % The maximal generation
ProCro = 0.6 ; % The probability of crossover
ProMut = 0.001 ; % The probability of mutation
```

```
XRang = 2.048 ;

Vmax = 100 ; %
Vmin = 0 ; %
% FunctionMode > = 0 find the maximum of the function
% FunctionMode < 0 find the minimum of the function
FunctionMode = 1 ; %
ChromosomeLen1 = 10 ; % The lenght of the first chromosome
ChromosomeLen2 = 10 ; % The lenght of the second chromosome
ChromosomeLen = 10 ;
ChromosomeLength = ChromosomeLen1 + ChromosomeLen2 ; % The total lenght of chromosome

X1 = zeros ( 1 , PopulationSize );
X2 = zeros ( 1 , PopulationSize );

% Generate the first generation of the population
rand('state',sum(100 * clock)); % Resets the generator to a different state each time

for j = 1 : PopulationSize
for k = 1 : ChromosomeLength
Temp = rand(1);
if Temp < 0.5
Population( j ) . Chromosome( k ) = 0;
else
Population( j ) . Chromosome( k ) = 1;
end % End of if
end % End of for - k

X1( j ) = DecodeChromosome(Population( j ) . Chromosome, 1 , ChromosomeLen );
X2( j ) = DecodeChromosome(Population( j ) . Chromosome, ChromosomeLen + 1 , ChromosomeLen );

Population( j ).Value = 0 ;
Population( j ).Fitness = 0 ;
end % End of for - j

X1 = 2 * XRang * X1/1023 - XRang;
X2 = 2 * XRang * X2/1023 - XRang;

figure
plot( X1 , X2 , '*') , grid;

BestValue = zeros( 1 , MaxGeneration ) ;
AverageValue = zeros( 1 , MaxGeneration ) ;

for Gen = 1 : MaxGeneration
% Calculate the value according to the function which we want to find its maximum
% In this program the function is
% F( x1 , x2 ) = 100 * ( x1^2 - x2 )^2 + ( 1 - x1 )^2
```

```
% s.t - XRang < = x1 , x2 < = XRang
for j = 1 : PopulationSize
TempValue = CalculateObjectValue( Population( j ).Chromosome , ChromosomeLen);
Population( j ).Value = TempValue;
end % End of for - j

% Calculate fitness value
for j = 1 : PopulationSize
TempValue = CalculateFitnessValue( Population( j ).Value , Vmax , Vmin , FunctionMode);
Population( j ).Fitness = TempValue;
end % End of for - j

% Find out the best and worst individual of this generation
BestValue( Gen ) = Population( 1 ).Value ;
for j = 1 : PopulationSize
if Population( j ).Value > BestValue( Gen )
BestValue( Gen ) = Population( j ).Value;
end % End of if
end % End of for - j

Sum = 0 ;
for j = 1 : PopulationSize
Sum = Sum + Population( j ).Value;
end % End of for - j
AverageValue( Gen ) = Sum / PopulationSize ;

% Reproduce a chromosome by proportional selection
Sum = 0 ;
CFitness = zeros ( 1 , PopulationSize ); % The cumulative fitness value

%%%%%%%%%%%%%%%%%%%%%%%%%%%%%%%%%%%%%%%%%%%%%
% Calculate cumulative fitness
for j = 1 : PopulationSize
Sum = Sum + Population( j ).Fitness ;
end % End of for - j

for j = 1 : PopulationSize
CFitness( j ) = Population( j ).Fitness / Sum ;
end % End of for - j

for j = 2 : PopulationSize
CFitness( j ) = CFitness( j - 1 ) + CFitness( j ) ;
end % End of for - j
%%%%%%%%%%%%%%%%%%%%%%%%%%%%%%%%%%%%%%%%%%%%%
% Select operation
for j = 1 : PopulationSize
```

```
RandP = rand( 1 ) ;
Index = 1;
while RandP > CFitness( Index )
Index = Index + 1 ;
end % End of while
NewPopulation( j ) = Population( Index ) ;
end % End of for - j

for j = 1 : PopulationSize
Population( j ) = NewPopulation( j ) ;
end % End of for - j

%%%%%%%%%%%%%%%%%%%%%%%%%%%%%%%%%%%%%%%%%%%%%
% Crossover two chromosome
IndexPair = zeros( 1, PopulationSize);
for j = 1 : PopulationSize
IndexPair( j ) = j;
end % End of for - j

for j = 1 : PopulationSize
Point = floor ( (PopulationSize - j - 1) * rand( 1 ) );
Temp = IndexPair( j ) ;
IndexPair( j ) = IndexPair( j + Point );
IndexPair( j + Point ) = Temp;
end % End of for - j

for j = 1 : 2 : ( PopulationSize - 1 )
RandP = rand( 1 ) ;
if RandP < ProCro
Point = floor ( rand( 1 ) * ChromosomeLen ) ;
if Point == 0
Point = 1;
end % End of  if

for k = Point : (ChromosomeLen + Point - 1)
Temp = Population ( IndexPair( j ) ) . Chromosome( k ) ;
Population ( IndexPair(j) ) . Chromosome(k) = Population (IndexPair(j + 1)) . Chromosome(k);
Population ( IndexPair( j + 1) ) . Chromosome( k ) = Temp ;
end % End of for - k
end % End of if
end % End of for - j
% Crossover two chromosome
%%%%%%%%%%%%%%%%%%%%%%%%%%%%%%%%%%%%%%%%%%%%%
%%%%%%%%%%%%%%%%%%%%%%%%%%%%%%%%%%%%%%%%%%%%%
% Mutation of a chromosome
```

```
for j = 1 : PopulationSize
for k = 1 : 2 * ChromosomeLen
RandP = rand( 1 ) ;
if RandP < ProMut
if Population( j ) . Chromosome( k ) == 1
Population( j ) . Chromosome( k ) = 0 ;
else
Population( j ) . Chromosome( k ) = 1 ;
end % End of if

end % End of if
end % End of for - k
end % End of for - j
end % End of for - Gen
for j = 1 : PopulationSize
X1( j ) = DecodeChromosome(Population( j ) . Chromosome, 1 , ChromosomeLen );
X2( j ) = DecodeChromosome(Population( j ) . Chromosome, ChromosomeLen + 1 , ChromosomeLen );
end

Xmin = - 2.5 ;
Xmax = 2.5 ;
Ymin = - 2.5;
Ymax = 2.5;

X1 = 2 * XRang * X1/1023 - XRang;
X2 = 2 * XRang * X2/1023 - XRang;

figure
plot( X1 , X2 , '*') , grid , axis([Xmin Xmax Ymin Ymax]);

figure
[X , Y] = meshgrid( - XRang : 0.1: XRang);
Z = 100 * ( X.^2 - Y ).^2 + ( 1 - X ).^2;
mesh(X , Y , Z);

AimValue = ones(1 , MaxGeneration) * (100 * ( XRang^2 + XRang )^2 + ( 1 + XRang )^2);

Xmin = 0 ;
Xmax = MaxGeneration ;
Ymin = 0;
Ymax = 5000;

figure
hold on
plot( BestValue , 'r' ) ;
plot( AverageValue , 'b' ) ;
plot( AimValue , 'g' ) ;
```

```
hold off
grid
axis([Xmin Xmax Ymin Ymax]);
```

下面是三个子函数：

```
function [ Fitness ] = CalculateFitnessValue( Value , Vmax , Vmin , FunctionMode)
% To calculate fitness value
% FunctionMode ：
% > = 0 find the maximum of the function
% < 0 find the minimum of the function
% Fitness is big than 0
if FunctionMode > = 0
if (Value + Vmin) > 0
Fitness = Value + Vmin ;
else
Fitness = 0;
end
else
if Value < Vmax
Fitness = Vmax - Value ;
else
Fitness = 0;
end
end

function [Value] = CalculateObjectValue( Chromosome , Len)
% To calculate value according to the function which we want to find its
% maximum or minimum
% In this program the function is
% F( x1 , x2 ) = 100 * ( x1^2 - x2 )^2 + ( 1 - x1 )^2
% s.t - 2.048 < = x1 , x2 < = 2.048

Value1 = DecodeChromosome(Chromosome, 1 , Len );
Value2 = DecodeChromosome(Chromosome, Len + 1 , Len );

Value1 = 4.096 * Value1/1023 - 2.048;
Value2 = 4.096 * Value2/1023 - 2.048;

Value = 100 * ( Value1^2 - Value2 )^2 + ( 1 - Value1 )^2;

function [Value] = DecodeChromosome( ChromosomeCode , CodePos , Len )
% Function ：To decode a binary chromosome code into a decimal integer
Value = 0 ;
k = Len - 1;
Ed = CodePos + Len - 1;
```

```
for j = CodePos : Ed
Value = Value + ChromosomeCode( j ) * ( 2 ^ ( k ) ) ;
k = k - 1;
end
```

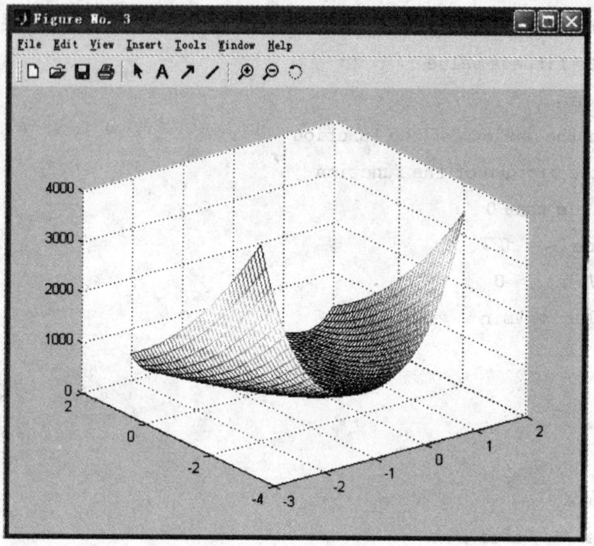

图 7-3 Rosenbrock 函数

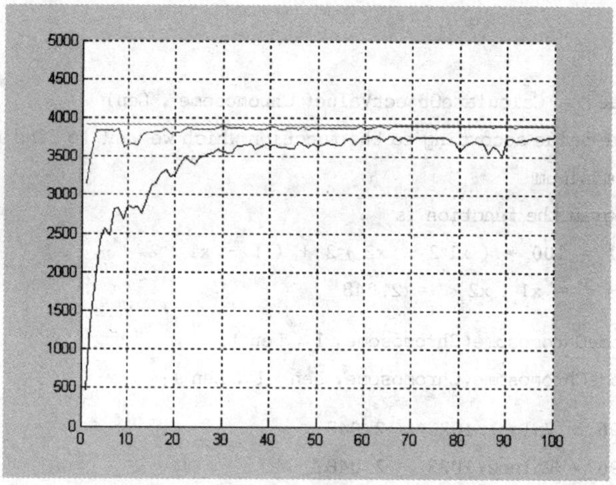

图 7-4 进化过程及运行结果

7.1.4 遗传算法的特点

通过前面的阐述，可以看出遗传算法具有以下特点：

① 遗传算法是对参数的编码进行操作,而非对参数本身,这就使得我们在优化计算过程中可以借鉴生物学中染色体和基因等概念,模仿自然界中生物的遗传和进化等机理。

② 遗传算法同时使用多个搜索点的搜索信息。遗传算法从由很多个体组成的一个初始群体开始最优解的搜索过程,而不是从一个单一的个体开始搜索,这是遗传算法所特有的一种隐含并行性,因此遗传算法的搜索效率较高。

③ 遗传算法直接以目标函数作为搜索信息。遗传算法可应用于目标函数无法求导或导数不存在的函数的优化问题,以及组合优化问题等。

④ 遗传算法使用概率搜索技术。遗传算法的选择、交叉、变异等运算都是以一种概率的方式来进行的,因而遗传算法的搜索过程具有很好的灵活性。随着进化过程的进行,遗传算法新的种群会更多地产生出许多新的优良的个体。

⑤ 遗传算法在解空间进行高效启发式搜索,而非盲目地穷举或完全随机搜索。

⑥ 遗传算法对于待寻优的函数基本无限制,它既不要求函数连续,也不要求函数可微,既可以是数学解析式所表示的显函数,又可以是映射矩阵甚至是神经网络的隐函数,因而应用范围较广。

⑦ 遗传算法具有并行计算的特点,因而可通过大规模并行计算来提高计算速度,适合大规模复杂问题的优化。

7.2 基于遗传算法的参数辨识

7.2.1 基于遗传算法的参数辨识方法

利用遗传算法建模,可同时确定模型结构及参数。对于线性模型,可同时获得系统的阶、时滞及参数值。只要将相关参数组合成相应的基因型,并定义好相应的适应度函数即可,实现起来方便。这里,将模型结构及参数组成染色体串,将拟合误差转换成相应的适应度,于是系统建模问题就转化为利用遗传算法搜索最佳基因型结构问题。

利用遗传算法来辨识系统参数的主要步骤为:

① 随机产生 N 个二进制字符串,每一个字符串表示一组系统参数,从而形成第 0 代群体。

② 将各二进制字符串解码成系统的各参数值,然后计算每一组参数的适应值。

③ 应用选择、交叉、变异算子对种群进行进化操作。

④ 重复②和③步,直至算法收敛或达到预先设定的世代数。

⑤ 种群中适应度最好的字符串所表示的参数就是所要辨识的系统参数。

7.2.2 遗传算法用于控制系统建模与设计

1. 控制系统建模

设定开环伺服电动机系统模型微分方程式为

$$\frac{\mathrm{d}^2 w}{\mathrm{d}t^2} + \left(\frac{JR+LB}{LJ}\right)\frac{\mathrm{d}w}{\mathrm{d}t} + \left(\frac{RB}{LJ}\right)w = \left(\frac{K_\mathrm{T}}{LJ}\right)v_\mathrm{in}$$

式中：v_in 为输入控制电压，作为一种间接约束；K_T 为转矩常量（N·m/A）；R 为电动机线圈阻抗（Ω）；L 为线圈感应系数（H）；B 为机轴摩擦系数（N·m·s）；J 为载荷的惯性矩（kg·m²）。

上述模型的传递函数形式为

$$G(s) = \frac{a_2 s^2 + a_1 s + a_0}{b_2 s^2 + b_1 s + b_0}$$

式中，$a_2 = 0$，$a_1 = 0$，$b_2 = 1$，其余 3 个参数为待求的优化解。

将遗传算法应用于该模型的辨识，方案如下：

① 解的编码方法采用二进制编码，3 个参数变量每个对应一个 7 位二进制串，则每个参数变量范围内有 128 个可能值。

② 3 个二进制串级联成一个用 21 位二进制数表示的染色体串。

③ 种群的大小为 $N = 50$。

④ 复制操作采用排序复制。

⑤ 交叉概率为 $P_\mathrm{c} = 0.6$，变异概率为 $P_\mathrm{m} = 0.01$。

⑥ 模型的输入激励采用单位阶跃函数。

⑦ 将模型输出与样本输出之间的误差 e_sys 作为个体评价测度，即

$$e_\mathrm{sys}(P_i) = \sum_{j=1}^{N} |\omega_j - \hat{\omega}_j|$$

按照个体的 e_sys 排序序位 k 计算个体的适应度，计算公式为

$$F(k) = \frac{2k-1}{\sum_{k=1}^{50}(2k-1)} = \frac{2k-1}{250}$$

运算的终止条件为种群平均适应度改善在 7% 内。

经遗传算法优化辨识，获得最优模型辨识参数为

$$\frac{JR+LB}{LJ} = 39.142, \quad \frac{RB}{LJ} = 86.186, \quad \frac{K_\mathrm{T}}{LJ} = 0.054$$

对于上述辨识模型 $G(s)$ 对应的控制对象系统，同样可以用遗传算法设计控制器 $H(s)$，控制器的优劣可根据控制系统的性能评价而定。

2. 控制系统设计

控制系统设计的任务是对控制器进行参数优化，适应度评价不仅需要综合控制系统的性能指标，有时还需要考虑系统的约束条件。例如，一种综合反映系统稳态和

暂态响应的简单误差函数为

$$E_{\text{design}} = \sum_{j=1}^{N} \left[\, |e_j| + |\Delta e_j| \, \right]$$

式中: e_j 为时刻 j 的闭环误差; Δe_j 为时刻 j 的误差改变量。这种线性加权形式较好地综合反映了上升时间、超调量和稳定性能,避免了渐进稳定性或收敛性的分析。

将遗传算法应用于基于上述直流伺服电动机辨识模型的控制器设计,获得最优控制器的传递函数为

$$G_c(s) = \frac{19.27s^2 + 121.66s + 108.84}{s^2 + 72.77s + 0.14}$$

对经过遗传算法辨识建模和控制器设计的系统进行仿真,经遗传算法优化的直流伺服电动机控制系统的阶跃响应曲线如图 7-5 所示。

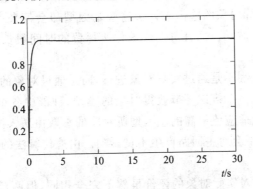

图 7-5　直流伺服电动机控制系统阶跃响应曲线

7.3　基于遗传算法的 PID 控制参数优化

7.3.1　基于遗传算法的控制参数优化方法

PID 控制是工业过程中应用最广的策略之一,因此 PID 控制器参数的优化成为人们所关注的,它直接影响控制效果的好坏。采用遗传算法可以进行参数寻优,这种方法是一种不需要任何初始信息并可以寻求全局最优解的、高效的优化组合方法。

完成优化需要有某种事先确定的性能指标来衡量,这可根据实际要求来选取。性能指标通常与控制器参数具有密切的关系,这种关系一般难于以显式表达出来,但可以通过测量得到。由遗传算法的特点可以看出,只要将控制器参数构成基因型,将性能指标构成相应的适应度,便可以利用遗传算法确定控制器的最佳参数值。问题的关键在于如何进行染色体串的性能评价。

一般来说,控制参数与性能指标之间存在着复杂的非线性关系,其精确的表达很难获得。

设性能指标与控制参数之间的代数关系为

$$Z = F(\theta) \tag{7.6}$$

对任意两点(θ_1, Z_1)，(θ_2, Z_2)有

$$Z_2 = IZ_1 + \frac{\partial F(\theta_1)}{\partial \theta_1}\Delta\theta_1 + o(\parallel \Delta\theta_1 \parallel) \tag{7.7}$$

式中：I 为单位阵，$\Delta\theta_1 = \theta_2 - \theta_1$；$o(\cdot)$为高阶项。式（7.7）可近似为

$$Z(t+1) = AZ(t) + B\Delta\theta(t) \tag{7.8}$$

可通过辨识方法对 A 和 B 进行辨识。若能以上面的方法获得性能指标与参数间的近似表达，则用遗传算法进行在线参数优化就很方便了。

另一方面，一个控制器性能的好坏，可通过被控对象的输出响应来评价。例如可用偏差绝对值的某种积分形式来进行评价。但种群中各基因型都是平等的并行关系，如果直接通过实际对象的输出来评价这些基因型却会带来一些问题。这样做会引起系统输出的较大波动。而且每一代进化所耗费的时间很长，特别是当系统的动态响应较慢时。

如果这个评价过程不是通过实际对象进行，而是通过对象的模型进行时，则问题可得以部分解决。由一个辨识环节获得对象的模型，种群中各个串的评价都通过该模型进行。将种群中适应值最高的基因型所对应的参数值送入控制器即可。由于评价是通过模型进行，不会对主回路产生不良影响。由遗传算法的特性可知，系统的性能只会越来越改善。

对模型的评价和对实际对象的评价虽然不完全相同，但两者具有某种内在的关系。设对象的性能指标为 J，对象模型的性能指标为 J_m，则由：

定义 7 - 1 设有两组控制器参数 α_1 和 α_2，对应于 α_1 有 J_1 和 J_{m1}，对应于 α_2 有 J_2 和 J_{m2}，如果当 $J_{m1} \geqslant J_{m2}$ 时有 $J_1 \geqslant J_2$，或者当 $J_{m1} \leqslant J_{m2}$ 时有 $J_1 \leqslant J_2$，则对这两组参数而言，模型的性能变化体现了实际对象的性能变化。

对于一类具有误差绝对值线性积分形式的性能指标，如 IAE、ITAE 等，可得到如下的结论。

定理 7 - 1 设 $\max\limits_t |y(t) - y_m(t)| = \varepsilon \geqslant 0$，则对于一类 $|e|$ 的线性积分性能指标而言，模型的性能体现实际对象性能的充分条件为

$$|\Delta J_m| \geqslant 2\varepsilon T \tag{7.9}$$

式中：T 为积分时间；ΔJ_m 表示两组控制器参数对应的模型的性能指标变化量。

证明：以 $J = \int_0^T |e| \mathrm{d}t$，$J_m = \int_0^T |e_m| \mathrm{d}t$ 为例，设 r 为参考输入，得

$$\Delta J = J_2 - J_1 = \int_0^T (|r - y_2| - |r - y_1|)\mathrm{d}t \geqslant$$

$$\int_0^T (|r - y_{m2} - \varepsilon| - |r - y_{m1} + \varepsilon|)\mathrm{d}t \geqslant$$

$$\int_0^T (|r - y_{m2}| - |\varepsilon| - |r - y_{m1}| - |\varepsilon|)\mathrm{d}t =$$

$$\int_0^T (|r - y_{m2}|) \, dt - \int_0^T (|r - y_{m1}|) \, dt - 2\varepsilon T =$$

$$\Delta J_m - 2\varepsilon T$$

又

$$\Delta J = \int_0^T (|r - y_2| - |r - y_1|) \, dt \leqslant$$

$$\int_0^T (|r - y_{m2} + \varepsilon| - |r - y_{m1} - \varepsilon|) \, dt \leqslant$$

$$\int_0^T (|r - y_{m2}| + |\varepsilon| - |r - y_{m1}| + |\varepsilon|) \, dt =$$

$$\int_0^T (|r - y_{m2}|) \, dt - \int_0^T (|r - y_{m1}|) \, dt + 2\varepsilon T =$$

$$\Delta J_m + 2\varepsilon T$$

所以模型与对象就性能指标 J 而言等价的充分条件为

$$\Delta J_m \geqslant 2\varepsilon T \tag{7.10}$$

或

$$\Delta J_m \leqslant -2\varepsilon T \tag{7.11}$$

也就是

$$|\Delta J_m| \geqslant 2\varepsilon T \tag{7.12}$$

这可作为一判别条件,判断是否将模型评价所获得的参数值代入实际控制器。当当前种群与上一代种群中最大适应值之差满足上述条件时,对应的参数即可代入。为增加灵敏度,该条件可作适当放松,即 $\Delta J_m \geqslant 2\sigma\varepsilon T$,式中 $0 < \sigma < 1$,σ 可根据噪声水平适当选取。

基于遗传算法参数优化 PID 控制系统框图如图 7-6 所示,参数优化的具体步骤如下。

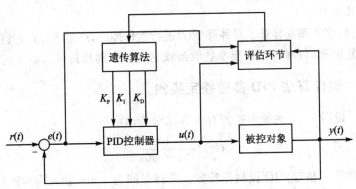

图 7-6　基于遗传算法参数优化 PID 控制系统框图

(1) 确定每个参数的大致范围和编码长度进行编码

首先确定参数范围,该范围一般由用户给定,然后按精度的要求,对其进行编码。

若选取二进制字串来表示每一个参数,将二进制串连接起来就组成一个长的二进制字串,该字串可以作为遗传算法的个体编码。

对图 7-6 中的 PID 控制系统参数 K_P, K_I, K_D 的二进制编码形式如下:

$$X: \underbrace{|b_{11}, b_{12}, \cdots, b_{1l_1}}_{K_P} \underbrace{|b_{21}, b_{22}, \cdots, b_{2l_2}}_{K_I} \underbrace{|b_{31}, b_{32}, \cdots, b_{3l_3}|}_{K_D}$$

式中: $b_{ij} \in [0, 1]$;

l_1, l_2, l_3 各为 K_P, K_I, K_D 三个参数子串的编码长度。

各参数子串编码长度 l_i 由其映射代码的精度 δ_i 确定,有

$$\delta_i = \frac{K_{l_i, \max} - K_{l_i, \min}}{2^{l_i} - 1} \tag{7.13}$$

式中: K_{l_i} 为控制参数的变化范围, $K_{l_i} \in [K_{l_i, \min}, K_{l_i, \max}]$。

(2) 确定初始种群

随机产生 n 个个体构成初始种群 $P(t)$。针对二进制编码而言,先产生 0~1 均匀分布的随机数,然后规定产生的随机数 0~0.5 代表 0, 0.5~1 代表 1。

(3) 适应函数的确定

一般的寻优方法在约束条件下可以求得满足条件的一组参数,在设计中是从该组参数中寻找一个最好的参数。衡量一个控制系统的指标有三个方面,即稳定性、快速性和准确性。上升时间反映了系统的快速性。如果单纯追求系统的动态特性,得到的参数很可能使控制信号过大,在实际应用中会因系统中固有的饱和特性而导致系统不稳定。为了使控制效果更好,可以将控制量、偏差和上升时间作为约束条件,设计目标函数为 J。因为适应函数同目标函数相关,所以可以直接将目标函数作为适应函数进行参数寻优,即 $J = f(x)$。最优的控制参数也就是在满足约束条件下使 $f(x)$ 最大时, x 所对应的控制器参数。

(4) 遗传操作

应用选择、交叉和变异算子对种群 $P(t)$ 进行遗传操作,产生下一代种群 $P(t+1)$。

(5) 重复步骤(3)和(4),直至参数收敛或达到预定的指标。

7.3.2 遗传算法 PID 参数整定实例

例 7.2 设图 7-6 系统中被控对象为二阶传递函数

$$G(s) = \frac{400}{s^2 + 50s}$$

试用遗传算法整定 PID 控制器参数。采样时间为 1 ms,输入为阶跃信号。

解

(1) 按上节所述对参数进行编码

参数的取值范围是 $K_P \in [0, 20]$, $K_I, K_D \in [0, 1]$。每个参数使用长度为 10 位的

二进制码表示,个体长度为 $L=3×10=30$ 位。

（2）确定适应函数

为获得满意的过渡过程动态特性,采用误差绝对值时间积分性能指标作为参数选择的最小目标函数。为了防止控制能量过大,在目标函数中加入控制输入的平方项。选用下式作为参数选取的最优指标,即

$$J = \int_0^\infty (\omega_1|e(t)|+\omega_2 u^2(t))\mathrm{d}t+\omega_3 \cdot t_u$$

式中:$e(t)$ 为系统误差,$u(t)$ 为控制器输出,t_u 为上升时间,$\omega_1,\omega_2,\omega_3$ 为权值。

为了避免超调,采用惩罚功能,即一旦产生超调,将超调量作为最优指标的一项,此时最优指标为

$$\text{if } e(t) < 0$$

$$J = \int_0^\infty (\omega_1|e(t)|+\omega_2 u^2(t)+\omega_4|ey(t)|)\mathrm{d}t+\omega_3 \cdot t_u$$

式中:ω_4 为权重,且 $\omega_4 \gg \omega_1$;$ey(t)=y(t)-y(t-1)$,$y(t)$ 为系统输出。

本例取 $\omega_1=0.99,\omega_2=0.001,\omega_3=100,\omega_4=2.0$。

（3）优化结果

经过 100 代进化,获得的优化参数如下:

$$K_\mathrm{P}=19.0832,\ K_\mathrm{I}=0.0089,\ K_\mathrm{D}=0.2434$$

性能指标 $J=23.9936$,适应函数变化和整定后的阶跃响应分别如图 7-7 和图 7-8 所示。可以看到,控制过程无静态误差,动态响应特性良好。

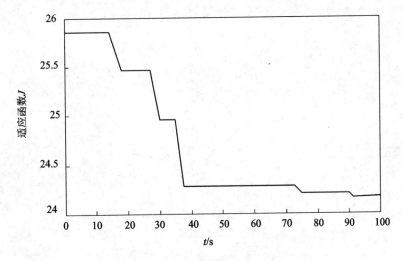

图 7-7　适应函数的变化过程

在应用遗传算法时,为了避免参数选取范围过大,可以先按经验选取一组参数,然后再在这组参数的周围利用遗传算法进行设计,从而大大减少初始寻优的盲目性,节约计算量。

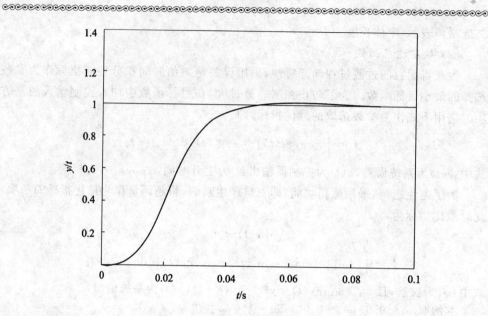

图 7 - 8　整定后的系统阶跃响应

参考文献

[1] 席爱民. 模糊控制技术[M]. 西安:西安电子科技大学出版社,2008.

[2] 李士勇. 模糊控制、神经控制和智能控制论[M]. 哈尔滨:哈尔滨工业大学出版社,1998.

[3] 韦巍. 智能控制技术[M]. 北京:机械工业出版社,2007.

[4] 刘金琨. 智能控制(第3版)[M]. 北京:电子工业出版社,2014.

[5] 王耀南,孙炜,等. 智能控制理论及应用[M]. 北京:机械工业出版社,2008.

[6] 王顺晃,舒迪前. 智能控制系统及其应用[M]. 北京:机械工业出版社,2005.

[7] 诸静. 模糊控制理论与系统原理[M]. 北京:机械工业出版社,2005.

[8] 王立新. 模糊系统与模糊控制教程[M]. 北京:清华大学出版,2003.

[9] 葛宝明,林飞,李国国. 先进控制理论及其应用[M]. 北京:机械工业出版社,2007.

[10] 闻新,等. Matlab 模糊逻辑工具箱的分析与应用[M]. 北京:科学出版社,2002.

[11] 丁永生,应浩等. 解析模糊控制理论:模糊控制系统的结构和稳定性分析[J]. 控制与决策,15(2),2000.

[12] 王立新. 模糊系统:挑战与机遇并存——十年研究之感悟[J]. 自动化学报,27(4),2001.

[13] 胡包钢,应浩. 模糊PID控制技术研究发展回顾及其面临的若干问题[J]. 自动化学报,27(4),2001.

[14] 李洪兴. 模糊控制器与PID调节器的关系[J]. 中国科学(E辑),29(2),1999.

[15] 李国勇. 智能控制及其 Matlab 实现[M]. 北京:电子工业出版社,2005.

[16] 刘金琨. 先进PID控制及 Matlab 仿真[M]. 北京:电子工业出版社,2002.

[17] 赵明旺,王杰. 智能控制[M]. 武汉:华中科技大学出版社,2010.

[18] 袁曾任. 人工神经元网络及其应用[M]. 北京:清华大学出版社,1999.

[19] 周德俭. 智能控制[M]. 重庆:重庆大学出版社,2005.

[20] 韩力群. 智能控制理论及应用[M]. 北京:机械工业出版社,2008.

[21] 姜长生等. 智能控制与应用[M]. 北京:科学出版社,2007.

[22] 张国忠. 智能控制系统及应用[M]. 北京:中国电力出版社,2007.

[23] 敖志刚. 人工智能及专家系统[M]. 北京:机械工业出版社,2010.

[24] 武波,马玉祥. 专家系统[M]. 北京:北京理工大学出版社,2001.

[25] 周明,孙树栋. 遗传算法原理及应用[M]. 北京:国防工业出版社,1999.